建设监理实务

新解500问

山西省建设监理协会 组织编写

U0195195

中国建筑工业出版社

图书在版编目（CIP）数据

建设监理实务新解 500 问/山西省建设监理协会组织编写 . —北京：中国建筑工业出版社，2014.2
ISBN 978-7-112-16337-3

Ⅰ. ①建… Ⅱ. ①山… Ⅲ. ①建筑工程-监理工作-问题解答 Ⅳ. ①TU712-44

中国版本图书馆 CIP 数据核字（2014）第 015784 号

责任编辑：郦锁林　郭雪芳
责任设计：董建平
责任校对：姜小莲　赵　颖

建设监理实务新解 500 问
山西省建设监理协会　组织编写

*

中国建筑工业出版社出版、发行（北京西郊百万庄）
各地新华书店、建筑书店经销
北京红光制版公司制版
北京京华铭诚工贸有限公司印刷

*

开本：850×1168 毫米　1/32　印张：12½　字数：333 千字
2014 年 3 月第一版　2018 年 9 月第三次印刷
定价：**40.00** 元
ISBN 978-7-112-16337-3
（24923）

《建设监理实务新解 500 问》
编审委员会

主 任：唐桂莲

副 主 任：王 雄 郑玉宽

编 审：董子华 刘鹏程

参编人员：林顺兴 庞志平 王雅蓉 刘喜鹏

     白 锋 茹望民 赵来彬 张玉祥

     吕宗斌 卜东雁 陈续亮 孟宪慧

     张耀泽 阴继庞 李 静

组织编写单位：山西省建设监理协会

序

　　山西省建设监理协会根据国家有关法律法规和本省的相关制度，在实践基础上，精心组织编撰了《建设监理实务新解 500 问》一书。该书内容简洁明了，对建设工程监理基本概念、执业准则、土建工程监理、建筑设备安装工程监理、市政公用工程监理、建筑节能工程监理等方面作了较为系统的诠释，是一本工程监理从业人员较为适用的专业教材和实务手册，对提升工程监理队伍的综合素质，提高建设工程监理工作质量和实效将起到积极作用。该书也是建设工程监理相关部门和企业从业人员的业务参考书。

　　我们相信，通过各级政府以及广大监理行业从业人员的共同努力，我国建设工程监理事业将不断健康发展。

郭允冲

前　　言

建设工程监理制度 1988 年在我国开始试行，20 多年的发展历程表明，这项制度在我国工程建设中发挥着重要作用，取得了丰硕成果，为国民经济发展做出了重要贡献，特别是在工程建设质量、安全等方面发挥着不可替代的作用。但在实践过程中，就监理队伍而言，也存在着整体素质不高、现场监理不够规范、监理人员履职不到位等突出问题，与社会对监理的期盼和市场需求存在较大差距。因而，尽快提高从业人员业务素质已成为监理行业的当务之急。

为达到提高监理队伍的业务水平、规范监理人员执业行为、促进监理职责落实到位的目的，迫切需要为从业人员编辑一本既可随身携带查阅、自学提高，又能指导工作、帮助解决实际问题的工具书。为此，**山西省建设监理协会**组织业内专家、教授历时三年，本着**"适用、易懂、便捷、有效"**的八字原则，围绕从事建设工程监理与相关服务活动中**使用频率较高、适用范围较广**的一些基本知识和应掌握的最新标准规范为内容，编写了问答形式的《建设监理实务新解 500 问》（以下简称《**500 问**》）一书。重点以**房屋建筑、市政公用工程**施工阶段监理为主，旨在为一线监理人员答疑解惑，或从中找到解决问题的思路和方法。本书突出**"实"、"全"、"新"、"简"**四个特点。**"实"**即紧密结合实际，易查好用，一线监理人员工作中遇到的疑难问题大多可在该书中快捷地找到答案；**"全"**即内容全面，覆盖面较宽。全书共 9 章、46 节、525 个问答，基本涵盖了当今监理工作的主要内容；**"新"**即**设题**和**答案**都以新颁布的《**建设工程监理合同（示范文本）**》GF-2012-0202、《**建设工程监理规范**》GB/T 50319—2013、《建设工程施工合同（示范文本）》GF-2013-0201以及相关新标准新规范对监理的要求为依据；"简"即简洁精练，设题直接、答案明了。可以说《500问》既是一本实用性、操作性很强的工具书，又是一本提高执业能力和服务水平的培训教材，实为监理人的良师益友。阅读《500问》，可使从业者不仅知道应该"做什么"，而且明白"怎么做"。它是目前国内新版《建设工程监理规范》GB/T 50319—2013颁布后出版较早的一本监理知识升级版。该书既是山西省业内专家、教授智慧的结晶，也为监理事业科学发展做出了有益贡献。

时任住房和城乡建设部副部长、现中国建设监理协会会长、中国土木工程学会会长郭允冲同志百忙之中欣然为本书作序，特向郭部长致以真诚的敬意！

住房和城乡建设部监察局副局级检查员、中国建设监理协会副会长王学军、山西省住房和城乡建设厅副厅长郭燕平对《500问》的出版给予了支持，山西省消防总队副总队长赵鹏以及山西省人防办公室武志荣处长、太原市市政工程总公司隋同光总工等领导也为该书的编写给予了帮助，在此一并向他们致以衷心的感谢！

由于编写人员知识、水平、经验所限，虽已尽心努力，但难免有不妥和疏漏之处，敬请读者指正。

—编委会—

目　　录

第 一 章
建设工程监理基本知识

第一节 建设工程监理概述

1. 建设工程监理的概念是什么?

工程监理单位受建设单位委托,根据法律法规、工程建设标准、勘察设计文件及合同,在施工阶段对建设工程质量、造价、进度进行控制,对合同、信息进行管理,对工程建设相关方的关系进行协调,并履行建设工程安全生产管理法定职责的服务活动。

2. 总监理工程师负责制的含义是什么?

总监理工程师负责制是指由总监理工程师全面负责建设工程项目监理实施工作。总监理工程师是由工程监理单位法定代表人书面任命的项目监理机构负责人,是工程监理单位履行建设工程监理合同的全权代表。

3. 监理单位开展监理和相关服务活动应遵循什么原则?

工程监理单位应公平、独立、诚信、科学地开展建设工程监理与相关服务活动。

建设工程监理与相关服务活动除遵循《建设工程监理规范》GB/T 50319—2013 外,还应符合法律法规及有关建设工程标准的规定。

4. 实施建设工程监理的主要依据是什么？

（1）法律法规及工程建设标准；

（2）建设工程勘察设计文件；

（3）建设工程监理合同及其他合同文件。

5. 什么是监理的基本工作？

基本工作是指《建设工程监理合同（示范文本）》GF-2012-0202 通用条件中约定的 22 项监理工作：

（1）收到工程设计文件后编制监理规划，并在第一次工地会议 7d 前报委托人。根据有关规定和监理工作需要，编制监理实施细则；

（2）熟悉工程设计文件，并参加由委托人主持的图纸会审和设计交底会议；

（3）参加由委托人主持的第一次工地会议；主持监理例会并根据工程需要主持或参加专题会议；

（4）审查施工承包人提交的施工组织设计，重点审查其中的质量安全技术措施、专项施工方案与工程建设强制性标准的符合性；

（5）检查施工承包人工程质量、安全生产管理制度及组织机构和人员资格；

（6）检查施工承包人专职安全生产管理人员的配备情况；

（7）审查施工承包人提交的施工进度计划，核查承包人对施工进度计划的调整；

（8）检查施工承包人的试验室；

（9）审核施工分包人资质条件；

（10）查验施工承包人的施工测量放线成果；

（11）审查工程开工条件，对条件具备的签发工程开工令；

（12）审查施工承包人报送的工程材料、构配件、设备质量证明文件的有效性和符合性，并按规定对用于工程材料采取平行检验或见证取样方式进行抽检；

（13）审核施工承包人提交的工程款支付申请，签发或出具工程款支付证书，并报委托人审核、批准；

（14）在巡视、旁站和检验过程中，发现工程质量、施工安全存在事故隐患的，要求施工承包人整改并报委托人；

（15）经委托人同意，签发工程暂停令和工程复工令；

（16）审查施工承包人提交的采用新材料、新工艺、新技术、新设备的论证材料及相关验收标准；

（17）验收隐蔽工程、分部分项工程；

（18）审查施工承包人提交的工程变更申请，协调处理施工进度调整、费用索赔、合同争议等事项；

（19）审查施工承包人提交的竣工验收申请，编写工程质量评估报告；

（20）参加工程竣工验收，签署竣工验收意见；

（21）审查施工承包人提交的竣工结算申请并报委托人；

（22）编制、整理工程监理归档文件并报委托人。

6. 什么是监理的附加工作？

《建设工程监理合同（示范文本）》GF-2012-0202 第 1.1.7 条："正常工作"指本合同订立时通用条件和专用条件中约定的监理人的工作。包括监理的 22 项基本工作和相关服务约定的工作。

第 1.1.8 条："附加工作"是指本合同约定的正常工作以外监理人的工作。它是由于监理合同履行过程中，工程监理与相关服务的期限和范围发生变化，而增加的监理人的工作。它涵盖了原示范文本中的附加工作和额外工作。

7. 什么是不可抗力？

"不可抗力"是指委托人和监理人在订立监理合同时不可预见，在工程施工过程中不可避免发生并不能克服的自然灾害和社会性突发事件，如地震、海啸、瘟疫、水灾、骚乱、暴动、战争和专用条件约定的其他情形。

8. 什么是相关服务？

工程监理单位受建设单位委托，按照建设工程监理合同约定，在建设工程勘察、设计、保修等阶段提供的服务活动。

9. 监理在工程保修阶段服务的主要工作是什么？

监理单位承担工程保修阶段服务时应注意做好以下工作：

（1）在监理合同中，应明确工程保修阶段服务的工作范围、内容、服务期限和酬金。监理单位应安排原项目监理人员完成此项工作。

（2）在保修阶段，监理人员应定期回访。

（3）对相关单位提出的工程质量缺陷，监理人员应进行抽查和记录，要求施工单位修复，并实施监督，合格后予以签认。

（4）监理人员应对工程质量缺陷原因进行调查、分析并确定责任归属。对非施工单位原因造成的工程质量缺陷，应核实修复工程费用，签发工程款支付证书，并报建设单位。

第二节　监　理　从　业　人　员

10. 监理工程师必备素质包括哪些方面？

由于建设监理涉及技术、经济、管理等方面的知识，学科多、专业广，对执业资格条件要求较高，因此，监理工作需要由一专多能的复合型人才来承担。监理工程师要有理论知识，熟悉设计、施工、管理；要有组织、协调能力；还应掌握并应用好合同、经济、法律等多方面的知识。

11. 什么是注册监理工程师？

取得国务院建设主管部门颁发的《中华人民共和国注册监理工程师注册执业证书》和执业印章，从事建设工程监理与相关服务等活动的人员。

12. 在工程监理中，监理工程师的义务是什么？

（1）遵守法律法规和有关管理规定；

（2）履行监理管理职责，执行技术标准、规范和规程；

（3）保证执业活动成果的质量，并承担相应责任；

（4）接受继续教育，努力提高执业水准；

（5）在本人执业活动所形成的工程监理文件上签字、加盖执业印章；

（6）保守在执业中知悉的国家秘密和他人的商业、技术秘密；

（7）不得涂改、倒卖、出租、出借或者以其他形式非法转让注册证书或者执业印章；

（8）不得同时在2个或者2个以上单位受聘或者执业；

（9）在规定的执业范围和聘用单位业务范围内从事执业活动；

（10）协助注册管理机构完成相关工作。

13. 总监理工程师的定义和职责是什么？

总监理工程师是指由工程监理单位法定代表人书面任命，负责履行建设工程监理合同、主持项目监理机构工作的注册监理工程师。其职责如下：

（1）确定项目监理机构人员及其岗位职责；

（2）组织编制监理规划，审批监理实施细则；

（3）根据工程进展及监理工作情况调配监理人员，检查监理人员工作；

（4）组织召开监理例会；

（5）组织审核分包单位资格；

（6）组织审查施工组织设计、（专项）施工方案；

（7）审查开复工报审表，签发工程开工令、工程暂停令和工程复工令；

（8）组织检查施工单位现场质量、安全生产管理体系的建立及运行情况；

（9）组织审核施工单位的付款申请，签发工程款支付证书，组织审核竣工结算；

（10）组织审查和处理工程变更；

（11）调解建设单位与施工单位的合同争议，处理工程索赔；

（12）组织验收分部工程，组织审查单位工程质量检验资料；

（13）审查施工单位的竣工申请，组织工程竣工预验收，组织编写工程质量评估报告，参与工程竣工验收；

（14）参与或配合工程质量安全事故的调查和处理；

（15）组织编写监理月报、监理工作总结，组织整理监理文件资料。

14. 总监理工程师代表的定义是什么？不能代行总监理工程师哪些职责？

总监理工程师代表是指经工程监理单位法定代表人同意，由总监理工程师书面授权，代表总监理工程师行使其部分职责和权力，具有工程类注册执业资格或具有中级及以上专业技术职称、3 年及以上工程实践经验并经监理业务培训的监理人员。

总监理工程师不得将下列工作委托总监理工程师代表：

（1）组织编制监理规划，审批监理实施细则；

（2）根据工程进展及监理工作情况调配监理人员；

（3）组织审查施工组织设计、（专项）施工方案；

（4）签发工程开工令、工程暂停令和工程复工令；

（5）签发工程款支付证书，组织审核竣工结算；

　　（6）调解建设单位与施工单位的合同争议，处理工程索赔；

　　（7）审查施工单位的竣工申请，组织工程竣工预验收，组织编写工程质量评估报告，参与工程竣工验收；

　　（8）参与或配合工程质量安全事故的调查和处理。

15. 专业监理工程师的定义和职责是什么？

　　专业监理工程师是指由总监理工程师授权，负责实施某一专业或某一岗位的监理工作，有相应监理文件签发权，具有工程类注册执业资格或具有中级及以上专业技术职称、2 年及以上工程实践经验并经监理业务培训的监理人员。其职责如下：

　　（1）参与编制监理规划，负责编制监理实施细则；

　　（2）审查施工单位提交的涉及本专业的报审文件，并向总监理工程师报告；

　　（3）参与审核分包单位资格；

　　（4）指导、检查监理员工作，定期向总监理工程师报告本专业监理工作实施情况；

　　（5）检查进场的工程材料、构配件、设备的质量；

　　（6）验收检验批、隐蔽工程、分项工程，参与验收分部工程；

　　（7）处置发现的质量问题和安全事故隐患；

　　（8）进行工程计量；

　　（9）参与工程变更的审查和处理；

　　（10）组织编写监理日志，参与编写监理月报；

　　（11）收集、汇总、参与整理监理文件资料；

　　（12）参与工程竣工预验收和竣工验收。

16. 监理员的定义与职责是什么？

　　监理员是指从事具体监理工作，具有中专及以上学历并经过监理业务培训的监理人员。其职责如下：

　　（1）检查施工单位投入工程的人力、主要设备的使用及运行状况；

（2）进行见证取样；

（3）复核工程计量有关数据；

（4）检查工序施工结果；

（5）发现施工作业中的问题，及时指出并向专业监理工程师报告。

第三节　项目监理机构

17. 建立项目监理机构的一般规定？

项目监理机构是指工程监理单位派驻工程负责履行建设工程监理合同的组织机构。

工程监理单位实施监理时，应在施工现场派驻项目监理机构。项目监理机构的组织形式和规模，应根据建设工程监理合同约定的服务内容、服务期限，以及工程特点、规模、技术复杂程度、环境等因素确定。

项目监理机构的监理人员应由总监理工程师、专业监理工程师和监理员组成，且专业配套、数量满足建设工程监理工作需要，必要时可设总监理工程师代表。

工程监理单位在建设工程监理合同签订后，应及时将项目监理机构的组织形式、人员构成及对总监理工程师的任命书面通知建设单位。

总监理工程师任命书应符合《建设工程监理规范》GB/T 50319—2013 表 A.0.1 的格式。

工程监理单位调换总监理工程师，事先应征得建设单位同意；调换专业监理工程师，总监理工程师应书面通知建设单位。

施工现场监理工作全部完成或建设工程监理合同终止时，项目监理机构可撤离施工现场。

18.《建设工程监理合同（示范文本）》对监理机构的一般规定是什么？

工程实行监理的，发包人和承包人应在专用合同条款中明确监理人的监理内容及监理权限等事项。监理人应当根据发包人授权及法律规定，代表发包人对工程施工相关事项进行检查、查验、审核、验收，并签发相关指示，但监理人无权修改合同，且无权减轻或免除合同约定的承包人的任何责任与义务。

19. 项目监理机构应做哪些监理准备工作？

项目监理机构组建后，应尽快完善监理部的工作条件，主要是：

（1）配备必要的监理设施，包括办公场所、办公及通信设施、生活设施和必需的监理检测设备、工具、器具等；

（2）配备必需的规范、规程、标准和图集；

（3）明确人员分工和岗位责任；

（4）建立内部管理制度。

20. 更换监理人员有哪些条件？

《建设工程监理合同（示范文本）》GF-2012-0202 中规定监理人可根据工程进展和工作需要调整项目监理机构人员。监理人更换总监理工程师时，应提前 7d 向委托人书面报告，经委托人同意后方可更换；监理人更换项目监理机构其他监理人员，应以相当资格与能力的人员替换，并通知委托人。

监理人应及时更换有下列情形之一的监理人员：

（1）有严重过失行为的；

（2）有违法行为不能履行职责的；

（3）涉嫌犯罪的；

（4）不能胜任岗位职责的；

（5）严重违反职业道德的；

(6)专用条件约定的其他情形。

《建设工程监理合同（示范文本）》GF-2012-0202 中规定：发包人授予监理人对工程实施监理的权利由监理人派驻施工现场的监理人员行使，监理人员包括总监理工程师及监理工程师。监理人应将授权的总监理工程师和监理工程师的姓名及授权范围以书面形式提前通知承包人。更换总监理工程师的，监理人应提前7d 书面通知承包人；更换其他监理人员，监理人应提前 48h 书面通知承包人。

21. 相关规范和文件对项目监理机构的监理设施是如何规定的？

《建设工程监理规范》GB/T 50319—2013 第 3.3.1 条：建设单位应按建设工程监理合同约定，提供监理工作需要的办公、交通、通信、生活等设施。项目监理机构宜妥善使用和保管建设单位提供的设施，并应按建设工程监理合同约定时间移交建设单位。监理单位宜按建设工程监理合同约定，配备满足监理工作需要的检测设备和工器具。

《建设工程监理合同（示范文本）》GF-2012-0202 通用条件第 3.3 节：委托人应为监理人完成监理与相关服务提供必要条件。第 3.3.1 条：委托人应按照附录 B 约定，派遣相应的人员，提供房屋、设备，供监理无偿使用。

《建设工程施工合同（示范文本）》GF-2013-0201 通用条件第 4.1 节：除专用条款另有约定外，监理人在施工现场的办公场所、生活场所由承包人提供，所发生的费用由发包人承担。

第四节　监理规划及监理实施细则

22. 什么是监理规划？

项目监理机构全面开展建设工程监理工作的指导性文件。

23. 建设工程监理规划的作用是什么？

（1）是指导项目监理机构全面开展监理工作的依据；

（2）是建设监理主管机构对监理单位监督管理的依据；

（3）是建设单位确认监理单位履行合同、开展监理工作的主要依据；

（4）是监理单位考核检查所属监理工程的依据和存档的资料。

24. 建设工程监理规划的编写依据是什么？

（1）相关法规和强制性标准规范；

（2）监理大纲、监理合同及设计文件；

（3）施工合同、施工组织设计、施工图审查意见。

25. 建设工程监理规划编写有何要求？

（1）监理规划应明确项目监理机构的工作目标；

（2）监理规划应确定项目监理机构人员职责和工作制度；

（3）监理规划应制定监理工作程序、方法和措施，并具有针对性、可操作性；

（4）监理规划应在第一次工地会议前 7d 完成编制和审批手续报建设单位；

（5）如建设单位委托相关服务，应将相关服务内容列入监理规划。

26. 监理规划应包括哪些内容？

（1）工程概况；

（2）监理工作的范围、内容、目标；

（3）监理工作依据；

（4）监理组织形式、人员配备及进退场计划、监理人员岗位职责；

　（5）监理工作制度；

　（6）工程质量控制；

　（7）工程造价控制；

　（8）工程进度控制；

　（9）安全生产管理的监理工作；

　（10）合同与信息管理；

　（11）组织协调；

　（12）监理工作设施。

27. 监理规划应列入哪些主要监理工作制度？

　（1）施工监理交底制度；

　（2）施工组织设计（施工方案）和工程进度计划审核制度；

　（3）工程开工（复工）审批制度；

　（4）测量放线复测制度；

　（5）工程材料、构配件和设备质量认可制度；

　（6）建设工程施工试验见证取样和送检制度；

　（7）工程变更处理制度；

　（8）旁站监理制度；

　（9）隐蔽工程验收制度；

　（10）分部、分项工程、检验批验收制度；

　（11）工程质量事故报告及处理制度；

　（12）工程计量认可制度；

　（13）技术经济签证制度；

　（14）工程款支付审核制度；

　（15）工程结算审核制度；

　（16）工程索赔审签制度；

　（17）施工进度计划检查制度；

　（18）现场安全巡视检查制度；

　（19）安全隐患、事故报告和处理制度；

　（20）危险性较大分部分项工程监理工作制度；

　　（21）监理指令签发制度；

　　（22）监理月报制度；

　　（23）工程施工监理资料的管理制度。

28. 监理规划的编审程序有何规定？

　　（1）总监理工程师组织专业监理工程师编制；

　　（2）总监理工程师签字后由工程监理单位技术负责人审批加盖监理单位公章；

　　（3）监理工作实施过程中发生重大变化，如设计方案重大修改、承包方式发生变化，工期和质量要求有重大变化时，总监理工程师应及时组织修改规划，并按原审批程序完成后报建设单位。

29. 监理实施细则的定义、编制依据、主要内容是什么？

　　监理实施细则是指针对某一专业或某一方面建设工程监理工作的操作性文件。

　　编制依据：（1）监理规划；（2）工程建设标准、工程设计文件；（3）施工组织设计、（专项）施工方案。

　　主要内容：（1）专业工程特点；（2）监理工作流程；（3）监理工作要点；（4）监理工作方法及措施。

30. 什么情况下应编制监理实施细则？编制时间、审批、修改有何规定？

　　对专业性较强或危险性较大的分部分项工程，项目监理机构应编制监理实施细则。

　　监理实施细则可随工程进展编制，但应在相应工程开始前完成，并经总监理工程师审批后实施。

　　在实施建设工程监理过程中，监理实施细则可根据实际情况进行补充修改，并应经总监理工程师批准后实施。

第五节　建设工程监理风险管理

31. 何谓风险管理?

人们对潜在的意外损失进行识别、评估,并根据具体情况采取相应对策措施进行处理。风险管理是一种主动控制,即主观上做到有备无患,客观上无法避免时,亦能寻求切实可行的补救措施以减少损失。

32. 风险的种类及产生原因?

风险的种类有:

(1) 政治风险:如政策法规变化、政变、社会动乱;

(2) 经济风险:如通货膨胀、汇率变动、合同中经济条款有缺陷;

(3) 自然风险:如地震、水灾、风灾、火灾;

(4) 技术风险:如勘察设计错误、施工方案错误、采用新技术失误。

风险产生有客观原因和主观原因。客观原因主要是指风险种类中政治风险、经济风险、自然风险等无法控制的因素;主观原因主要是指风险种类中的技术风险,以及因监理专业知识和工程经验不足,指令和审查错误等可控因素。

33. 风险管理的内容包括哪些?

风险管理包括:

(1) 风险识别:通过收集调查已经出现过的风险,建立风险清单;

(2) 风险评价:通过对风险清单分析评价,结合实际更准确地认识风险,确定可能出现的风险对实现目标的影响程度;

(3) 风险对策:从防范风险出发采取的如转移、回避、自留、损失控制等风险管理对策和具体措施；

（4）损失衡量：确定风险损失数量的大小。

总之，风险管理的最终目的是为了目标实现。

34. 监理工程师的责任风险有哪些？

监理工程师的责任风险具有存在的客观性与发生的偶然性特征，这是因为：

（1）法律、法规对监理工程师的要求日益严格；

（2）监理工程师所掌握的技术资源不可能完美；

（3）监理工程师专业知识和工程经验有局限性；

（4）社会对监理工程师的要求提高。

监理工程师的责任风险可能有：

（1）行为责任风险，如失职行为对工程造成损失；

（2）工作技能风险，如知识、经验不足造成判断结论错误；

（3）资源不足风险，如必要的法规、强制性标准、检测仪器设备配备不足造成失误；

（4）职业道德风险，如严重违反职业道德、谋求私利损害工程；

（5）管理风险，如公司对项目监理部的管理机制及项目监理部内部管理机制不健全，各自职责不明确，互相不服气、拆台、闹矛盾、不团结造成工作重大失误。

第 二 章
建设工程监理的基本工作

第一节　施工准备阶段的监理工作

35. 施工准备阶段监理的主要工作是什么?

（1）监理机构内部分工，建立岗位责任制及内部管理制度；

（2）根据编写依据，编制监理规划、旁站监理方案（监理规划要在第一次工地会议 7d 前报委托人）；

（3）熟悉工程设计文件；

（4）核查施工单位的资质证书、营业执照、安全生产许可证；

（5）检查施工单位现场的质量、安全管理体系的建立和运行，审查质量、安全生产组织机构和专职管理人员及特种作业人员的资格；

（6）审核施工分包单位资质；

（7）审查施工单位为本工程服务的实验室；

（8）参加由委托人主持的图纸会审和设计交底；

（9）审查施工单位提交的施工组织设计、专项施工方案和安全技术措施，并提出监理审查意见；

（10）检查、复核施工单位报送的施工控制测量成果及保护措施，查验施工测量放线成果；

（11）检查施工单位现场施工准备情况，符合开工条件时，签发开工令；

（12）参加委托人主持的第一次工地会议。

36. 项目监理机构如何参与设计交底与图纸会审工作?

设计交底与图纸会审是两项工作,应按先交底后会审的次序进行。设计交底由委托人主持,在设计单位向施工单位全面介绍设计思想的基础上,对新结构、新材料、重要结构部位和易被施工单位忽视的技术问题进行设计交底,并提出确保施工质量的具体技术要求。图纸会审在设计交底之后进行,由委托人主持,在施工单位、建设单位及监理单位仔细阅读核对完图纸的基础上由设计单位回答提出的问题。

施工单位要做好设计交底和图纸会审记录,并整理编写设计交底与图纸会审纪要,交由参加设计交底和图纸会审各方会签并盖章。

37. 施工组织设计审查的基本内容有哪些?

(1) 编审程序应符合相关规定;

(2) 施工进度、施工方案及工程质量保证措施应符合施工合同要求;

(3) 资金、劳动力、材料、设备等资源供应计划应满足工程施工需要;

(4) 安全技术措施应符合工程建设强制性标准;

(5) 施工总平面布置应科学合理。

38. 项目监理机构对施工项目组织机构应进行哪些审查?

(1) 工程负责人(项目经理)的资格审查:具有符合要求的建造师注册证书及安全生产考核合格证书,必须持证上岗;

(2) 技术负责人的资格审查;

(3) 专职安全生产管理人员的资格和数量审查,应具有安全生产考核合格证;

(4) 项目部其他管理人员的资格审查;

(5) 劳动力配置审查;

1）工种配置是否符合工程特点；

2）各工种工人的级别等级比例是否得当；

3）特种作业人员有无特种作业操作资格证书。

39. 项目监理机构如何审查分包单位？

分包工程开工前，项目监理机构应审批施工单位报送的分包单位资格报审表，专业监理工程师提出审查意见后，应由总监理工程师审核、签认。

分包单位资格审核的基本内容：

（1）营业执照、企业资质等级证书；

（2）安全生产许可证；

（3）类似工程业绩；

（4）专职管理人员和特种作业人员的资格。

分包单位资格报审表应按《建设工程监理规范》GB/T 50319—2013 表 B.0.4的要求填写。

40. 项目监理机构如何进行开工报告的审查？

总监理工程师应组织专业监理工程师审查施工单位报送的开工报审表及相关资料，同时具备下列条件的，总监理工程师签署审查意见，报建设单位批准后，由总监理工程师签发工程开工令：

（1）设计交底和图纸会审已完成；

（2）施工组织设计已由总监理工程师签认；

（3）施工单位现场质量、安全生产管理体系已建立，管理及施工人员已到位，施工机械具备使用条件，主要工程材料已落实；

（4）进场道路及水、电、通信等已满足开工要求；

开工报审应按《建设工程监理规范》GB/T 50319—2013 表 B.0.2 的要求填写，工程开工令应按《建设工程监理规范》GB/T 50319—2013 表 A.0.2 的要求填写。

41. 工程开工前监理工程师必须具备的内部基础资料有哪些？

(1) 监理合同（副本）；

(2) 监理企业对本工程总监理工程师的任命书及授权；

(3) 项目监理机构的人员及职责分工；

(4) 已经批准的本工程项目的监理规划。

第二节 质 量 控 制

42. 监理质量控制的任务是什么？

通过对施工投入、施工过程、产出品进行全过程控制以及对参加施工的单位和人员的资质、材料和设备、施工机械和机具、施工方案和方法、施工环境等实施全面控制，以期按标准达到预定的施工质量目标。

43. 施工阶段的质量控制工作内容包括哪些方面？

(1) 项目监理机构应审查施工单位现场的质量管理组织机构、管理制度及专职管理人员和特种作业人员的资格。

(2) 总监理工程师应组织专业监理工程师审查施工单位报审的施工方案，符合要求后予以签认。

(3) 专业监理工程师应审查施工单位报送的新材料、新工艺、新技术、新设备的质量认证材料和相关验收标准的适用性，必要时应要求施工单位组织专题论证，审查合格后报总监理工程师签认。

(4) 专业监理工程师应检查、复核施工单位报送的施工控制测量成果及保护措施，并签署意见。

(5) 专业监理工程师应检查施工单位为本工程提供服务的试验室。

(6) 项目监理机构应审查施工单位报送的用于工程的材料、

构配件、设备的质量证明文件，并按有关规定、监理合同约定，对用于工程的材料进行见证取样、平行检验，确认不合格的，要求限期撤出施工现场。

（7）项目监理机构应安排监理人员对工程施工质量进行巡视，对关键部位、关键工序进行旁站。

（8）项目监理机构应对施工单位报验的隐蔽工程、检验批、分项工程和分部工程进行验收，对验收合格的应给予签认，对验收不合格的应拒绝签认，同时要求施工单位在指定时间内整改并重新报验。

（9）项目监理机构发现施工存在质量问题的，应及时签发监理通知单，要求施工单位整改。对返工处理或加固补强的，应要求施工单位报送处理方案，并跟踪检查，对处理结果进行验收。

（10）项目监理机构应审查施工单位提交的竣工验收报审表及竣工资料，组织竣工预验收。

（11）工程预验收合格后，编写质量评估报告报送建设单位，参加建设单位组织的竣工验收。

44.《建设工程施工合同（示范文本）》中关于监理对工程质量检查和检验有哪些规定？

监理人按照法律法规和发包人授权对工程的所有部位及其施工工艺、材料和工程设备进行检查和检验。承包人应为监理人的检查和检验提供方便，包括监理人到施工现场，或制造、加工地点，或合同约定的其他地方进行查看与查阅施工原始资料记录。监理人为此进行的检查和检验，不免除或减轻承包人按照合同约定应当承担的责任。

监理人的检查和检验不应影响施工正常进行。监理人的检查和检验影响施工正常进行的，且经检查检验不合格的，影响正常施工的费用由承包人承担，工期不予顺延；经检查检验合格的，由此增加的费用和（或）延误的工期由发包人承担。

**45.《建设工程施工合同（示范文本）》中对隐蔽工程检查验收有
哪些规定?**

除专用合同条款另有约定外，工程隐蔽部位经承包人自检确
认具备覆盖条件的，承包人应在共同检查前48h书面通知监理人
检查，通知中应载明隐蔽检查的内容、时间和地点，并应附有自
检记录和必要的检查资料。

监理人应按时到场并对隐蔽工程及其施工工艺、材料和工程
设备进行检查。经监理人检查确认质量符合隐蔽要求，并在验收
记录上签字后，承包人才能进行覆盖。经监理人检查质量不合格
的，承包人应在监理人指示的时间内完成修复，并由监理人重新
检查，由此增加的费用和（或）延误的工期由承包人承担。

除专用合同条款另有约定外，监理人不能按时进行检查的，
应在检查前24h向承包人提交书面延期要求，但延期不能超过
48h，由此导致工期延误的，工期应予以顺延。监理人未按时进
行检查，也未提出延期要求的，视为隐蔽工程检查合格，承包人
可自行完成覆盖工作，并作相应记录报送监理人，监理人应签字
确认。监理人事后对检查记录有疑问的，可按《建设工程施工合
同（示范文本）》GF-2013-0201第5.3.3项【重新检查】的约定
重新检查。

46. 承包人将隐蔽工程覆盖后重新检查有哪些规定?

承包人覆盖工程隐蔽部位后，发包人或监理人对质量有疑问
的，可要求承包人对已覆盖的部位进行钻孔探测或剥离重新检
查，承包人应遵照执行，并在检查后重新覆盖恢复原状。经检查
证明工程质量符合合同要求的，由发包人承担由此增加的费用和
（或）延误的工期，并支付承包人合理的利润；经检查证明工程
质量不符合合同要求的，由此增加的费用和（或）延误的工期由
承包人承担。

承包人未通知监理人到场检查，私自将工程隐蔽部位覆盖

的，监理人有权指示承包人钻孔探测或剥离检查，无论工程隐蔽部位质量是否合格，由此增加的费用和（或）延误的工期均由承包人承担。

47.《房屋建筑工程施工旁站监理管理办法（试行）》（建市〔2002〕189 号）对于旁站监理方案有哪些要求？

监理企业在编制监理规划时，应当制定旁站监理方案，明确旁站监理的范围、内容、程序和旁站监理人员职责等。旁站监理方案应当送建设单位和施工企业各一份，并抄送工程所在地的建设行政主管部门或其委托的工程质量监督机构。

48. 哪些项目应当实行旁站监理？

基础工程方面包括：土方回填、混凝土灌注桩浇筑、地下连续墙、土钉墙、后浇带及其他结构混凝土、防水混凝土浇筑、卷材防水层细部构造处理、钢结构安装。主体结构工程方面包括：梁柱节点钢筋隐蔽过程、混凝土浇筑、预应力张拉、装配式结构安装、钢结构安装、网架结构安装、索膜安装。上述范围以外需要旁站监理的部位、工序，应依据有关文件的规定和监理规划的要求执行。

49. 旁站监理人员的主要工作有哪些？

（1）旁站监理人员应对旁站监理的部位、工序现场跟班监督，及时处理旁站中发现的问题，并如实、准确地做好旁站监理记录，保存好旁站监理原始资料；

（2）检查施工企业现场施工条件是否满足要求，以及质检人员到岗、特殊工种人员持证上岗以及施工机械、建筑材料准备情况；

（3）核查现场建筑材料、构配件、设备和商品混凝土等质量证明文件；有怀疑时，可要求施工单位进行检验或者委托有资格的第三方进行复验；

（4）监督施工单位执行施工方案以及工程建设强制性标准的

情况；检查现场施工过程及操作方法是否符合施工方案的要求；

（5）旁站监理记录应由旁站监理人员签字，否则，不得进行下一道工序施工。

50. 见证取样的含义是什么？

见证取样是指项目监理机构对施工单位进行的涉及结构安全的试块、试件及工程材料现场取样、封样、送检工作的监督活动。

51. 建设工程现场取样和送检有哪些强制性规定？

为规范建筑工程施工现场检测试验技术管理，国家颁布了行业标准《建筑工程检测试验技术管理规范》JGJ 190—2010，其中有 6 条强制性标准，即：

（1）施工单位及其取样、送检人员必须确保提供的检测试样具有真实性和代表性（3.0.4）；

（2）见证人员必须对见证取样和送检的过程进行见证，且必须确保见证取样和送检过程的真实性（3.0.6）；

（3）检测机构应确保检测数据和检测报告的真实性和准确性（3.0.8）；

（4）进场材料的检测试样，必须从施工现场随机抽取，严禁在现场外制取（5.4.1）；

（5）施工过程质量检测试样，除确定工艺参数可制作模拟试样外，必须从现场相应的施工部位制取（5.4.2）；

（6）对检测试验结果不合格的报告严禁抽撤、替换或修改（5.7.4）。

52. 哪些试块、试件和材料必须实施见证取样和送检？取样数量有何规定？

根据《房屋建筑工程和市政基础设施工程实行见证取样和送检的规定》（建建［2000］211 号）文件中规定，下列需要见证取样和送检：

（1）用于承重结构的混凝土试块；

（2）用于承重墙体的砌筑砂浆试块；

（3）用于承重结构的钢筋及连接接头试件；

（4）用于承重墙的砖与混凝土小型砌块；

（5）用于拌制混凝土和砌筑砂浆的水泥；

（6）用于承重结构的混凝土中使用的掺加剂；

（7）地下、屋面、厕浴间使用的防水材料；

（8）国家规定必须实行见证取样和送检的其他试块、试件和材料。

涉及结构安全的试块、试件和材料见证取样和送检的比例不得低于有关技术标准中规定应取样数量的 30%。

53. 施工过程质量检测试验项目、主要检测试验参数和取样依据是什么？

施工过程质量检测试验项目、主要检测试验参数和取样依据参见《建筑工程检测试验技术管理规范》JGJ 190—2010（4.2.2），见表 2-1。

施工过程质量检测试验项目、主要检测试验参数和取样依据

表 2-1

序号	类别	检测试验项目	主要检测试验参数	取样依据	备注
1	土方回填	土工击实	最大干密度	《土工试验方法标准》GB/T 50123—2010	
			最优含水率		
		压实程度	压实系数*	《建筑地基基础设计规范》GB 50007—2011	
2	地基与基础	换填地基	压实系数*或承载力	《建筑地基处理技术规范》JGJ 79—2012《建筑地基基础工程施工质量验收规范》GB 50202—2002	
		加固地基、复合地基	承载力		
		桩基	承载力	《建筑基桩检测技术规范》JGJ 106—2008	
			桩身完整性		钢桩除外

续表

序号	类别	检测试验项目	主要检测试验参数	取样依据	备 注
3	基坑支护	土钉墙	土钉抗拔力	《建筑基坑支护技术规程》JGJ 120—2012	
		水泥土墙	桩身完整性		
			墙体强度		设计有要求时
		锚杆、锚索	锁定力		
4	结构工程	钢筋连接	机械连接工艺检验	抗拉强度	《钢筋机械连接通用技术规程》JGJ 107—2010	JGJ 107—2003废止 JGJ 108—96废止 JGJ 109—96废止
			机械连接现场检验			
			钢筋焊接工艺检验	抗拉强度	《钢筋焊接及验收规程》JGJ 18—2012	适用于闪光对焊、气压焊连接
				弯曲		
			闪光对焊	抗拉强度		
				弯曲		
			气压焊	抗拉强度		适用于水平连接筋
				弯曲		
			电弧焊、电渣压力焊、预埋件钢筋T形接头	抗拉强度	《钢筋焊接及验收规程》JGJ 18—2012	
			网片焊接	抗剪力		热轧带肋钢筋
				抗拉强度		
				抗剪力		冷轧带肋钢筋
		混凝土	混凝土配合比设计	工作性	《普通混凝土配合比设计规程》JGJ 55—2011	指工作度、坍落度和塌落扩展度等
				强度等级		

续表

序号	类别	检测试验项目	主要检测试验参数	取样依据	备　注
4	结构工程	混凝土 混凝土性能	标准养护试件强度	《混凝土结构工程施工质量验收规范》GB 50204—2002（2010版）《混凝土外加剂应用技术规范》GB 50119—2013	
			同条件试件强度＊（受冻临界、拆模、张拉、放张和临时负荷等）		
			同条件养护28d转标准养护28d试件强度	《建筑工程冬期施工规程》JGJ/T 104—2011	JGJ/T 104—97废止
			抗渗性能	《地下防水工程质量验收规范》GB 50208—2011《混凝土结构工程施工质量验收规范》GB 50204—2002（2010版）	GB 50208—2002废止 有抗渗要求时
		砌筑砂浆 砂浆配合比设计	强度等级	《砌筑砂浆配合比设计规程》JGJ/T 98—2010	JGJ/T 98—2000废止
			稠度		
		砂浆力学性能	标准养护试件强度	《砌体工程施工质量验收规范》GB 50203—2011	GB 50203—2002废止
			同条件养护试件强度		冬期施工时增设
		钢结构 网架结构焊接球节点、螺栓球节点	承载力	《钢结构工程施工质量验收规范》GB 50205—2001	安全等级一级、L≥40m且设计有要求时
		焊缝质量	焊缝探伤		
		后锚固（植筋、锚栓）	抗拔承载力	《混凝土结构后锚固技术规程》JGJ 145—2004	
5	装饰装修	饰面砖粘贴	粘接强度	《建筑工程饰面砖粘接强度检验标准》JGJ 110—2008	

注：带有"＊"标志的检测试验项目或检测试验参数可由企业试验室试验，其他检测试验项目或检测试验参数的检测应符合相关规定。

54. 进行见证取样的试样应如何送检？

（1）现场取样人员应根据施工需要及有关标准的规定，将标识后的试样及时送至检测单位进行检测试验；

（2）现场取样人员应正确填写委托单，有特殊要求时应注明；

（3）办理委托后，现场取样人员应将检测单位给定的委托编号在试样台账上登记。

（4）见证人员应对试样的送检进行全程见证。

55. 专业监理工程师应检查施工单位为本工程提供服务的试验室哪些内容？

试验室的检查应包括下列内容：

（1）试验室的资质等级及试验范围；

（2）法定计量部门对试验设备出具的计量检定证明；

（3）试验室管理制度；

（4）试验人员资格证书。

56. 现场试验站设置的基本条件是什么？

现场试验站是施工单位根据工程需要在施工现场设置的主要从事试样制取、养护、送检以及对部分检测试验项目进行试验的部门。

单位工程建筑面积超过 10000m² 或造价超过 1000 万元人民币时，可设立现场试验站。现场试验站的基本条件参见《建筑工程检测试验技术管理规范》JGJ 190—2010（5.2.4）。

57. 施工现场应建立哪些试样台账？

施工现场应按照单位工程分别建立下列试样台账：

（1）钢筋试样台账；

（2）钢筋连接接头试样台账；

（3）混凝土试件台账；

（4）砂浆试件台账；

（5）需要建立的其他试样台账。

试样台账格式见《建筑工程检测试验技术管理规范》JGJ190－2010 附录 B。

58. 工程实体质量与使用功能的检测内容是什么？

工程实体质量与使用功能检测项目应依据国家现行相关标准、设计文件及合同要求确定。工程实体质量与使用功能检测的主要内容应包括实体质量及使用功能等两类。工程实体质量与使用功能检测项目、主要检测参数和取样依据按《建筑工程检测试验技术管理规范》JGJ 190—2010（4.3.2）规定确定见表 2-2。

工程实体质量与使用功能检测项目、主要检测参数和取样依据

表 2-2

序号	类别	检测项目	主要检测参数	取样依据
1	实体质量	混凝土结构	钢筋保护层厚度	《混凝土结构工程施工质量验收规范》GB 50204—2002（2010 版）
			结构实体检验用同条件养护试件强度	
		围护结构	外窗气密性能（适用于严寒、寒冷、夏热冬冷地区）	《建筑节能工程施工质量验收规范》GB 50411—2007
			外窗节能构造	
2	使用功能	室内环境污染物	氡	《民用建筑工程室内环境污染控制规范》GB 50325—2010
			甲醛	
			苯	
			氨	
			TVOC	
		系统节能性能	室内温度	《建筑节能工程施工质量验收规范》GB 50411—2007
			供热系统室外管网的水力平衡度	
			供热系统的补水率	
			室外管网热输送效率	
			各风口的风量	
			通风与空调系统的总风量	
			空调机组的水流量	
			空调系统冷热水、冷却水总流量	
			平均照度与照明功率密度	

59. 建设工程质量最低保修期限有何规定？

依据《建设工程质量管理条例》第四十条规定，在正常使用条件下，建设工程的最低保修期限为：

（1）基础设施工程、房屋建筑工程的地基基础和主体结构工程，为设计文件规定的该工程的合理使用年限；

（2）屋面防水工程、有防水要求的卫生间、房间和外墙面的防渗漏，保修期为 5 年；

（3）供热与供冷系统，为两个采暖期、供冷期；

（4）电气管线、给水排水管道、设备安装和装修工程，保修期为 2 年。

其他项目的保修期由发包方与承包方约定。建设工程的保修期自竣工验收合格之日起计算。

60. 什么是工程质量事故？

指由于建设、勘察、设计、施工、监理等单位违反工程质量有关法律、法规和工程建设标准，使工程产生结构安全和重要使用功能等方面的质量缺陷，造成人员伤亡或者重大经济损失的事故。

61. 工程质量事故报告有何规定？

（1）工程质量事故发生后，事故现场有关人员应立即向工程建设单位负责人报告；工程建设单位负责人接到报告后应于 1h 内向事故发生地县级以上人民政府住房和城乡建设主管部门报告。

情况紧急时，事故现场有关人员可直接向事故发生地县级以上人民政府住房和城乡建设主管部门及有关部门报告。

（2）住房和城乡建设主管部门接到事故报告后，应当依照下列规定上报事故情况，并同时通知公安、监察机关等有关部门。

较大、重大及特别重大事故逐级上报国务院住房和城乡建设主管部门，一般事故上报地县级以上人民政府住房和城乡建设主管部门，必要时可以越级上报事故情况。

62. 对需要返工处理或加固补强的质量事故的处理，项目监理机构应采取什么措施？

（1）要求施工单位报送质量事故调查报告和设计单位等相关单位认可的处理方案；

（2）对事故处理过程跟踪检查，做好记录；

（3）对事故处理结果进行验收、确认；

（4）应及时向建设单位提交质量事故书面报告；

（5）应将完整的质量事故处理记录整理归档。

63. 项目监理机构向建设单位提交的质量事故书面报告应包括哪些内容？

（1）工程及各参建单位名称；

（2）质量事故发生的时间、地点、工程部位；

（3）事故发生的简要经过、造成工程损伤情况、伤亡人数和直接经济损失的初步估计；

（4）事故发生原因的初步判断；

（5）事故发生后采取的措施及处理方案；

（6）事故处理过程及结果。

64. 处理质量问题监理应做哪些工作？

监理在巡视检查过程中，发现施工存在质量问题，应及时签发监理通知，要求施工单位整改。整改完毕，施工单位应向监理部报送监理通知回复单，监理对整改情况进行复查，提出复查意见，并做好记录。

65. 处理质量事故监理应做哪些工作？

施工过程发生质量事故监理应按程序进行处理：

（1）根据事故情况和严重程度，影响施工安全或正常施工的，总监理工程师应及时报告建设单位，在征得建设单位同意后，下达局部停工令，清除安全隐患后，下达复工令；

（2）监理应要求施工单位进行事故调查，监理参加；

（3）施工单位应向监理报送质量事故调查报告，监理予以审查；

（4）施工单位应提出质量事故处理方案，并经过设计等相关单位审核签认，必要时，应组织有关方共同论证确定；

（5）对事故处理过程监理进行跟踪检查，对处理结果进行验收。

第三节　造　价　控　制

66. 监理造价控制的任务是什么？

通过工程付款控制、工程变更费用控制、预防并处理好费用索赔、挖掘节约投资潜力等，努力实现实际发生的费用不超过计划投资。

67. 工程计量和工程款支付的程序是什么？

（1）专业监理工程师对施工单位在工程款支付报审表中提交的工程量和支付金额进行复核，确定实际完成的工程量，提出到期应支付给施工单位的金额，并提出相应的支持性材料。

（2）总监理工程师对专业监理工程师的审查意见进行审核，签认后报建设单位审批。

（3）总监理工程师根据建设单位的审批意见，向施工单位签发工程款支付证书。

68. 工程计量的依据有哪些？

计量依据一般为：工程质量经验收合格、现行国家有关工程计量的规范、设计图纸。

69. 项目监理机构竣工结算审核的程序是什么？

（1）专业监理工程师审查施工单位提交的工程结算款支付申请，提出审查意见。

（2）总监理工程师对专业监理工程师的审查意见进行审核，签认后报建设单位审批，同时抄送施工单位；并就工程竣工结算事宜与建设单位、施工单位协商；达成一致意见的，根据建设单位审批意见向施工单位签发竣工结算款支付证书；不能达成一致意见的，应按施工合同约定处理。

另外，审核过程应注意：审核的依据是有关工程结算规定及施工合同约定；审核结果应形成竣工结算款支付证书，报建设单位。

第四节　进　度　控　制

70. 监理进度控制的任务是什么？

通过完善建设工程控制性进度计划，审查施工单位施工进度计划，做好各项动态控制工作，协调各单位关系，预防并处理好工期索赔，以求实际施工进度达到计划施工进度的要求。

71. 监理如何实施进度控制？

施工进度控制是一项复杂、细致的工作，是动态管理的过程。实施进度控制监理应抓好如下三个环节：

（1）督促承包方认真编制科学、合理、符合实际、有针对性的施工进度计划，并报监理审批。

1）建设单位应编制前期准备工作计划，确保施工图及相关资料供应，提供设备采购、直接外委分包单位进场等满足施工总进度的要求。

2）总包施工单位应编制工程项目总（综合）进度计划和各级网络计划，做到下一级计划能满足上一级计划的要求并确保实现。

3）分包单位施工进度计划应符合施工总进度计划的要求。

（2）认真检查施工进度计划的实施情况。

1）监理应认真、随时检查相关单位进度计划的实施情况，并做好记录。

2）定期对比实际和计划进度的差异，分析原因，拟定处理措施。

（3）及时进行协调处理。

1）利用适宜的协调方式协调有关方取得共识，如工作联系单、监理通知、监理例会或专题会议，共同分析原因、确定处理措施。

2）及时调整进度计划，确保工期目标的实现。

3）按调整后的计划组织实施。

72. 监理对施工进度计划审查的基本内容是什么？

工程建设是一个涉及相关单位较多、延续时间较长、技术比较复杂的系统工程，其施工进度会受到多方面因素的影响。进度计划的编制应在全面分析和预测各方面条件的基础上能满足下列基本要求，即监理审查的基本内容：

（1）施工总进度计划应符合施工合同中对工期的约定，工期的要求应符合国家规定的合理工期；

（2）阶段性施工进度计划应满足总进度控制目标的要求，网络计划中关键线路的确定应合理，主要工程项目不能遗漏；

（3）施工顺序的安排应符合施工工艺的要求；

（4）施工人员、工程材料、施工机械等资源供应计划应满足施工进度计划的需要；

（5）施工进度计划应符合建设单位提供的施工条件（资金、施工图纸、物资等）。

73. 工程进度控制应注意的问题是什么？

监理在工程进度控制方面，除抓好计划审批、计划实施情况检查和及时协调处理之外，还应注意以下几点：

（1）施工总进度计划应按单位工程编制，多项单位工程的群体工程项目应有整个项目的总进度控制计划。

（2）项目施工总进度计划可以在施工合同签订后，根据建设单位进一步提供的资料，在确保合同工期的前提下，对投标文件中的施工总进度计划进行调整、细化，使之更符合实际。

（3）施工总进度计划应经施工单位技术负责人审批，盖施工单位公章。报监理后，经专业监理工程师审查，总监理工程师审核签认后，报建设单位批准后方可实施。施工总进度计划是进度控制的基本依据。

（4）由于各种因素造成工期延误和工程延期时，按施工合同约定，办理工期延误或工程延期报审和审批手续。

（5）施工单位根据需要应及时对进度计划进行调整，并按程序重新完善报批手续。

（6）项目监理机构应对进度控制建立分析和预控制度，及时预测影响总工期的因素，提出预防措施的建议，并及时向建设单位报告。在监理月报中，要及时反映工程的实际进度情况。

第五节 合 同 管 理

74. 《建设工程监理合同（示范文本）》组成的文件解释顺序？

合同文件的解释顺序如下：

（1）协议书；

（2）中标通知书（适用于招标工程）或委托书（适用于非招标工程）；

（3）专用条件及附录 A、附录 B；

（4）通用条件；

（5）投标文件（适用于招标工程）或监理与相关服务建议书（适用于非招标工程）。

双方依法签订的补充协议与其他文件发生矛盾或歧义时，属于同一类内容的文件，应以最新签署的为准。

75.《建设工程施工合同（示范文本）》组成的文件解释顺序？

组成合同的各项文件应互相解释，互为说明。除专用合同条款另有约定外，解释合同文件的优先顺序如下：

（1）合同协议书；

（2）中标通知书（如果有）；

（3）投标函及其附录（如果有）；

（4）专用合同条款及其附件；

（5）通用合同条款；

（6）技术标准和要求；

（7）图纸；

（8）已标价工程量清单或预算书；

（9）其他合同文件。

上述各项合同文件包括合同当事人就该项合同文件所作出的补充和修改，属于同一类内容的文件，应以最新签署的为准。

在合同订立及履行过程中形成的与合同有关的文件均构成合同文件组成部分，并根据其性质确定优先解释顺序。

76.《建设工程施工合同（示范文本）》对合同管理争议解决的规定是什么？

《建设工程施工合同（示范文本）》GF-2013-0201 通用条款第 20 条争议解决有以下规定：

（1）和解：自行和解达成协议的经双方签字盖章后作为合同补充文件遵照执行。

（2）调解：请求建设行政主管部门、行业协会或其他第三方进行调解，调解达成协议，经双方签字盖章后作为合同补充文件，对方均应遵照执行。

（3）争议评审：合同当事人在专用合同条款中约定采用争议评审方式解决争议。

（4）仲裁或诉讼：1）向约定的仲裁委员会申请仲裁。

2）向有管辖权的人民法院起诉。

77. 项目监理机构指示发出权限、形式及法律后果是什么？

监理人应按照发包人的授权发出监理指示。监理人的指示应采用书面形式，并经其授权的监理人员签字。紧急情况下，为了保证施工人员的安全或避免工程受损，监理人员可以口头形式发出指示，该指示与书面形式的指示具有同等法律效力，但必须在发出口头指示后 24h 内补发书面监理指示，补发的书面监理指示应与口头指示一致。

监理人发出的指示送达承包人项目经理或经项目经理授权接收的人员。因监理人未能按合同约定发出指示、指示延误或发出了错误指示而导致承包人费用增加和（或）工期延误的，由发包人承担相应责任。除专用合同条款另有约定外，总监理工程师不应将《建设工程施工合同（示范文本）》GF-2013-0201 第 4.4 条【商定或确定】约定应由总监理工程师作出确定的权力授权或委托给其他监理人员。

承包人对监理人发出的指示有疑问的，应向监理人提出书面异议，监理人应在 48h 内对该指示予以确认、更改或撤销，监理人逾期未回复的，承包人有权拒绝执行上述指示。

监理人对承包人的任何工作、工程或其采用的材料和工程设备未在约定的或合理期限内提出意见的，视为批准，但不免除或减轻承包人对该工作、工程、材料、工程设备等应承担的责任和义务。

78. 什么是工程延期？什么是工期延误？

工程延期是指由于非施工单位原因造成合同工期延长的时间。

工期延误是指由于施工单位自身原因造成施工工期延长的时间。

79. 处理工程延期的程序是什么？

发生影响工期事件时，各方应按下列程序进行处理：

（1）工程延期事件发生，在符合施工合同约定的情况下，施工单位提出工程延期意向通知书，监理应予以受理。

（2）监理调查核实情况。

（3）当影响工期事件具有持续性时，施工单位应提交阶段性工程临时延期报审表；当影响事件结束后，应提交工程最终延期报审表。监理应予审查。

（4）监理在批准之前，应提出处理意见与建设单位和施工单位协商，取得共识。

（5）在符合基本条件的情况下，总监签署工程延期文件。

（6）施工单位因工程延期提出费用索赔时，监理按施工合同约定进行处理。

80. 监理批准工程延期应满足的条件是什么？

施工单位提出或监理批准工程延期必须同时满足下列三个条件：

（1）施工单位在施工合同约定的期限内提出工程延期意向通知书或报审表；

（2）因非施工单位原因造成工程进度滞后；

（3）施工进度滞后影响到施工合同约定的工期。

81. 什么是工程变更？

根据《建设工程工程量清单计价规范》GB 50500—2013 的规定，工程变更是指工程实施过程中由发包人提出或由承包人提出经发包人批准的合同工程任何一项工作的增、减、取消或施工工艺、顺序、时间的改变；设计图纸修改；施工条件的改变；招标工程清单的错漏从而引起合同条件的改变或工程量的增减变化。

82. 监理工程师怎样对工程变更进行处理？

（1）总监理工程师组织专业监理工程师审查施工单位提出的工程变更申请，提出审查意见。对涉及工程设计文件修改的工程变更，应由建设单位转交设计单位修改工程设计文件。必要时，项目监理机构应建议建设单位组织设计、施工等单位召开论证工程设计文件修改方案的专题会议；

（2）总监理工程师组织专业监理工程师，对工程变更费用及工期影响作出评估；

（3）总监理工程师组织建设单位、施工单位等共同协商确定工程变更费用及工期变化，会签工程变更单。工程变更单应按《建设工程监理规范》GB/T 50319—2013 表 C.0.2 的要求填写；

（4）项目监理机构根据批准的工程变更文件监督施工单位实施工程变更。

83. 监理处理费用索赔的依据是什么？

处理费用索赔的主要依据是：

（1）相关法律法规；

（2）勘察设计文件、施工合同文件；

（3）工程建设标准；

（4）索赔事件的证据。

84. 监理处理施工单位提出的费用索赔程序是什么？

处理费用索赔的主要程序是：

（1）施工单位在施工合同约定的期限内向监理提交费用索赔意向通知书，监理应予受理；

（2）收集与索赔有关的资料；

（3）施工单位在施工合同约定的期限内提交费用索赔报审表；

（4）监理审查费用索赔报审表，需要补充提供资料时，及时发出通知；

（5）与建设单位和施工单位协商，取得共识，在施工合同约定的期限内签发费用索赔报审表，并报建设单位；

（6）当费用索赔事件与工程延期相关联时，监理应提出综合处理意见。

85. 监理批准施工单位费用索赔应满足的条件是什么？

施工单位提出或监理批准费用索赔事件应同时满足三个条件：

（1）施工单位提出费用索赔意向通知和报审表均应在施工合同约定的期限内；

（2）索赔事件是因非施工单位原因造成，且符合施工合同约定；

（3）索赔事件造成施工单位直接经济损失。

第 三 章
土建工程施工监理

第一节　地 基 基 础 工 程

86. 泥浆护壁钻孔灌注桩施工质量监理控制要点有哪些?

（1）审查专项施工方案；

（2）复查桩孔定位及标高；

（3）检查护筒中心是否与桩位中心重合；

（4）检查泥浆试验和调制质量；

（5）进行终孔验收，检查成孔垂直度、直径、深度是否符合设计及规范要求；

（6）对进场钢筋进行验收并取样复试；检查钢筋笼的制作质量，对钢筋笼进行隐蔽验收；检查保障保护层厚度的措施是否符合要求，起吊钢筋笼时防止严重变形；

（7）检查混凝土的强度等级，督促施工单位按要求留置混凝土试块；混凝土浇筑前，应进行二次清孔，待沉渣厚度满足要求后，允许进行混凝土的浇筑；

（8）在混凝土浇筑过程中，检查坍落度是否符合设计要求；混凝土要连续浇筑，拔管要保证导管在混凝土中埋深2～6m；桩顶实际灌注标高至少比设计桩顶标高高出 0.5m 以上，以保证有效桩长和桩头混凝土质量；

（9）后压浆过程中，压力值、注浆量应满足规范及设计要求。

87. 混凝土灌注桩浇筑的旁站监理有哪些要求？

（1）对混凝土灌注桩施工中的混凝土浇筑，应参照混凝土结构施工的旁站监理要求；

（2）检查混凝土灌注桩的成孔情况：桩位、孔深、直径、垂直度、沉渣厚度、孔口保护等；

（3）查验钢筋笼是否验收合格及检查钢筋笼的安装情况；

（4）检查混凝土的浇筑过程及充盈量；

（5）整理旁站记录。

88. 静压式预应力管桩施工质量监理控制要点有哪些？

（1）审查施工单位的专项施工方案，并附桩身断裂、沉桩达不到设计要求等事故的应急预案、处理措施；

（2）现场对预制管桩外观检查，并对强度进行复验；

（3）对试桩全过程进行监督，检查桩体质量及承载力是否满足设计和规范要求；

（4）审查测量放线记录，对桩位进行逐桩编号并复测，严格按照施工方案确定的压桩顺序进行施工；

（5）严格控制压桩垂直度，压桩过程中要认真检查桩入土深度和压力表读数记录，判断桩的质量及承载力；

（6）检查控制接桩质量及接桩停歇时间；

（7）控制终止压力值或贯入度；

（8）施工结束后做桩的承载力及桩体质量检验。

89. 水泥粉煤灰碎石桩（CFG）施工质量监理控制要点有哪些？

（1）审查施工单位的 CFG 桩施工方案，进行试桩以确定施工工艺参数；

（2）复查桩位并检查施工单位桩位编号情况；

（3）审查混合料配合比及混合料试块抗压强度；

（4）检查水泥、粉煤灰、砂及碎石等原材料质量；

（5）施工中检查桩身混合料的配合比、坍落度、提拔钻杆速度、成孔深度及垂直度、混合料灌入量、桩顶标高、桩径等；

（6）检查施工单位试块留置情况；

（7）在设计规定的时间进行桩体质量检验及复合地基承载力检验。

90. 水泥搅拌桩施工质量监理控制要点有哪些？

（1）审查施工方案、进行试桩并确定施工工艺参数等；

（2）审查测量定位记录、桩位放线记录并复测；

（3）施工过程中检查重点是：水泥用量、桩长、搅拌头转数和提升速度、复搅次数和复搅深度、停浆处理方法等；

（4）在规定时间内，检查成桩质量、直径及复合地基承载力检验。

91. 振冲碎石桩施工质量监理控制要点有哪些？

（1）施工前检查施工方案，确定试打方法，检查机电设备性能及其计量准确性。检查场地准备情况（包括水、电是否到位，排水沟是否挖好，桩位测量是否完成并经复测）；

（2）检查填料的质量，粒径应符合要求，含泥量不大于 5 %；

（3）施工前应先在现场进行振冲试验，以确定其成孔施工合适的水压、水量、成孔速度及填料方法、达到土体密实时的密实电流值和留振时间等工艺参数；

（4）振冲前，检查是否按设计图定出冲孔位置并编号；

（5）施工过程中检查密实电流、供水压力、供水量、填料量、孔底留振时间、振冲点位置、孔径、孔深等；

（6）造孔过程中检查振冲器在其自重和振动喷水作用下的沉入速度；

（7）检查清孔质量；

（8）振冲法施工质量主要控制水、电、料三个参数；

（9）施工结束后的规定时间内，进行复合地基承载力检验。

92. 灰土挤密桩施工质量监理控制要点有哪些?

（1）审查施工单位的专项施工方案，确定施工顺序；

（2）检查灰土的质量，素土不得含有机杂质，使用前应过筛，粒径不得大于 20mm；熟石灰粒径不得大于 5mm，不得有未熟化的生石灰块；

（3）进行夯填试验，以确定每次合理的填实数量和夯填次数；

（4）检查夯打顺序是否按批准的专项方案进行；

（5）夯填前，应清理孔底杂物、积水和落土，并夯实孔底；

（6）施工中对桩孔位置、桩孔直径、深度、夯击次数、填料含水量、每次填料量进行检查；

（7）填料和夯击交替进行，填至设计标高以上 20～30cm 时为止。上面的空桩可用素土夯填轻击处理；

（8）施工结束后，在规定时间内检查成桩的质量及复合地基承载力检验。

93. 高压旋喷支护桩施工质量监理控制要点有哪些?

（1）审查专项施工方案；

（2）复核桩位、测量定位；

（3）控制水泥浆液的配制质量；

（4）施工前必须先打工艺试验桩，检验机具性能及施工工艺中的各项参数，包括浆液配比、旋转参数，钻进和提升速度等；

（5）为满足设计桩径及强度的要求，应严格保证注浆压力及注浆量；

（6）在喷射注浆过程中，应观察泛浆的发生，以便及时了解土层情况，喷射注浆效果和喷射参数是否合理；

（7）施工过程中必须对每根桩的定位、桩长、垂直度、水泥用量、水灰比、喷浆的连续性、喷浆压力及浆液流量，喷浆提升速度等进行严格的控制和跟踪检查。

94. 单桩承载力的检验方法和数量有何要求？

依据《建筑桩基技术规范》JGJ 94—2008 第 5.3.1 条的规定：

（1）设计等级为甲级的建筑桩基，应通过单桩静载试验确定；

（2）设计等级为乙级的建筑桩基，当地质条件简单时，可参照地质条件相同的试桩资料，结合静力触探等原位测试和经验参数综合确定；其余均应通过单桩静载试验确定；

（3）设计等级为丙级的建筑桩基，可根据原位测试和经验参数确定。

当采用静载荷试验检验时，检验桩数量不应少于总桩数的1%，且不应少于3根，当总桩数少于50根时，应不少于2根。

建筑桩基划分为3个设计等级，见表3-1。对建筑桩基设计中单桩竖向极限承载力标准值的确定方法提出了明确要求。这是对工程设计方、业主方提出的要求，同时也对工程施工具有重要的指导作用。

建筑桩基设计等级划分　　　　　表 3-1

设计等级	建 筑 类 型
甲级	1　重要的建筑； 2　30层以上或高度超过100m的高层建筑； 3　体型复杂且层数相差超过10层的高低层（含纯地下室）连体建筑； 4　20层以上框架—核心筒结构及其他对差异沉降有特殊要求的建筑； 5　场地和地基条件复杂的7层以上的一般建筑及坡地、岸边建筑； 6　对相邻既有工程影响较大的建筑
乙级	除甲级、丙级以外的建筑
丙级	场地和地基条件简单、荷载分布均匀的7层及7层以下的一般建筑

95. 地基处理有哪几种方法？适用范围是什么？

处理后的地基应满足建筑物地基承载力、变形和稳定要求。处理方法有：

（1）换填垫层。适用于浅层软弱土层和不均匀土层的地基处理。应分层进行，每层的压实系数符合要求后再铺填上层。

（2）预压地基。适用于处理淤泥质土、淤泥、冲填土等饱和黏性土地基，有堆载预压、真空预压、真空和堆载联合预压。验收检验应满足预压所完成的竖向变形和平均固结度的设计要求，应进行原位试验和室内土工试验。

（3）压实地基和夯实地基。压实地基适于处理大面积填土地基。夯实地基分为强夯和强夯置换，强夯处理地基适用于砂石土、砂土、低饱和度粉土、湿陷性黄土、杂填土；强夯置换处理地基适用于高度饱和度粉土与软塑～流塑的黏土。压实地基每完成一道工序必须进行验收。夯实地基必须通过现场试验确定其适用性和处理效果。强夯施工应监测对周边建筑物的影响，并采取隔振沟等措施。

（4）复合地基。有振冲碎石桩和沉管砂石桩复合地基、水泥搅拌桩复合地基、旋喷桩复合地基、灰土挤密桩和土挤密桩复合地基、夯实水泥土桩复合地基、水泥粉煤灰碎石桩复合地基、柱锤冲扩桩复合地基、多桩型复合地基。

（5）注浆加固。适用于砂土、粉土和人工填土等地基加固，加固材料有水泥浆液、硅化浆液和碱液等固化剂，注浆加固处理后应进行静载荷试验检验。

（6）微型桩加固。适用于既有建筑和新建建筑地基加固，有树根桩、预制桩和注浆钢管桩。

96. 地基处理工程竣工后对其结果检验有何规定？

对灰土地基、砂和砂石地基、土工合成材料地基、粉煤灰地基、强夯地基、注浆地基、预压地基，其竣工后的检验结果（地基强度或承载力）必须达到设计要求的标准。检验数量，每单位工程不应少于 3 点，1000m^2 以上工程，每 100m^2 应至少有 1 点，3000m^2 以上工程，每 300m^2 至少有 1 点。每一独立基础下至少应有 1 点，基槽每 20 延米应有 1 点。

97. 复合地基的检测有哪些强制性规定？

对散体材料复合地基增强体应进行密实度检验；对有粘结强度复合地基增强体应进行强度及桩身完整性检验；复合地基承载力的验收检验应采用复合地基静载荷试验，对有粘结强度的复合地基增强体尚应进行单桩静载荷试验。

98. 强夯地基施工质量监理控制要点有哪些？

（1）审查施工单位的专项施工方案；

（2）正式开夯前，应进行试夯，确定单击能量、夯锤重量、夯锤落距等技术参数；

（3）每次开夯前，应检查夯锤落距，确保单击能量符合设计要求；

（4）每遍夯击前，应对夯点放线进行复核，夯完后检查夯坑位置，发现偏差及时纠正；

（5）按设计要求检查每个夯点的夯击次数和每次的夯沉量；

（6）强夯过程中夯坑周围不应有过大的隆起，如有异常应会同设计、业主等部门协商处理办法；

（7）夯填应当日施工，当日推平，并采取排水措施，以防下雨泡水；

（8）在施工过程中要求采取多遍夯击，前后两遍的间隔时间符合设计要求，直至满足收锤标准；

（9）在挡土墙附近进行强夯时，要求施工单位采取可靠措施，确保安全和施工质量；

（10）施工结束后，应检查被夯地基的强度，并进行地基承载力检验。

99. 喷射混凝土用于地下工程支护时,所用原材料应符合哪些规定?

（1）优先选用普通硅酸盐水泥,其强度等级不应低于 32.5MPa;

（2）细骨料采用中砂或粗砂,细度模数>2.5,使用时的含水率宜为 5%～7%;

（3）粗骨料卵石或碎石粒径不宜大于 15mm;使用碱性速凝剂时,不得使用活性二氧化硅石料;

（4）采用不含有害物质的洁净水;

（5）速凝剂初凝时间不应超过 5min,终凝时间不应超过 10min。

100. 地下连续墙支护施工质量监理控制要点有哪些?

（1）审核专项施工方案;

（2）导墙的垂直度、中心线（或轴线）、导墙间距（连续墙槽宽）的控制为控制重点。对每一段导墙全部采用经纬仪和水准仪进行检查、复测。同时特别注意出入口等转角处的精度及外放量的准确性;

（3）对复杂地质条件下,由于槽段内各标高的土层性质不同,泥浆的质量对工程的成败至关重要,因此要严格控制泥浆配比和泥浆液面高度,应根据需要随时检查泥浆的技术参数;

（4）控制成槽垂直度,及时检查槽位、槽深、槽宽等,合格后方可进行清底,控制槽底沉渣厚度并做好接头处理;

（5）对施工单位钢筋笼的刚度、吊点和预埋件的设置、保护层厚度等应加强监控;

（6）钢筋笼应在泥浆置换和清淤合格后及时入槽,钢筋笼的吊放不允许发生不可恢复的变形,吊放时应垂直、平稳入槽就位,并控制其标高;

（7）要保证混凝土的连续浇筑,应控制浇筑速度、提管速度以及浇筑量等。

101. 土钉墙支护监理控制要点有哪些?

（1）审查土钉墙工程施工专项方案；

（2）对全部原材料进行检查、复验；

（3）土钉墙的施工顺序是先开挖后支护，所以要检查边坡在施工中的稳定性，必须控制土方开挖的每步层高与开挖段长度，作业顺序应合理；

（4）检查土钉钢筋长度、基坑墙面平整度、坡度、土钉位置、钻孔倾斜度、注浆量、注浆压力值等；

（5）检查钢筋网片及加强筋的绑扎与固定质量，控制土钉墙面层混凝土的喷射厚度；

（6）检查施工单位对喷射混凝土面层的养护措施落实情况；

（7）土钉墙表面混凝土强度达到 100% 后应进行土钉拉拔力试验，以检验土钉质量是否满足设计要求；

（8）检查监督施工单位编制的土钉墙变形观察方案的执行情况。

102. 锚杆支护施工的监理控制要点有哪些?

基坑较深时采用锚拉式支护结构，锚杆施工应注意控制：

（1）审核施工单位专项施工方案；

（2）检查并复验原材料质量；

（3）锚杆穿过的地层情况和障碍物必须调查清楚；

（4）复核测量放线成果，确定锚杆位置；

（5）根据选用的成孔工艺，严格控制成孔质量，其偏差应在《建筑基坑支护技术规程》JGJ 120—2012 规定之内；

（6）检查锚杆杆体的规格和控制质量是否符合设计要求；

（7）注浆过程应检查注浆液水灰比和灰砂比，外加剂计量应通过试验，注浆工艺应符合《建筑基坑支护技术规程》JGJ 120—2012 要求；

（8）型钢腰梁和混凝土腰梁施工应分别按相关质量验收规范进行控制并验收。腰梁与支护结构接触应密实；

（9）预应力锚杆的张拉锁定应注意控制：固结体强度应符合要求，预应力损失的控制应符合《建筑基坑支护技术规程》JGJ 120—2012 的规定；

（10）施工结束后，锚杆抗拔承载力的检测数量、检测值、检测条件和检测方法应符合《建筑基坑支护技术规程》JGJ 120—2012 的规定。

103. 基坑降水应关注哪些环节？

（1）对有地下水影响的土方施工，应根据工程规模、工程地质、水文地质、周围环境等需要，制定降水或排水方案。

（2）明确地下水的类型、埋藏条件、变化幅度、补给条件等情况。

（3）了解降水方法的适用条件见表 3-2。

降水方法的适用条件　　　　　　　　表 3-2

类型 适用条件	渗透系数（cm/s）	可能降低的水位深度（m）
轻型井点 多级井点	$10^{-2} \sim 10^{-5}$	3～6 6～12
喷射井点	$10^{-3} \sim 10^{-6}$	8～20
电渗井点	$<10^{-6}$	宜配合其他形式降水使用
深井井点	$\geqslant 10^{-5}$	>10

（4）井位布置及井深确定等应依设计要求而定。降水井宜在基坑外缘采用封闭式布置，一般井距大于 15 倍井管直径，井深按含水层埋藏分布、降水井出水能力，在基坑范围内不宜小于基坑底以下 1.5m。

（5）湿陷性黄土地区基坑工程施工中特别要防止雨水、附近管道泄漏流入基坑造成湿陷坍塌，必须做好排水防护。

（6）降低地下水对相邻建（构）筑物产生的沉降量允许值，应按《建筑地基基础设计规范》GB 50007—2011 规定的建筑物地基变形允许值控制。

104. 基坑工程应遵守哪些规定？

（1）当基坑开挖面上方的锚杆、土钉、支撑未达到设计要求时，严禁向下超挖土方；采用预应力锚杆的支护结构，应在锚杆施加预应力后方可下挖；对土钉墙，应在土钉注浆体、喷射混凝土面层达到设计强度的 70% 后方可下挖；

（2）应按支护结构设计规定的施工顺序和开挖深度分层开挖；

（3）锚杆、土钉的施工作业面与锚杆、土钉的高差不宜大于 500mm，开挖时，挖土机械不得碰撞或损害锚杆、腰梁、土钉墙面、内支撑等，不得损害已施工的基础桩；

（4）当基坑采用降水时，应在降水后开挖地下水位以下的土方；

（5）基坑周边施工材料、设施或车辆荷载严禁超过设计要求的地面荷载限值；

（6）当开挖揭露的实际土层性状或地下水情况与设计依据的勘察资料明显不符，或出现异常现象，应停止开挖，在采取相应处理措施后方可继续开挖；

（7）挖至坑底时，应避免扰动基底持力土层的原状结构；

（8）当采用支撑或锚杆的支护结构，在未达到设计规定的拆除条件时，严禁拆除支撑或锚杆。

105. 土方开挖应遵循的原则是什么？

土方开挖的顺序、方法必须与设计工况相一致，并遵循"开槽支撑，先撑后挖，分层开挖，严禁超挖"的原则。

106. 湿陷性黄土地区在什么情况下不应采用坡率法？

存在下列情况之一时，不应采用坡率法：

（1）放坡开挖对拟建或相邻建（构）筑物及重要管线有不利影响；

（2）不能有效降低地下水位和保持基坑内干作业；

（3）填土较厚或土质松软、饱和，稳定性差；

（4）场地不能满足放坡要求。

107. 地基基础施工质量验收规范对基坑变形监控值有什么规定？

基坑（槽）、管沟土方工程验收必须以确保支护结构安全和周围环境安全为前提。必须进行变形监测，其监控值当设计有指标时，以设计要求为依据。如无设计指标时应按表 3-3 的规定执行。

基坑变形的监控值（cm）　　　　　　表 3-3

基坑类别	围护结构墙顶位移	围护结构墙体最大位移	地面最大沉降
	监控值	监控值	监控值
一级基坑	3	5	3
二级基坑	6	8	6
三级基坑	8	10	10

注：1. 符合下列情况之一，为一级基坑：（1）重要工程或支护结构做主体结构的一部分；（2）开挖深度＞10m；（3）与邻近建筑物，重要设施的距离在开挖深度以内的基坑；（4）基坑范围内有历史文物、近代优秀建筑、重要管线等需严加保护的基坑；

2. 三级基坑为开挖深度＜7m，且周围环境无特别要求时的基坑；

3. 除一级和三级外的基坑属二级基坑；

4. 当周围已有的设施有特殊要求时，尚应符合这些要求。

108. 基坑工程中出现什么情况必须立即进行危险报警？

基坑开挖深度大于等于 5m 或开挖深度小于 5m 但场地地质情况和周围环境较复杂的基坑工程，必须按《建筑基坑工程监测技术规范》GB 50497—2009 进行监测监控。出现下列情况之一，必须立即进行危险报警：

（1）监测数据达到报警值的累计值；

（2）基坑支护结构或周边土体的位移值突然明显增大或基坑出现流沙、管涌、隆起、陷落或较严重的渗漏；

（3）基坑支护结构的支撑或锚杆体系出现过大变形、压屈、断裂、松弛或拔出的迹象；

（4）周边建筑物结构部分、周边地面出现较严重的突发裂缝或危害结构的变形裂缝；

（5）周边管线变形突然明显增长或出现裂缝、泄漏等；

（6）根据当地工程经验判断，出现其他必须危险报警的情况。

109. 土方回填工程的旁站监理有哪些要求？

（1）检查施工准备情况（事前）

1）质检员、安全员、施工员（工长）、技术管理人员是否到位；

2）安全、环保措施是否落实，应急救援预案的措施是否落实；

3）施工方案交底是否进行；

4）夯实（碾压）设备型号、数量及完好情况；

5）分层回填的标尺是否清晰、明显。

（2）对施工过程进行监理（事中、事后）

1）检查回填土的粒径、含水率、混合料的均质性是否符合要求（含水率应当符合最优含水率的要求，混合料应拌和均匀，必要时应过筛）；

2）检查每层回填的虚铺厚度是否符合规定，压实厚度是否符合规定（按施工方案或技术交底的要求）；

3）检查夯实（碾压）的遍数和分层接槎尺寸是否符合施工方案的规定，回填土密实度是否符合要求（按设计或施工方案给出的控制干密度或压实系数）；

4）检查是否按规定进行分层取样，取样数量和位置与施工方案的要求是否相符（取样位置应有平面示意图）；

5）整理旁站记录。

第二节 钢 筋 工 程

110. 钢筋进场复检的检测内容是什么？

钢筋检测项目应依据国家现行相关标准、设计文件及合同要求确定。钢筋检测项目、主要检测参数和取样依据按《建筑工程检测试验技术管理规范》JGJ 190—2010 规定确定，见表 3-4。

钢筋进场复试项目、主要检测参数和取样依据　　表 3-4

类别	名称(复试项目)	主要检测参数	取样依据
钢 材	热轧光圆钢筋	拉伸（屈服强度、抗拉强度、断后伸长率）	《钢筋混凝土用钢第 1 部分：热轧带肋钢筋》GB 1499.1
		弯曲性能	
	热轧带肋钢筋	拉伸（屈服强度、抗拉强度、断后伸长率）	《钢筋混凝土用钢第 2 部分：热轧带肋钢筋》GB 1499.2
		弯曲性能	
	钢筋混凝土用余热处理钢筋	拉伸（屈服强度、抗拉强度、断后伸长率）	《钢筋混凝土用余热处理钢筋》GB 13014
		冷弯	
	冷轧带肋钢筋	拉伸（抗拉强度、伸长率）	《冷轧带肋钢筋混凝土结构技术规程》JGJ 95
		弯曲或反复弯曲	
	冷轧扭钢筋	拉伸（抗拉强度、伸长率）	《冷轧扭钢筋混凝土构件技术规程》JGJ 115
		冷弯	
	预应力混凝土用钢绞线	最大力	《预应力混凝土用钢绞线》GB/T 5224
		规定非比例延伸力	
		最大力总伸长率	

53

111.《混凝土结构设计规范》GB 50010—2010 对钢筋做了哪些修订?

（1）增加了 500MPa 级带肋钢筋，以 300MPa 级光圆钢筋取代了 235MPa 级钢筋。推广 400MPa、500MPa 级热轧带肋钢筋的应用。

（2）推广具有较好的延性、可焊性、机械连接性能及施工适应性的 HRB 系列普通热轧钢筋。列入采用控温轧制工艺生产的 HRBF 系列细晶粒带肋钢筋。

（3）增加预应力钢筋品种：增补高强、大直径的钢绞线；列入大直径预应力螺纹钢筋（精轧螺纹钢筋）；列入中强度预应力钢筋；淘汰锚固性差的刻痕钢丝。

（4）箍筋用于抗剪、抗扭及抗冲切时，不宜采用强度高于 400MPa 级的钢筋。

（5）冷加工钢筋不再列入《混凝土结构设计规范》GB 50010—2010。

（6）RRB 系列余热处理钢筋，其延性、可焊性、机械连接性能及施工适应性降低，不宜用于变形性能及加工性能要求高的构件中。

112.《混凝土结构工程施工质量验收规范》GB 50204—2002（2010 年版）对钢筋检验新增什么内容?

增加了重量偏差作为钢筋进场验收的要求；对有抗震设防要求的结构，其纵向受力钢筋增加了最大力下总伸长率的要求；采用有延伸功能的机械设备调直的钢筋，调直后应进行力学性能、重量偏差及断后伸长率检验。

113. 现行规范对普通钢筋的性能有哪些指标?

现行规范对普通钢筋的性能指标如表 3-5 所示。

普通钢筋的性能指标（MPa） 表 3-5

牌号	公称直径 d（mm）	屈服强度标准值 f_{yk}	极限强度标准值 f_{stk}	抗拉强度设计值 f_y	抗压强度设计 f'_y
HPB300	6～22	300	420	270	270
HRB335 HRBF335	6～50	335	455	300	300
HRB400 HRBF400 RRB400	6～50	400	540	360	360
HRB500 HRBF500	6～50	500	630	435	410

注：H 表示热轧，P 表示光圆，R 表示带肋，B 表示钢筋，F 表示控温轧制生产的
　　细晶粒带肋钢筋；RRB 表示余热处理钢筋经高温淬水，余热处理后提高强度。

114. 混凝土结构钢筋选用有何规定？

（1）纵向受力普通钢筋宜采用 HRB400、HRB500、HRBF400、HRBF500 钢筋，也可采用 HPB300、HRB335、HRBF335、RRB400 钢筋。

（2）梁、柱纵向受力普通钢筋应采用 HRB400、HRB500、HRBF400、HRBF500 钢筋。

（3）箍筋宜采用 HRB400、HRBF400、HPB300，也可采用 HRB335、HRBF335。

（4）预应力钢筋宜采用预应力钢丝、钢绞线和预应力螺纹钢筋。

115. 钢筋代换有何规定？

钢筋代换包括钢筋品种、级别、规格、数量的改变，涉及结构安全，应满足下列规定：

（1）应经设计单位确认，并按规定办理设计变更文件；

（2）钢筋代换除应满足等强度代换原则外，尚应考虑不同钢筋牌号的性能对裂缝宽度验算、最小配筋率要求、抗震构造规定等的影响；

（3）同时应满足钢筋间距、保护层厚度、搭接接头面积百分率、搭接长度、锚固长度等的要求。

116. 抗震等级为一、二、三级框架结构中的纵向受力钢筋应满足的三个条件是什么？

（1）钢筋的抗拉强度实测值与屈服强度实测值的比值不应小于 1.25；

（2）钢筋的屈服强度实测值与屈服强度标准值的比值不应大于 1.30；

（3）钢筋的最大拉力下总伸长率不应小于 9%。

117. 混凝土结构用钢筋间隔件的作用是什么？适用的技术规程是什么？

控制钢筋保护层厚度或受力钢筋位置及间距，保证混凝土构件的质量和耐久性。详见《混凝土结构用钢筋间隔件应用技术规程》JGJ/T 219—2010。

118. 盘卷钢筋和直条钢筋调直后的断后伸长率、重量负偏差应符合什么规定？

盘卷钢筋和直条钢筋调直后的断后伸长率、重量负偏差要求，见表 3-6。

盘卷钢筋和直条钢筋调直后的断后伸长率、重量负偏差　表 3-6

钢筋牌号	断后伸长率 A（%）	重量负偏差（%）		
		直径 6~12mm	直径 14~20mm	直径 22~50mm
HPB235、HPB300	≥21	≤10	—	—

续表

钢筋牌号	断后伸长率 A（%）	重量负偏差（%）		
		直径 6～12mm	直径 14～20mm	直径 22～50mm
HRB335、HRBF335	≥16			
HRB400、HRBF400	≥15	≤8	≤6	≤5
RRB400	≥13			
HRB500、HRBF500	≥14			

注：1. 断后伸长率 A 的量测标距为 5 倍钢筋公称直径；

2. 重量负偏差（%）按公式（W_o－W_d）/W_o×100 计算，其中 W_o 为钢筋理论重量（kg/m），W_d 为调直后钢筋的实际重量（kg/m）；

3. 对直径为 28～40mm 的带肋钢筋，表中断后伸长率可降低 1%；对直径大于 40mm 的带肋钢筋，表中断后伸长率可降低 2%。

采用无延伸功能的机械设备调直的钢筋，可不进行本条规定的检验。

检验数量：同一厂家、同一牌号、同一规格调直钢筋，重量不大于 30t 为一批；每批见证取 3 件试件。

检验方法：3 个试件先进行重量偏差检验，再取其中 2 个试件经时效处理后进行力学性能检验。检验重量偏差时，试件切口应平滑且与长度方向垂直，且长度不应小于 500mm；长度和重量的量测精度分别不应低于 1mm 和 1g。

119. 什么是钢筋接头连接区段长度?

当纵向受力钢筋采用机械连接接头或焊接接头时，接头连接区段的长度为 35d，且不应小于 500mm，凡接头中点位于该连接区段长度内的接头均属于同一连接区段；其中 d 为相互连接两根钢筋中较小直径。当纵向受力钢筋采用绑扎搭接接头时，接头连接区段长度为 1.3 倍搭接长度，凡接头中点位于该连接区段长度内的接头均属于同一连接区段；搭接长度可取相互连接两根钢筋中较小直径计算。

120. 什么是同一连接区段内纵向受力钢筋接头面积百分率?

该区段内有接头的纵向受力钢筋截面面积与全部纵向受力钢

筋截面面积的比值，即为纵向受力钢筋接头面积百分率。

121. 同一构件纵向受力钢筋的接头面积百分率有何规定？

（1）当纵向受力钢筋采用机械连接或焊接接头时，纵向受力钢筋接头面积百分率应符合下列规定：

1）受拉接头，不宜大于 50%；受压接头，可不受限制；

2）板、墙、柱中受拉机械连接接头，可根据实际情况放宽；装配式混凝土结构构件连接处受拉接头，可根据实际情况放宽；

3）直接承受动力荷载的结构构件中，不宜采用焊接；当采用机械连接时，不应超过 50%。

（2）当纵向受力钢筋采用绑扎搭接接头时，纵向受压钢筋的接头面积百分率可不受限制；纵向受拉钢筋的接头面积百分率应符合下列规定：

1）梁类、板类及墙类构件，不宜超过 25%；基础筏板，不宜超过 50%；

2）柱类构件，不宜超过 50%；

3）当工程中确有必要增大接头面积百分率时，对梁类构件，不应大于 50%；对其他构件，可根据实际情况适当放宽。

122. 钢筋绑扎应注意哪些关键质量问题？

（1）柱筋和剪力墙筋位移；

（2）梁钢筋骨架尺寸小于设计尺寸（箍筋制作小了，造成主筋未到位）；

（3）梁、柱交接处核心区箍筋未加密或漏绑箍筋；

（4）抗震地区箍筋弯钩不足 135°，平直长度不足 $10d$（d 为箍筋直径）。非抗震地区为 90° 和 $5d$；

（5）梁主筋进支座锚固长度不够，弯起钢筋弯起点位置不准；

（6）剪力墙水平钢筋及暗梁钢筋锚固长度不符合要求；

（7）板钢筋绑扎不顺直，间距不准；

（8）板的负弯矩钢筋被踩到下面；

（9）柱、墙钢筋骨架不垂直；

（10）绑扎接头内混入对焊接头；

（11）门窗洞口加筋尺寸位置不符合设计要求。

123. 钢筋焊接接头抗拉强度抽样检验有何规定？

每 300 个接头算一个检验批（不足 300 个的也算一个检验批），必须在工程结构中随机截取 3 个接头试件作抗拉强度试验，按设计要求的接头等级进行评定。

当 3 个接头试件的抗拉强度均符合抗拉强度表中相应等级的要求时，该检验批评为合格。如有 1 个试件的强度不符合要求，应再取 6 个试件进行复检。复检中如仍有一个试件的强度不符合要求，则该检验批评为不合格。

124. 钢筋机械连接有几种方式？如何进行抽样检验？

包括套筒挤压连接、锥螺纹套筒连接、镦粗直螺纹套筒连接、滚轧直螺纹套筒连接、熔融金属填充连接、水泥灌浆充填连接等。

接头的现场检验应按验收批进行，同一施工条件下采用同一批材料的同等级、同形式、同规格接头，应 500 个为一个检验批进行检验与验收，不足 500 个也应作为一个验收批。

对于接头的每一验收批，必须在工程结构中随机截取 3 个接头试件作抗拉强度试验，当 3 个试件的抗拉强度都符合强度要求，该验收批评为合格；如有一个试件的抗拉强度不符合要求，应再取 6 个试件进行复验。复验中如仍有一个不符合要求，则该验收批评为不合格。现场检验连续 10 个验收批抽样试件抗拉强度试验一次合格率为 100％时，验收批接头数量可扩大 1 倍。

125. 钢筋机械连接接头分几级？经受高应力和大变形作用后，其抗拉强度应符合什么规定？

机械连接接头分Ⅰ级、Ⅱ级、Ⅲ级接头。钢筋接头质量对结构构件承载性能影响重大。

经受高应力和大变形作用后，其抗拉强度应符合表 3-7 的规定。

钢筋接头的抗拉强度　　表 3-7

接头等级	Ⅰ级	Ⅱ级	Ⅲ级
抗拉强度	$f_{mst}^0 \geqslant f_{st}^0$ 或 $\geqslant 1.10 f_{uk}$	$f_{mst}^0 \geqslant f_{uk}$	$f_{mst}^0 \geqslant 1.25 f_{yk}$

注：f_{mst}^0——接头试件实际抗拉强度；f_{st}^0——接头试件中钢筋的抗拉强度实测值；f_{uk}——钢筋抗拉强度标准值；f_{yk}——钢筋屈服强度标准值。

126. 预应力筋张拉中出现断裂或滑脱时，应采取什么措施？

预应力筋张拉过程中出现断裂，可能是由于材料、加工制作、安装及张拉等一系列环节中出现了问题。同时，由于预应力筋断裂或滑脱对构件受力性能影响极大，故《混凝土结构工程施工规范》GB 50666—2011 将这一问题的处理定为强制性条文。应采取如下措施：

（1）对后张法预应力结构构件，断裂或滑脱的数量严禁超过同一截面预应力筋总根数的 3％，且每束钢丝或每根钢绞线不得超过一丝；对多跨双向连续板，其同一截面应按每跨计算。

（2）对先张法预应力构件，在浇筑混凝土前发生断裂或滑脱的预应力筋必须更换。

127. 在浇筑混凝土之前，钢筋隐蔽工程验收的内容有哪些？

（1）纵向受力钢筋的品种、规格、数量、位置及锚固等；

（2）钢筋的连接方式、接头位置、接头数量、接头面积百分率等；

（3）箍筋、横向钢筋的品种、规格、数量、间距等；

（4）预埋件的规格、数量、位置等。

第三节 模 板 工 程

128. 混凝土结构工程施工质量验收规范对模板及其支架的基本要求是什么？

模板及其支架应根据工程结构形式、荷载大小、地基土类别、施工设备和材料供应等条件进行设计。模板及其支架应具有足够的承载力、刚度和稳定性，能可靠地承受浇筑混凝土的重量、侧压力以及施工荷载。模板及其支架拆除的顺序及安全措施应按施工技术方案执行。

129. 模板及其支撑体系承受的荷载有几种？

模板自重、支撑体系自重、钢筋自重、施工人员及设备荷载、新浇筑混凝土的重量、新浇筑混凝土侧压力、振捣混凝土荷载、混凝土倾倒荷载、风荷载。

130. 模板工程质量控制要点是什么？

现浇混凝土模板工程是确保施工安全和工程质量的关键项目。在模板施工过程中，监理的控制要点是：

（1）模板及其支架必须进行施工设计，确保强度、刚度和稳定性。应根据工程具体情况选用合理、经济、适用的模板类型，编写施工方案，并按照实际荷载选用材料，其构造和安全技术措施必须符合规范要求。施工方案应报监理审查。

（2）属于"超危"工程的模板支架，必须经过专家论证，施工单位修改完善后，报监理和有关方审批。

（3）严格控制模板搭设过程，认真检查施工方案的落实情况，并按质量验收标准进行验收。

（4）拆模必须有方案和拆模申请，并提供同条件养护试块的强度报告，经监理审查，符合规范要求后批准拆模。

（5）严格检查拆模顺序，确保安全。

（6）使用特种模板，应有专项安装拆除方案，并严格控制其实施过程。

131. 大模板工程监理控制要点是什么？

大模板体系由面板、支撑、操作平台和连接件组成。用于墙体双侧模板。其施工过程监理应注意控制以下几点：

（1）施工单位应根据工程类型、荷载情况、质量要求及施工设备等结合施工工艺进行专项设计，应有设计图、计算书和施工说明书，监理应审查。

（2）大模板加工制作应在具备专用工装和平台以及焊接、调平、热加工设备的工厂内进行。

（3）施工单位应编制大模板专项施工方案，结合现场实际，明确大模板的运输、堆放、安装、拆除等技术措施和安全措施，确定合理的流水作业分段。方案应报监理审批。

（4）特种作业人员应持证上岗。施工前应进行技术和安全交底。上岗证和交底资料应报监理审查。

（5）大模板应进行样板间试安装。

（6）大模板安装应放出模板内侧线和外侧控制线作为基准。监理应检查。

（7）合模前，板面应刷隔离剂，应通过隐蔽工程验收。

（8）大模板安装应遵循先内侧后外侧、先横墙后纵墙的原则。

（9）门窗洞口模板必须按定位线固定牢固。确保混凝土浇筑时不移位。

（10）大模板拆除时，混凝土强度应达到混凝土表面及棱角不会受损。

（11）大模板拆模顺序应遵循先支的后拆、后支的先拆的原则，应严格按规定程序操作，严格遵守安全操作规程。

（12）大模板的堆放应落实堆放措施，确保稳定。

132. 液压滑模工程监理控制要点是什么?

液压滑动模板施工是在施工质量和安全方面要求比较严格、比较复杂的施工方法。监理总体上应注意控制以下环节:

(1) 滑模工程应由施工单位与设计单位配合,进行施工方案总体设计。确定横向结构的施工程序和施工方法及局部有碍滑模的凸出结构的处理措施,确定滑模的总体施工方案。

(2) 施工单位应根据工程结构特点和现场施工条件编制滑模专项施工方案,内容应符合《滑动模板工程技术规范》GB 50113—2005 的规定,并报监理审批。

(3) 施工单位应根据滑模总体施工方案进行详细的施工技术设计,包括:滑模装置设计、垂直和水平运输方式、混凝土浇灌措施、施工精度控制方案、滑升要求、操作平台纠偏和纠扭措施等。技术设计是滑模专项施工方案的重要内容。

(4) 滑模装置中模板系统的模板、围圈、提升架、操作平台系统的操作平台、吊脚手架、随升垂直运输设施的支撑结构以及提升系统的支承杆等,均应进行结构计算。

(5) 滑模施工的准备阶段,应控制滑模装置的组装和模板安装,液压系统组装后的整体试验和检查,并应进行质量验收。

(6) 滑模施工过程应注意检查控制:

1) 支承杆的设置和滑升过程的稳定状况;

2) 混凝土的配比、浇筑和强度增长状况;

3) 滑升过程中结构及操作平台的垂直度、水平度、扭转等偏差的观测情况,应逐次检查,及时纠偏;

4) 各项安全技术和管理措施的落实情况。

(7) 横向结构的施工,应确保结构稳定,程序符合设计要求并注意施工安全。

133. 什么是爬模?

爬模是以建筑物的钢筋混凝土墙体为支承主体,依靠自升式爬升支架使大模板完成提升、下降、就位、校正和固定等工作的模板系统。爬模是由大模板、支承架、附墙架、爬升动力设备和脚手架等组成。主要用于建筑物的外墙外模板。

134. 爬模工程监理控制要点是什么?

爬模是一种工具式的特种模板,对其施工过程应注意控制以下几点:

(1) 爬模的模板、支承架、附墙架及其穿墙螺栓和孔壁局部承压等应进行设计和验算。各杆件和整体的强度和稳定性必须满足要求。应有设计图纸和施工说明书,监理应予以审查。

(2) 爬模施工的作业人员必须经过专门技术培训,考核合格后方可上岗;施工前应进行全面的安全技术交底。上岗证、交底资料应报监理审查。

(3) 爬模工程施工单位应编制施工组织设计或专项施工方案,并报监理审批。

(4) 进入施工现场的爬模系统应按设计图纸要求进行验收。

(5) 爬模安装前必须检查工程结构上预埋螺栓孔的直径和位置。安装顺序应符合施工说明书和施工方案的要求。应统一指挥,做好安全防护。

(6) 爬升过程应注意:爬升前应全面检查。拆除爬升单元和相邻单元间的连接件,按程序操作,连续爬升完毕并及时固定。大模板爬升时,新浇混凝土强度不应低于 $1.2N/mm^2$;支架爬升时,穿墙螺栓受力处混凝土强度应达到 $10N/mm^2$ 以上。

(7) 悬挂脚手架的防护设施应齐全。施工单位应有安全操作规程。监理应检查。

(8) 爬模拆除应有拆除方案。拆除过程应专人指挥,严格遵守拆除顺序,确保安全。

135. 什么是飞模?

飞模是由平台板、支撑系统(梁、支架、支撑、支腿等)和其他配件（升降和行走机构等）组成的一种大型工具式模板。它是借助起重机械，从已浇好的楼板下吊运出来，转移到上层重复使用，故称飞模，又称桌板或台模。

136. 飞模工程的监理控制要点是什么？

飞模实质上是组装好的定型的楼板模板。其施工过程重点是控制其转运过程的安全。应注意控制：

（1）飞模应根据工程情况进行模板系统设计。

（2）飞模按设计图制作组装后，应进行试压和试吊，进行检验和验收。飞模应在侧面标出其重心位置。

（3）飞模就位后，应立即在外侧设置防护栏，加设安全网；并应在吊模的位置搭设出模操作平台。

（4）飞模外推时，必须用多根安全绳拴牢飞模两侧，并将安全绳绕在建筑物上，缓慢放绳推出。在重心移出建筑物之前，必须预先挂好外端起重吊钩，内外端吊钩全部挂牢后才能起吊转运。

（5）飞模转运后应对各部件进行全面检查，所有连接螺栓进行全面紧固。

137. 清水混凝土模板监理控制要点是什么？

清水混凝土模板除应按一般要求控制模板的强度、刚度符合相关模板技术规程的要求外，应注意以下几点：

（1）模板的分块设计和单块模板面板的分割设计，即接缝的位置和处理措施应满足清水混凝土饰面效果的设计要求。

（2）饰面清水混凝土模板应配置阴角模，其面板之间宜斜口连接，阳角部位两面模板宜直接连接；面板接缝处宜有肋；墙体端部模板面板宜内嵌固定；对拉螺栓应根据饰面效果要求进行专项设计。

（3）模板加工后，应进行预拼、校核、并编号。

（4）模板安装应核对设计要求的留缝位置，复核模板控制线和标高，按模板编号进行安装；模板拼接缝处应有防漏浆措施。

（5）模板的拆除除应符合相关质量验收规范和技术规程的规定外，应适当延长拆模时间，并对墙体、柱等采取适当保护措施。

（6）运输、安装过程中，对清水混凝土模板边角和面板应有保护措施。胶合板面板的切口应涂刷封边漆，螺栓孔眼处应有保护垫圈。

第四节　混　凝　土　工　程

138. 混凝土原材料的检测内容是什么？

混凝土检测项目应依据国家现行相关标准、设计文件及合同要求确定。混凝土检测项目、主要检测参数和取样依据按《建筑工程检测试验技术管理规范》JGJ 190—2010 规定确定。见表3-8。

混凝土进场复试项目、主要检测参数和取样依据　　表 3-8

类别	名称（复试项目）	主要检测参数	取样依据
混凝土组成材料	通用硅酸盐水泥	胶砂强度	《通用硅酸盐水泥》GB 175
		安定性	
		凝结时间	
	砌筑水泥	安定性	《砌筑水泥》GB/T 3183
		强度	
	天然砂	筛分析	《普通混凝土用砂、石质量及检验方法标准》JGJ 52 《建筑用砂》GB/T 14684
		含泥量	
		泥块含量	
	人工砂	筛分析	
		石粉含量（含亚甲蓝实验）	

续表

类别	名称（复试项目）	主要检测参数	取样依据
混凝土组成材料	石	筛分析	《普通混凝土用砂、石质量及检验方法标准》JGJ 52
		含泥量	
		泥块含量	
	轻集料	颗粒级配（筛分析）	《轻集料及其试验方法第 1 部分：轻集料》GB/T 17431.1 《轻集料及其实验方法第 2 部分：轻集料试验方法》GB/T 17431.2
		堆积密度	
		筒压强度（或强度标号）	
		吸水率	
	粉煤灰	细度	《粉煤灰混凝土应用技术规范》GBJ 146
		烧失量	
		需水量比（同一供灰单位，一次/月）	
		三氧化硫含量（同一供灰单位，一次/季）	
	普通减水剂高效减水剂	pH 值	《混凝土外加剂》GB 8076
		密度（或细度）	
		减水率	
	早强减水剂	密度（或细度）	《混凝土外加剂》GB 8076
		钢筋锈蚀	
		减水率	
		1d 或 3d 抗压强度	
	缓凝减水剂缓凝高效减水剂	pH 值	
		密度（或细度）	
		混凝土凝结时间	
		减水率	
	引气减水剂	pH 值	
		密度（或细度）	
		减水率	
		含气量	
	早强剂	钢筋锈蚀	
		密度（或细度）	
		1d 或 3d 抗压强度	
	缓凝剂	pH 值	
		密度（或细度）	
		混凝土凝结时间	

类别	名称(复试项目)	主要检测参数	取样依据
混凝土组成材料	泵送剂	pH 值	《混凝土泵送剂》JC 473
		密度(或细度)	
		坍落度增加值	
		坍落度保留值	
	防冻剂	钢筋锈蚀	《混凝土防冻剂》JC 475
		密度(或细度)	
		R_{27} 或 R_{28} 抗压强度比	
	膨胀剂	限制膨胀率	《混凝土膨胀剂》GB 23439
	引气剂	pH 值	《混凝土外加剂》GB 8076
		密度(或细度)	
		含气量	
	防水剂	pH 值	《砂浆、混凝土防水剂》JC 474
		钢筋锈蚀	
		密度(或细度)	
	速凝剂	密度(或细度)	《喷射混凝土用速凝剂》JC 477
		1d 抗压强度	
		凝结时间	

139. 水泥进场对其质量检验有哪些具体内容和要求？

（1）水泥进场时应对其品种、级别、包装或散装仓号、出厂日期等进行检查，并应对其强度、安定性及其他必要的性能指标进行复验，其质量必须符合现行国家标准的规定；

（2）当在使用中对水泥质量有怀疑或水泥出厂时间超过三个月（快硬硅酸盐水泥超过一个月）时，应进行复验，并按复验结果决定是否使用；

（3）在钢筋混凝土结构、预应力混凝土结构中，严禁使用含氯化物的水泥。

140. 水泥进场复检性能指标包括哪几项？

强度、安定性、凝结时间、水化热等性能指标。

141. 混凝土中矿物掺合料应符合哪些规定？

《混凝土质量控制标准》GB 50164—2011 规定：

（1）掺用矿物掺合料的混凝土，宜采用硅酸盐水泥和普通硅酸盐水泥；

（2）在混凝土中掺用矿物拌合料时，其种类和掺量应经试验确定；

（3）矿物掺合料宜与高效减水剂同时使用；

（4）对高强度混凝土或有抗渗、抗冻、抗腐蚀、耐磨等其他特殊要求的混凝土，不宜采用低于Ⅱ级的粉煤灰；

（5）对于高强度混凝土和耐腐蚀混凝土，当需要采用硅灰时，不宜采用二氧化硅含量小于90%的硅灰。

《普通混凝土配合比设计规程》JGJ 55—2011 对钢筋混凝土中矿物掺合料最大掺量作了规定，见表3-9。

钢筋混凝土中矿物掺合料最大掺量 表3-9

矿物掺合料种类	水胶比	最大掺量（%）	
		采用硅酸盐水泥	采用普通硅酸盐水泥
粉煤灰	≤0.40	45	35
	>0.40	40	30
粒化高炉矿渣粉	≤0.40	65	55
	>0.40	55	45
钢渣粉	—	30	20
磷渣粉	—	30	20
硅灰	—	10	10
复合掺合料	≤0.40	65	55
	>0.40	55	45

142. 混凝土用水应符合哪些规定?

（1）未经处理的海水严禁用于钢筋混凝土和预应力混凝土;

（2）当骨料具有碱活性时,混凝土用水不得采用混凝土企业生产设备洗涮水;

（3）混凝土拌合物在运输和浇筑成型过程中严禁加水。

143. 对于混凝土结构,粗骨料最大粒径有何规定?

对于混凝土结构,粗骨料最大粒径不得大于构件截面最小尺寸的 1/4,且不得大于钢筋最小净间距的 3/4;对混凝土实心板,骨料的最大粒径不宜大于板厚的 1/3,且不得大于 40mm;对于大体积混凝土,粗骨料最大粒径不宜大于 31.5mm。

144. 混凝土中外加剂的应用应符合哪些规定?

（1）在混凝土中掺用外加剂时,外加剂应与水泥有良好的适应性,其种类和掺量应经试验确定。

（2）不同类型的混凝土可选用不同品种的外加剂,使对质量控制有利,如高强度混凝土宜采用高效减水剂,大体积混凝土宜采用缓凝剂或缓凝减水剂,有抗渗要求的混凝土宜采用引气剂或引气减水剂。

（3）混凝土中氯离子的含量会引起钢筋锈蚀,因此外加剂中氯离子的含量和碱含量应满足设计要求。

（4）宜采用液态外加剂。

（5）每立方米混凝土中外加剂用量（m_{ao}）应按下式计算:

$$m_{ao} = m_{bo} \cdot \beta_a$$

式中　m_{bo}——计算配合比每立方米混凝土中胶凝材料用量（kg/m³）;

　　　β_a——外加剂掺量（%）应经试验确定。

145. 哪些结构中严禁采用含有氯盐配置的早强剂及早强减水剂?

（1）预应力混凝土结构;

（2）在相对湿度大于80%的环境中使用的结构、处于水位变化部位的结构、露天结构及经常受水淋、水冲刷的结构；

（3）大体积混凝土；

（4）直接接触酸、碱或其他侵蚀性介质的结构；

（5）经常处于温度为60℃以上的结构，需经蒸养的钢筋混凝土预制构件；

（6）有装饰要求的混凝土，特别是要求色彩一致或表面有金属装饰的混凝土；

（7）薄壁混凝土结构，中级和重级工作制吊车的梁、屋架、落锤及锻锤混凝土基础等结构；

（8）使用冷拉钢筋或冷拔低碳钢丝的结构；

（9）骨料具有碱活性的混凝土结构。

146. 每盘混凝土原材料计量的允许偏差有何规定？

胶凝材料±2%，粗、细骨料±3%，拌合用水±1%，外加剂±1%。

147. 混凝土拌合物的坍落度有何规定？

混凝土拌合物应在满足施工要求的前提下，尽可能采用较小的坍落度；泵送混凝土拌合物坍落度设计值不宜大于180mm。考虑到允许偏差，泵送混凝土拌合物坍落度实际控制范围应为150～210mm。

混凝土拌合物坍落度（mm）允许偏差：设计值≤40时，允许偏差±10；设计值50～90时，允许偏差±20；设计值≥100时，允许偏差±30。

148. 浇筑混凝土过程中的质量控制要点有哪些？

（1）对浇筑的混凝土应坚持开盘鉴定制度；

（2）混凝土浇筑中，要加强旁站监理，检查混凝土坍落度，严禁在已搅拌好的混凝土中注水；

（3）检查振捣情况，不得漏振、过振，注意模板、钢筋位置和牢固程度，有跑模和钢筋位移情况应及时处理。应特别注意混凝土浇筑中施工缝、沉降缝、后浇带处混凝土的浇筑处理；

（4）对楼梯与柱部位不同等级混凝土的浇筑顺序和所浇筑混凝土的等级要严格检查，防止低等级混凝土注入高等级混凝土部位；

（5）根据混凝土浇筑情况，监理亲自监督留置试块；

（6）要检查和督促承包单位适时做好成形压光和覆盖浇水养护；

（7）承包单位拆模时要事先向监理工程师提出申请，经监理工程师依拆模条件判断确认后方可进行；

（8）混凝土强度达到 1.2MPa 前，不得在其上踩踏或安装模板及支架；

（9）混凝土季节施工浇筑过程中的质量控制要点：

1）对季节高温环境影响混凝土的因素进行预测分析，要求承包单位编制施工措施并落实；

2）混凝土冬期施工必须有冬期施工措施，混凝土外加剂的掺量必须经试验配制决定；

3）监理工程师应从以下几个方面做好混凝土浇筑工程中的检查和督促：

①原材料中水泥选用是否合理，选用的外加剂是否是已被认证的合格产品；

②配合比是否采取了应对季节施工坍落度损失的措施；

③浇筑方案是否合理，浇筑速度是否适当；

④养护条件是否有保证。

149. 混凝土浇筑完毕后养护应符合什么规定？

（1）应在浇筑完毕后的 12h 以内，对混凝土加以覆盖，并保湿养护；

（2）混凝土浇水养护的时间：对采用硅酸盐水泥、普通硅酸盐水泥或矿渣硅酸盐水泥拌制的混凝土，不得少于 7d；对掺用缓凝型外加剂或有抗渗要求的混凝土，不得少于 14d；

（3）浇水次数以保持混凝土始终处于湿润状态为原则，混凝土养护用水应与拌制用水相同；

（4）采用塑料布覆盖养护的混凝土，其敞露的表面应覆盖严密，并应保持塑料布内有凝结水；

（5）混凝土强度达到 $1.2N/mm^2$ 前，不得在其上踩踏或安装模板及支架；

（6）当日平均气温低于 5℃时不得浇水；

（7）当采用其他品种水泥时，混凝土的养护时间应根据所采用水泥的技术性能确定；

（8）混凝土表面不便浇水或使用塑料布时，宜涂刷养护剂；

（9）对大体积混凝土的养护，应根据气候条件按施工技术方案采取控温措施。

150. 对混凝土浇筑过程中的温度有何要求？

（1）当夏季天气炎热时，混凝土拌合物入模温度不应高于 35℃，宜选择晚间或夜间浇筑混凝土；现场温度高于 35℃ 时，宜对金属模板进行浇水降温，但不得留有积水，并宜采取遮挡措施，避免阳光照射金属模板；

（2）当冬期施工时，混凝土拌合物入模温度不应低于 5℃，并应有保温措施；

（3）混凝土内部和表面的温差不宜超过 25℃，表面与外界温差不宜大于 20℃。

151. 混凝土结构工程的旁站监理应做哪些工作？

（1）检查施工准备情况（事前）

1）核对预拌混凝土供应单位的名称；

2）明确对所浇筑混凝土的技术要求，主要包括：强度等级、抗渗等级、坍落度、初凝时间、终凝时间、混凝土浇筑量等；

3）检查施工通道是否畅通，通道及泵车等输送设备的地基是否坚实平整，照明是否充足；

4）检查振捣设备型号、数量、完好情况；

5）检查质检员、施工员（工长）、试验员等现场管理人员是否到岗，并核对人员姓名；

6）检查钢筋及预埋管线等隐蔽工程是否已按规定验收；

7）检查《混凝土浇灌申请书》是否报送项目监理部；

8）检查是否已进行施工方案交底。

（2）对施工过程进行监理（事中、事后）

1）查验《预拌混凝土运输单》、《预拌混凝土出厂合格证》（32d 内补送）、《混凝土氯化物和碱总量计算书》（工程结构有要求时）、《砂石碱活性试验报告》（工程结构有要求时）；

2）核查混凝土运输车出站时间、到场时间；

3）监督施工单位现场测试混凝土坍落度；

4）检查施工方法是否与批准的施工方案一致。主要检查场内运输、输送方式、浇筑顺序、是否连续浇筑、分层厚度、振捣方式、表面抹压及养护措施等；

5）检查施工单位混凝土试块留置的种类、组数及养护条件是否符合相关要求；

6）检查大体积混凝土测温孔留置数量和位置是否与施工方案一致；

7）检查混凝土浇筑过程中钢筋及预留孔洞、预埋件是否移位，应特别注意负筋（上铁）是否有被踩踏变形现象；

8）检查并记录混凝土浇筑开始时间、结束时间；

9）混凝土冬期施工时，应检查施工人员是否记录混凝土入模温度、是否按施工方案留置测温孔；浇筑后是否及时覆盖保温；

10）整理旁站记录。

152. 现浇结构的外观质量严重缺陷有哪些？

纵向受力钢筋有露筋；构件主要受力部位有蜂窝、孔洞、夹渣、疏松和影响结构性能或使用功能的裂缝；连接部位有影响结构传力性能的缺陷；清水混凝土构件内有影响使用功能或装饰效果的外形缺陷；具有重要装饰效果的清水混凝土构件有外表缺陷。

153. 现浇结构的外观质量一般缺陷有哪些？

除纵向受力钢筋外，其他钢筋有少量露筋；除构件主要受力部位外，其他部位有少量蜂窝、孔洞、夹渣、疏松和不影响结构性能或使用功能的裂缝；连接部位有基本不影响结构传力性能的缺陷和外表缺陷。

154. 现浇结构的尺寸偏差有何原则规定？

（1）混凝土现浇结构不应有影响结构性能和使用功能的尺寸偏差。混凝土设备基础不应有影响结构性能和设备安装的尺寸偏差；

（2）对超过尺寸允许偏差且影响结构性能和安装、使用功能的部位，应由施工单位提出技术处理方案，并经监理（建设）单位认可后进行处理。对经处理的部位，应重新检查验收。

155. 用于检查混凝土强度的试件，取样与试件留置有哪些规定？

混凝土的强度等级必须符合设计要求。用于检查结构构件混凝土强度的试件，应在混凝土的浇筑地点随机抽取。取样与试件留置应符合下列规定：

（1）每拌制 100 盘且不超过 $100m^3$ 的同配合比的混凝土，取样不得少于一次；

（2）每工作班拌制的同一配合比的混凝土不足 100 盘时，取样不得少于一次；

（3）当一次连续浇筑超过 $1000m^3$ 时，同一配合比的混凝土每 $200m^3$ 取样不得少于一次；

（4）每一楼层、同一配合比的混凝土，取样不得少于一次；

（5）每次取样应至少留置一组标准养护试件，同条件养护试件的留置组数应根据实际需要确定。

（6）抗渗混凝土应制取两组试块，其中一组做抗渗试验。

156. 大体积混凝土配合比控制有哪些指标？

大体积混凝土配合比设计，除应符合国家现行标准《普通混凝土配合比设计规程》JGJ 55—2011 有关规定外，根据《大体积混凝土施工规范》GB 50496—2009，尚应满足下列要求：

（1）采用混凝土 60 天或 90 天强度作指标时，应作为配合比设计依据；

（2）浇筑工作面的坍落度不宜大于 160mm；

（3）拌合水用量不宜大于 175kg/m³；

（4）粉煤灰掺量≤40%；矿渣粉掺量≤50%；粉煤灰和矿渣粉总量不宜大于 50%；

（5）水胶比不宜大于 0.50；

（6）砂率宜为 35%~42%。

157. 基础大体积混凝土施工过程监理控制要点？

（1）审查专项施工方案，要求施工单位做好施工准备工作；

（2）要求施工单位按照专项方案确定的施工顺序进行浇筑施工；

（3）检查施工单位是否按照测温方案进行测温点的布设；

（4）现场检查商品混凝土的坍落度；

（5）混凝土运输及浇筑出现异常时，要及时解决问题，确保混凝土浇筑的连续性，避免因间隔太久形成冷缝；

（6）督促施工人员分层浇捣，严格控制分层厚度，加强钢筋密集处的振捣，确保各部位混凝土振捣密实，防止混凝土离析和漏振；

（7）督促施工单位做好混凝土表面的处理及二次抹压工作，尽可能消除混凝土所产生的干缩裂缝；

（8）督促施工单位按要求留置试块；

（9）检查施工单位根据混凝土强度、现场条件及施工季节确定的养护措施是否落实到位；

（10）养护期间督促施工单位及时测温，密切注意各点温度变化情况，并采取相应处理措施。

158. 大体积混凝土的裂缝控制应采取哪些措施？

大体积混凝土结构或构件不仅指厚大基础底板，也包括厚墙、大柱、宽梁等。其裂缝控制与边界条件、环境条件、原材料、配合比、混凝土过程控制和养护等因素密切相关。下面提出几项主要措施：

（1）采用 60d、90d 龄期的混凝土强度，有利于提高矿物掺合料的用量并降低水泥用量，从而达到降低水化热防止温度升高产生裂缝的目的。

（2）大体积混凝土应对混凝土温度进行控制：

1）入模温度不宜大于 30℃，浇筑体最大温升值不宜大于 50℃；

2）覆盖养护或带模养护阶段，结束覆盖养护或拆模后，混凝土浇筑体表面以内 40～100mm 处温度与表面温度差值不应大于 25℃；

3）混凝土降温速率不宜大于 2.0℃/天；

4）基础厚度不大于 1.6m，裂缝控制技术措施完善，可不进行测温；

5）柱、墙、梁结构实体最小尺寸大于 2m，且混凝土强度等级不低于 C60 时应进行测温；

6）混凝土浇筑体表面以内 40～100mm 的温度与环境温度的差值小于 20℃时，可停止测温；

7）大体积混凝土测温频率：1～4d，每 4h 不少于 1 次；5～7d，每 8h 不少于 1 次；7d 到结束，每 12h 不少于 1 次。

（3）大体积混凝土配合比应符合下列规定：

1）在保证混凝土强度及工作性能要求前提下，应控制水泥用量，宜选用中、低水化热水泥，并掺加矿物掺合料。

2）对温度控制要求高的混凝土，其胶凝材料用量、品种宜通过水化热和绝热温升试验确定。

3）宜采用高性能减水剂，如聚羧酸类高效减水剂。

159. 大体积混凝土施工浇筑体里表温差应控制在什么范围？浇筑后测温有何规定？

大体积混凝土施工浇筑体里表温差不宜大于 25℃。大体积混凝土浇筑体里表温差、降温速率及环境温度的测试，在混凝土浇筑后，每昼夜不应少于 4 次，入模温度的测量，每台班不少于 2 次。

160. 大面积混凝土地坪施工监理控制要点？

（1）审查施工单位的施工方案；

（2）检查混凝土垫层的施工质量，保证厚度和坡度符合要求；

（3）检查基础钢筋绑扎的质量，控制保护层的厚度，且施工方案设计的分格缝处钢筋断开；

（4）混凝土浇筑时，严格控制标高、平整度、坡度，同时保证混凝土的浇筑质量；

（5）检查施工单位混凝土表面收光措施是否落实到位，严格控制人工及磨光机的收面时间及遍数，保证面层的质量，检查面层的平整度及坡度是否符合要求；

（6）施工完成后，检查施工单位的养护措施是否到位；

（7）混凝土强度达到 50% 左右方可切割分格缝，检查施工单位分格缝设置、切割深度和宽度是否符合方案要求，检查是否采用专用切割设备。

161. 混凝土强度检验评定试件强度计算有何规定？强度评定方法有几种？

每组混凝土试件强度代表值的确定，应符合下列规定：

（1）取 3 个试件强度的算术平均值作为每组试件的强度代表值；

（2）当一组试件中强度的最大值或最小值与中间值之差超过中间值的 15% 时，取中间值作为该组试件的强度代表值；

（3）当一组试件中强度的最大值和最小值与中间值之差均超过中间值的 15% 时，该组试件的强度不应作为评定的依据。

注：对掺矿物掺合料的混凝土进行强度评价时，可根据设计规定，可采用大于 28d 龄期的混凝土强度。

强度评定方法有：统计方法评定和非统计方案评定，详见《混凝土强度检验评定标准》GB/T 50107—2010。

162. 采用非标准试件评定混凝土强度时换算系数为多少？

（1）强度等级低于 C60 的混凝土试件，其强度的尺寸换算系数见表 3-10。

强度尺寸换算系数　　　　　　　　　　　　　表 3-10

试件尺寸（mm）	强度的尺寸换算系数
100×100×100	0.95
150×150×150	1.00
200×200×200	1.05

（2）对强度等级为 C60 及以上的混凝土试件，其强度的尺寸换算系数可通过试验确定。

163. 根据混凝土耐久性要求，对保护层厚度有何规定？

根据《混凝土设计规范》GB 50010—2010 的规定，①受力钢筋保护层厚度不小于钢筋公称直径。②设计使用年限 50 年的混凝土结构最外层钢筋保护层厚度应符合表 3-11 的规定；设计使用年限 100 年的混凝土结构，最外层钢筋保护层厚度不应小于表 3-11 中数值的 1.4 倍。

钢筋的混凝土保护层厚度　　　表 3-11

环境类别	板墙壳（mm）	梁柱杆（mm）
一	15	20
二 a	20	25
二 b	25	35
三 a	30	40
三 b	40	50

注：1. 混凝土强度等级不大于 C25 时，表中保护层厚度应增加 5mm；

2. 钢筋混凝土宜设置混凝土垫层，基础中钢筋的混凝土保护层厚度应从垫层顶面算起，且不应小于 40mm。

164. 施工缝的留置位置有何规定？

施工缝的位置应设置在结构受剪力较小和便于施工的部位，且应符合下列规定：柱应留水平缝，梁、板、墙应留垂直缝。

（1）施工缝应留置在基础的顶面、梁或吊车梁牛腿的下面、吊车梁的上面、无梁楼板柱帽的下面；

（2）和楼板连成整体的大断面梁，施工缝应留置在板底面以下 20～30mm 处。当板下有梁托时，留置在梁托下部；

（3）对于单向板，施工缝应留置在平行于板的短边的任何位置；

（4）有主次梁的楼板，宜顺着次梁方向浇筑，施工缝应留置在次梁跨度中间 1/3 的范围内；

（5）墙上的施工缝应留置在门洞口过梁跨中 1/3 范围内，也可留在纵横墙的交接处；

（6）楼梯上的施工缝应留在踏步板的 1/3 处；

（7）水池池壁的施工缝宜留在高出底板表面 200～500mm 的竖壁上；

（8）双向受力楼板、大体积混凝土、拱、壳、仓、设备基础、多层钢架及其他复杂结构，施工缝位置应按设计要求留设。

165. 后浇带的留置有何要求？后浇带混凝土有何要求？

宜留设在结构受剪力较小且便于施工的位置，每 30～40m 间距留出施工后浇带，后浇带的留置宽度一般 700～1000mm，基础钢筋不断开。对于收缩后浇带，混凝土宜在两个月后浇灌；对于沉降后浇带，应等高层建筑主体结构封顶后再浇筑后浇带混凝土。后浇带混凝土强度等级及性能应符合设计要求；当设计无具体要求时，后浇带混凝土强度等级宜比两侧混凝土提高一级，并宜采用减少收缩的技术措施。

166. 无粘结后张法预应力张拉过程旁站监理有哪些内容？

（1）检查施工准备情况（事前）

1）检查张拉时混凝土的抗压强度是否达到设计要求；当设计无具体要求时，不应低于设计的混凝土立方体抗压强度标准值的 75%；

2）检查构件张拉端是否达到设计要求和施工规范的相关要求；

3）检查构件张拉时工作面是否达到安全要求，安全措施是否到位；

4）检查预应力筋、钢绞线或预应力钢丝束的品种、规格、数量、安装位置是否符合设计及相关标准要求；

5）检查张拉设备是否进行整体校验，校验结果是否满足相关要求；

6）检查锚具进场后是否按规定抽样检验，其结果是否合格；

7）检查预应力张拉操作人员的上岗证是否符合相关规定。

（2）对施工过程进行监理（事中、事后）

1）检查锚具安装的偏差是否符合相关规定；

2）检查预应力张拉设备的安装是否符合相关规定；

3）检查张拉顺序、张拉值是否符合施工方案的要求；

4）检查施工过程中对最大张拉应力实际值的记录是否真实、

准确；

5）检查施工过程中对锚具变形和预应力筋内缩量的记录是否符合实际情况；

6）检查张拉完毕后预应力筋的外露长度及锚具保护措施是否符合设计及相关规范要求；

7）整理旁站记录。

167. 建筑工程现浇钢筋混凝土楼板的裂缝控制要点有哪些?

（1）楼板浇筑完成后，其强度大于 1.2MPa 后，方可上人定位放线，楼板混凝土强度达到 5MPa 后，方可上人操作堆载，但堆载应控制，不得出现冲击楼板荷载；

（2）检查施工单位是否严格按施工方案布置模板支撑，严把周转材料进场验收关；

（3）检查钢筋间距是否均匀且符合要求，负弯矩筋应布置撑筋。混凝土浇筑前检查布设的专用行人马道及混凝土布料器平台，以防止人为踩踏钢筋。混凝土浇筑施工时随时检查，确保钢筋位置的正确性；

（4）做好楼板浇筑厚度与标高控制，以确保楼板厚度满足设计要求；

（5）整个施工段混凝土宜整体一次性浇筑完毕，尽量避免施工冷缝的出现。混凝土振捣密实，及时排除表面浮浆与泌水，做好楼板面混凝土抹平压光处理，减少混凝土凝固初期塑性收缩裂缝；

（6）检查混凝土终凝后的保温保湿养护工作的落实情况；

（7）当设置施工缝时，施工缝应设在楼板跨中 1/3 部位，施工缝的处理应清洁、密实、垂直板面，接缝时应湿润但不得有积水，接浆处理应严密；

（8）保证模板支撑的拆除满足规范要求及施工方案要求，同时注意满足上部结构施工承载的需要；

（9）检查预埋管线的设置是否符合设计及规范的要求；

（10）检查楼板预留洞处布置的加强筋是否符合要求。

168. 混凝土底模及其支架拆除时对混凝土强度有何规定？

拆模时混凝土强度应符合设计要求；当设计无具体要求时，混凝土强度应符合表 3-12 的规定。

底模拆除时的混凝土强度要求 表 3-12

构件类型	构件跨度（m）	达到设计的混凝土立方体抗压强度标准值的百分率（%）
板	≤2	≥50
	>2，≤8	≥75
	>8	≥100
梁、拱、壳	≤8	≥75
	>8	≥100
悬臂构件	—	≥100

169. 钢管（型钢）混凝土结构浇筑应特别注意什么？

此类结构混凝土浇筑应特别注意控制以下几点：

（1）宜采用自密实混凝土或高流态混凝土。对粗骨料的要求是：前者应<20mm，后者应<25mm。

（2）混凝土应采取减少收缩的技术措施。

（3）钢管截面较小时，管壁上应留不小于 20mm 的排气孔。

（4）采用上述两种混凝土浇筑时，最大倾落高度不宜大于 9m。

（5）混凝土从上向下浇筑时，应控制浇筑速度和单次下料量，应分层浇至设计标高。

（6）钢管混凝土从底部顶升浇筑时，底部进料管上应设止流阀门；严格控制顶升速度，应均衡浇筑至设计标高。

170. 回弹法测定混凝土强度有何新规定？

新规范增加了数字式回弹仪的技术要求，增加了泵送混凝土测强曲线及测区强度换算表，详见《回弹法检测混凝土抗压强度技术规程》JGJ/T 23—2011。

第五节　砌　体　工　程

171. 监理工程师怎样检查砂浆质量？

（1）检查承包单位根据审定的砂浆配合比进行生产，计量要准确。

（2）要求承包单位使用机械拌合砂浆。拌合时投料顺序应符合要求，保证块状的塑化材料能搅拌开，搅拌时间不得少于 15min。

（3）检查、测定拌出砂浆的质量。砂浆的稠度应满足不同种类的砌体，保水性要好，分层度不宜大于 20mm。

（4）承包单位往往忽略填充墙砂浆试块的制作、监理工程师应及时检查、督促。

（5）砂浆在运输过程中，要采取措施防止其离析。搅拌出的砂浆应及时使用，水泥砂浆和混合砂浆必须在拌成后 3～4h 内使用完毕。

172. 砌体的砌筑质量如何检查控制？

（1）砌块材料准备及要求：

1）由水泥或粉煤灰制成的砌块的产品龄期不应少于 28d。

2）砌块材料应根据不同材质、不同气候条件，提前进行适度润湿，其含水率应符合验收规范的要求。

（2）检查砌块组砌方式和砌筑顺序：

1）不同砌块的组砌方式必须符合规范要求。

2）基底标高不同时，砌筑顺序及搭接长度和要求应符合规范规定。

3）砌体转角处和交接处应同时砌筑；否则，应按规范规定留槎、接槎或加设拉结钢筋。

（3）砌体上临时洞口、脚手眼以及设计要求的洞口、沟槽、管道的留置，必须符合规范规定。

（4）控制砌体每日砌筑高度和抗风自由高度，应符合规范要求。

（5）砌体内预埋件、拉结筋或网片的设置及质量应符合规范要求。预埋木砖应防腐，并宜采用混凝土加固。

（6）不同砌体的灰缝厚度、宽度及饱满度应符合规范要求。

173. 砌体结构工程冬期施工所用材料应符合什么规定？

（1）石灰膏、电石膏等应防止受冻。如遭冻结，应在融化后使用；

（2）拌制砂浆用砂，不得含有冰块和大于 10mm 的冻结块；

（3）砌体用砖或其他块材不得遭水浸冻。

174. 轻质填充墙砌筑质量控制要点有哪些？

当前钢筋混凝土框架结构大量采用烧结空心砖、蒸压加气混凝土砌块、轻骨料混凝土小型空心砌块等多种轻质材料砌筑填充墙。其施工质量控制应注意以下几点：

（1）原材中使用水泥或粉煤灰的轻质砌块的产品龄期不应小于 28d。

（2）砌筑前，应根据砌块的吸水性能和砌筑方法，按规范要求，提前适度湿润。

（3）在有水房间采用轻质砌块砌筑填充墙时，墙底部宜现浇混凝土坎台，其高度宜为 150mm。

（4）填充墙拉结筋或网片的设置对不同种类的砌块要求不同，应符合质量验收规范的规定和设计要求。

（5）填充墙砌体与主体结构之间的连接构造应符合设计要求。当连接钢筋采用化学植筋时，应进行实体检验，锚固钢筋的拉拔试验应符合质量验收规范的要求。

（6）除规范规定的特殊部位外，轻质砌块不应与其他块体混砌，不同强度等级的同类砌块也不能混砌。

（7）轻质砌块墙体应错缝搭砌，不同种类的砌块其搭砌要求和灰缝厚度及宽度要求不同，应按规范的规定进行控制。

（8）填充墙的砌筑，应在主体结构检验批验收后进行。填充墙与主体结构间的空（缝）隙部位，应在填充砌筑 14d 后进行施工。

175. 砌体抗震加固方法有哪些？

砖或砌块墙体抗震加固有如下几种方法：

（1）采用压力灌浆修补墙体裂缝，或满墙灌浆提高砂浆强度等级。

（2）采用水泥砂浆面层和钢筋网水泥砂浆面层加固墙体。

（3）采用钢绞线网—聚合物砂浆面层加固墙体。

（4）采用现浇钢筋混凝土板墙加固墙体。

（5）采用增设砌体抗震墙加固房屋整体。

（6）采用外加钢筋混凝土圈梁和柱加固房屋整体。

（7）采用增设型钢或钢筋混凝土支撑或支架加固整个房屋。

176. 砌体采用钢筋网水泥砂浆加固质量控制要点是什么？

砌体加固施工过程应注意控制以下几点：

（1）注意原材料控制。网片的钢筋直径、网格尺寸、固定方式（锚筋或穿墙筋）、固定点布置及砂浆强度等级应符合设计要求。

（2）原有墙面应进行清底，松动的灰缝和松散部分应清除，并用 1：3 水泥砂浆抹面。

（3）按固定形式要求在砖缝处用电钻打孔。穿墙孔直径宜比 S 筋大 2mm；锚筋孔直径宜为锚筋直径的 1.5～2.5 倍，其孔深为 100～120mm。钻孔应用水冲刷。

（4）采用锚筋时，待孔内干燥后，锚筋才能插入孔中，并采用水泥基灌浆料或水泥砂浆等填实。

（5）铺设钢筋网时，钢筋网四周应用拉结筋与主体结构进行连接。竖向钢筋应靠墙面，并采用钢筋头支起，网片与墙面的空隙不应小于 5mm。

（6）抹水泥砂浆时，首先，应浇水湿润墙面，再在墙面上刷水泥浆一道，然后再分层抹灰，且每层厚度不应超过 15mm，钢筋网外保护层厚度不应小于 10mm。

（7）面层应浇水养护，保持湿润，防止阳光暴晒；冬季应采取防冻措施。

177. 砌体采用钢绞线网——聚合物砂浆加固质量控制要点是什么？

施工过程应注意控制以下几点：

（1）注意原材料控制：

1）钢绞线网片所用的钢绞线的直径、材质、防腐、抗拉强度指标及网片外观质量应符合《建筑抗震加固技术规程》JGJ 116—2009 的规定，网片的规格应符合设计要求。

2）聚合物砂浆的级别（Ⅰ级或Ⅱ级）应符合设计要求，其正拉粘结强度、抗拉强度和抗压强度以及老化检验和毒性检验等应符合《混凝土结构加固设计规范》GB 50367 的要求。

（2）原有墙面应进行清底，松散部分应剔除，并用 1：3 水泥砂浆找平。

（3）网片的设置、固定方法（应采用专用金属胀栓）、固定点的布置及间距应符合设计要求。

（4）胀栓钻孔应打在砖块上。孔深 40～45mm。钻孔应用水冲刷。

（5）钢绞线网的安装：

1）网片应双层布置并绷紧，竖向钢绞线网布置在内侧，水平钢绞线网布置在外侧，分布钢绞线应贴向墙面，受力钢绞线网应背离墙面。

2）钢绞线网四周应与主体结构可靠连接。外墙在室外地面以下宜加厚并伸入地面下 500mm。

3）钢绞线网端头应错开锚固，错开距离不小于 50mm。

（6）聚合物砂浆抹面，首先，浇水湿润墙面，再进行界面处理，然后，随即开始施抹，第一遍抹灰厚度以基本覆盖网片为宜，后续抹灰应在前次灰面初凝后进行，分层施抹厚度控制在 10～15mm，砂浆面总厚度应大于 25mm，钢绞线保护层厚度不应小于 15mm。

（7）常温下，聚合物砂浆施工完毕 6h 内，应开始采取可靠保湿养护措施，养护时间不小于 7d。如遇特殊天气，施工应有应对措施。

178. 混凝土砌块房屋芯柱设置有何要求？

《砌体结构设计规范》GB 50003—2011 第 10.3.4 条规定，按表 3-13 的要求设置芯柱。

混凝土砌块房屋芯柱设置 表 3-13

房屋层数				设置部位	设置数量
6 度	7 度	8 度	9 度		
≤五	≤四	≤三		外墙四角和对应转角；楼、电梯间四角；楼梯斜梯段上下端对应的墙体处； 大房间内外墙交接处；错层部位横墙与外纵墙交接处； 隔 12m 或单元横墙与外纵墙交接处	外墙转角，灌实 3 个孔； 内外墙交接处，灌实 4 个孔； 楼梯斜段上下端对应的墙体处，灌实 2 个孔
六	五	四	一	同上； 隔开间横墙（轴线）与外纵墙交接处	

续表

房屋层数				设置部位	设置数量
6 度	7 度	8 度	9 度		
七	六	五	二	同上； 各内墙（轴线）与外纵墙交接处； 内纵墙与横墙（轴线）交接处和洞口两侧	外墙转角，灌实 5 个孔； 内外墙交接处，灌实 4 个孔； 内墙交接处，灌实 4～5 个孔； 洞口两侧各灌实 1 个孔
	七	六	三	同上； 横墙内芯柱间距不宜大于 2m	外墙转角，灌实 7 个孔； 内外墙交接处，灌实 5 个孔； 内墙交接处，灌实 4～5 个孔； 洞口两侧各灌实 1 个孔

注：1. 外墙转角、内外墙交接处、楼电梯间四角等部位，应允许采用钢筋混凝土构造柱替代部分芯柱。
2. 当按以下规定确定的层数超出表 3-13 范围，芯柱设置要求不应低于表中相应烈度的最高要求且宜适当提高：
    1）外廊式和单面走廊式的房屋，应根据房屋增加一层的层数，按表 3-13 的要求设置构造柱，且单面走廊两侧的纵墙均应按外墙处理；
    2）横墙较少的房屋，应根据房屋增加一层的层数，按表 3-13 的要求设置构造柱。当横墙较少的房屋为外廊式或单面走廊时，应按 1）要求设置构造柱；但 6 度不超过四层、7 度不超过三层和 8 度不超过二层时应按增加二层的层数对待；
    3）各层横墙很少的房屋，应按增加二层的层数设置构造柱。

179. 芯柱的质量控制应注意哪些环节？

芯柱对提高砌块砌体房屋抗震能力起很大作用：

（1）每次连续浇筑高度宜为半个楼层，但不大于 1.8m。

（2）浇筑芯柱混凝土时，砌筑砂浆强度应大于 1MPa。

（3）清除孔内掉落的杂物，并用水冲淋孔壁。

（4）每浇筑 400～500mm 高度捣实一次，或边浇筑边捣实。

（5）芯柱在楼盖处应保证贯通，混凝土不得漏灌、削弱芯柱截面尺寸。

第六节 钢 结 构 工 程

180. 钢结构工程施工准备阶段监理控制要点是什么？

钢结构施工准备除一般要求外，应特别注意以下几点：

（1）审查钢结构施工单位的资质应与结构规模、特点相适应；必须具备钢结构深化设计，进行施工详图设计的设计资质。

（2）审核施工单位提供的钢结构深化设计施工详图。该施工详图报原设计单位审核签认。

（3）审查施工组织总设计。审查内容除一般性要求之外，对大型空间钢结构工程必须审核以下内容：

1）审核钢结构总体安装施工方案。方案应根据结构特点和施工条件，确定加工制作、构件运输和安装方案。并据此确定构件加工制作单元。

2）审核钢结构安装的支架和卸载过程对结构的不同受力状况必须经过验算。支架设计和结构验算资料应报原设计单位审核签认。

3）大型钢结构的安装和卸载必须编制测控方案，并报监理审批。

4）预应力钢结构的预应力施工单位必须具备相应资质，应编制预应力专项施工方案，并报监理审批。

5）重特大和特殊结构工程的施工组织总设计应由施工方组织专家论证。

181. 钢结构加工制作监理控制要点有哪些？

钢结构构件加工制作监理应注意控制：

（1）钢结构制作必须在具备相应资质、具有所需加工设备的工厂进行。监理部应派专人驻厂监理。

（2）加工单位应按钢结构总体安装施工方案编制专项构件加工方案，明确加工程序和各工序采取的技术措施，方案应报监理审批。

（3）严格控制原材料和配件的质量。应进行进场验收，各项质量保证资料应齐全；应按规定进行钢材和配件的试验和检测。各种试验检测报告应向监理报验。材料报验单经监理签认后才准使用。

（4）监理应严格控制构件各工序加工质量，及时跟踪检查。

（5）在工厂内（或现场）应进行结构预拼装和试焊，根据实际荷载模拟计算结构起拱预调值。通过预拼试焊检验加工参数，必要时进行调整。

（6）构件出厂前，必须经监理全面验收合格并签认。出厂各项质量控制资料必须齐全。

182. 钢结构焊接监理控制要点是什么？

钢结构焊接的控制要点是：

（1）焊工必须持证上岗，施焊种类和部位与证件一致。施工部位应打焊工钢印。

（2）检查焊接材料应与母材相匹配，材料质量应符合规范要求。

（3）对首次使用的、特殊品种的或特厚的钢材，施焊前应进行焊接工艺评定，明确焊接顺序、工艺参数和特殊处理措施。焊接工艺评定报告应报监理。

（4）按相关规范要求进行焊缝外观质量检查和内在质量检验。

183. 设计要求全焊透的焊缝，其内部缺陷的检验应符合什么要求？

（1）一级焊缝应进行100%的检验，其合格等级应为现行国家标准《焊缝无损检测超声检测技术、检测等级和评定》GB/T 11345—2013中B级检验的Ⅱ级或Ⅱ级以上；

（2）二级焊缝应进行抽检，抽检比例应不小于 20%，其合格等级应为现行国家标准《焊缝无损检测超声检测技术、检测等级和评定》GB/T 11345—2013 中 B 级检验的Ⅲ级或Ⅲ级以上。

184. 抽样检查的焊缝合格与不合格的标准是什么？

抽样检查的焊缝数不合格率小于 2% 时，该批验收合格；不合格率大于 5% 时，该批验收不合格；不合格率为 2%～5% 时，应加倍抽检，且必须在原不合格部位两侧的焊缝延长线各增加一处。如在所有抽检焊缝中不合格率不大于 3% 时，该批验收合格；大于 3% 时，该批验收不合格。当批量验收不合格时，应对该批余下焊缝的全数进行检查。当检查出一处裂纹缺陷时，应加倍抽检；当检查出多处裂纹缺陷时，应对该批余下焊缝的全数进行检查。

185. 钢结构焊缝检测数量的规定是什么？

（1）工厂生产的焊缝检测，同一厂家生产的钢构件 500t 为一个检验批。抽样检测数量为焊缝条数总量的 10%，但不少于 10 条焊缝。超声波探伤在选取焊缝中，每一条焊缝抽样检测至少一段，但每段检测不小于 300mm。

（2）钢结构安装中的焊缝检测数量，以结构单元每一柱节为一个检验批。

1）对各种焊接方法和焊接位置的焊缝抽样检测数量不小于 5%，外观缺陷检查有怀疑时可利用渗透或磁粉探伤进行检测。

2）对各种焊接方法的坡口焊缝重点进行抽样检测，抽样检测数量不小于 20%，进行焊缝的超声波探伤检测。

3）对管道对接全熔透焊缝重点进行抽样检验，抽样检验数量不小于 20%，进行焊缝的射线照相检测。

4）弯曲抽样检测在主要构件上逐批抽取 1% 进行打弯 30°，检验焊钉根部不允许出现裂纹或断裂。

186. 钢结构螺栓连接质量控制要点是什么？

（1）采用高强螺栓，设计文件中必须明确所用高强螺栓连接副的品种、等级、试验参数等性能要求。

（2）栓孔应采用数控或钻模钻孔成型，不准切割，需要扩孔时，应采用专用设备。成孔质量应符合有关规范和规程的要求。

（3）高强螺栓连接副施工前，应按受力要求，按检验批，分别复验其扭矩系数与紧固轴力。复验结果应向监理报验。

（4）钢结构制作和安装单位应分别进行高强螺栓连接摩擦面抗滑移系数试验和复验。试验结果应符合设计要求，并向监理报验。

（5）施工过程操作质量应予控制。对承压型螺栓其扭矩扳手的有关数据应作为验收依据；进行敲击普查；按规定比例进行扭矩检查。对扭剪型螺栓检查以目测尾部梅花头拧断为合格。

（6）高强螺栓的验收，各项质量证明文件、试验资料和施工数据必须齐全，并向监理工程师报验，监理工程师按《钢结构工程施工质量验收规范》GB 50205 的规定进行验收。

187. 钢结构高强螺栓连接件和防火材料的检测内容是什么？

检测项目应依据国家现行相关标准、设计文件及合同要求确定。钢结构检测项目、主要检测参数和取样依据按《建筑工程检测实验技术管理规范》JGJ 190—2010 规定确定，见表3-14。

钢结构高强螺栓连接件及防火材料进场
复试项目、主要检测参数和取样依据　　　　表 3-14

类别	名称(复试项目)	主要检测参数	取样依据
钢结构连接件及防火涂料	扭剪型高强度螺栓连接副	预拉力	《钢结构工程施工质量验收规范》GB 50205 《钢结构用扭剪型高强度螺栓连接副》GB/T 3632
	高强度大六角头螺栓连接副	扭矩系数	《钢结构工程施工质量验收规范》GB 50205 《钢结构用高强度大六角头螺栓、大六角螺母、垫圈技术条件》GB/T 1231

续表

类别	名称(复试项目)	主要检测参数	取样依据
钢结构连接件及防火涂料	螺栓球节点钢网架高强度螺栓	拉力载荷	《钢结构工程施工质量验收规范》GB 50205
	高强度螺栓连接摩擦面	抗滑移系数	《钢结构工程施工质量验收规范》GB 50205
	防火涂料	粘结强度	《钢结构工程施工质量验收规范》GB 50205
		抗压强度	

188. 钢结构安装施工质量控制要点是什么？

除审批安装工程各种施工方案之外，现场应控制以下几点：

（1）钢结构安装过程应实施旁站监理。

（2）对钢构件和配件必须进行进场验收，构件出场资料应齐全，构件无变形。

（3）对钢结构的支座安装条件和各项参数必须预先进行交接验收。

（4）各类钢结构的安装均应根据施工方案的要求，认真检查吊装及绑扎方法，临时固定，校正和永久固定措施的实施情况。

（5）屋盖结构安装完毕和屋面工程全部完成后，应按规定分别测量其挠度值，应符合规范标准的要求。

（6）对设计要求的网架结构，应按规范要求进行节点承载力的试验。

（7）对大跨度空间钢结构应按设计要求编制结构合拢专项施工方案以及合拢温度监测和控制方案，并按规定程序报批，施工过程应严格执行。

（8）对大跨空间钢结构应严格按卸载方案和测控方案检查控制卸载过程。

189. 单层钢结构安装施工质量应特别注意控制什么？

此处主要指钢柱、钢梁、钢桁架及其支撑体系组成的排架钢结构。其施工质量除一般要求外应注意控制以下几点：

（1）钢结构安装前，应对建筑物定位轴线、基础轴线和标高、地脚螺栓位置进行检查，办理交接验收。现场施工条件应满足施工要求。

（2）钢柱安装后，应及时进行垂直度、标高和轴线位置校正，校正合格后及时进行固定；待形成空间刚度单元后，及时进行柱底二次灌浆。

（3）钢梁安装宜采用两点或采用平衡梁多点起吊。构件较长，为满足构件强度和变形要求，吊点位置应通过计算确定。钢梁就位后，应立即进行临时固定连接，进行梁端标高校正，校正完成后，及时进行永久性固定连接。

（4）钢屋架（桁架）首榀安装后，应进行侧向临时约束固定。

（5）钢支撑安装宜按从下到上的顺序进行，其校正宜在相邻结构校正固定后进行。屈曲约束支撑及其配件的安装应按设计要求进行。

（6）单层钢结构安装，应及时安装临时柱间支撑或加设缆绳，尽快形成稳定的空间结构体系，然后再扩展安装。

（7）安装偏差的检测，应在结构形成空间刚度单元并连接固定后进行。

190. 高层钢结构安装施工质量控制要点是什么？

多层、高层钢结构多为框架结构，其结构安装除常规控制要求外，应特别注意以下几点：

（1）高层钢结构安装竖向应划分流水段；平面上应根据结构特点、现场条件、施工安排划分流水区。流水段宜为2～3个楼层高度，它取决于根据工厂加工、运输堆放、现场吊装等因素确定的钢柱的每节加工长度。柱分节位置应在梁顶标高以上1.0～1.3m处。流水区划分应与混凝土结构施工相适应。

（2）起重设备的选用，应根据最重构件、吊装范围、单件起吊高度进行确定。选用内爬式起重设备时，应对主体结构支撑点进行结构验算；爬升高度应满足构件起吊高度要求。

（3）流水区、段内构件吊装应先柱后梁或局部先柱后梁；单柱不能长时间处于悬臂状态。钢楼板及压型金属板安装应与构件吊装同步进行。

（4）高层钢结构安装的测控要求是：

1）每节柱的定位轴线均应从地面控制轴线直接引上，不得从下层柱轴线上引。

2）安装校正应依据基准柱（一般选择角柱），并应首先校正基准柱，它能控制建筑平面尺寸并便于其他柱引测。

3）楼层标高用相对标高或设计标高控制。当用设计标高控制时，应对每节柱按设计要求进行标高调整。

（5）高层钢结构应分析竖向压缩变形对结构的影响，并根据结构特点和影响程度采取预调安装标高或设置后连接构件等处理措施。对各类构件的长度均应考虑焊接收缩变形的影响。

（6）高层钢结构安装检验批可以按流水段、流水分区或楼层划分。安装检验批验收应在构件进场验收、焊接、紧固件连接、制作等分项工程验收合格的基础上进行。

191. 预应力钢结构施工质量控制要点是什么？

钢结构的预应力体系包括：拉索、撑杆、锚具、连接件等，对其施工过程的质量控制应注意以下几点：

（1）预应力体系的施工必须由具备相应资质的专业施工队伍承担。

（2）施工单位必须编制预应力施工组织设计或专项施工方案。明确拉索组装、安装、支架设置、张拉、监测等方法，及张拉设备、仪表配置。方案应通过专家论证。

（3）施工单位对支架体系应进行设计计算；对安装和张拉过程对主体结构的影响应进行结构分析，并报设计单位审核。

（4）施工单位应根据技术设计绘制施工详图，并经设计单位同意。

（5）预应力张拉过程应对索系的位置、索力、节点位移等进行监测。监测单位应编制监测方案，并报设计单位认可。重要过程应委托第三方进行监测。监测设备、仪表必须配套标定，配套使用，有效期半年。

（6）预应力拉索的制作要求：制作前，钢丝绳索应进行初张拉；制索完毕应进行超张拉试验；制作后的索体应进行静载破断力试验（包括锚具抗拉承载力和铸体的锚固力）。以上三项检验试验结果应作为出厂质量保证资料报使用单位，监理应审查。

（7）索系的安装，应注意支座、预埋件、连接点的复核，安装顺序应符合设计要求。

（8）预应力张拉必须严格按设计要求的顺序和阶段进行。

（9）张拉结束，对锚具应按设计要求进行防腐处理。

（10）竣工前，应对主要承重拉索进行索力测量。

（11）预应力体系应按规定与整体钢结构统一验收。

192. 钢结构涂装施工质量控制要点是什么？

钢结构涂装包括防腐涂装和防火涂装，其质量控制要点是：

（1）总包施工单位应编制钢结构涂装专项施工方案。明确工厂涂装和现场涂装的施工范围和各项要求。

（2）防腐涂装前钢材表面除锈应符合设计和规范要求。

（3）防腐涂料种类、涂装遍数、涂层厚度应符合设计和规定要求。涂层厚度应进行现场检测。钢结构处在有腐蚀介质环境或外露且设计有要求时，应进行涂层附着力测试。

（4）防火涂层应在钢结构防腐涂装验收合格后进行。防火涂层的材料及其涂装厚度应符合设计和规范规定。涂层厚度应按规范规定的方法进行实测。

193. 钢结构安装的旁站监理有哪些要求？

（1）检查施工准备情况（事前）：

1）检查钢构件是否已报验，是否有合格证，吊装单元主要尺寸是否与施工方案一致；

2）检查施工机械设备、机具是否完好；

3）检查钢构件吊装前是否按要求进行预拼装（连接板、安装焊接板是否检查合格）；

4）检查吊装位置的脚手架是否搭设完成并通过验收；

5）检查安装螺栓、定位销钉、垫片（块）等是否准备齐全，其材料是否已经报验；

6）检查吊装钢构件编号、吊装顺序及安装位置是否与施工方案一致；

7）检查质检员、安全员、施工员（工长）、技术管理人员是否经过培训并到岗；

8）检查安全、环保措施是否落实，应急救援预案的措施是否落实；

9）核查焊工姓名及上岗证书是否相符，当有相关规定时应经现场考核合格；

10）对重点工程、有特殊要求的工程或根据工程需要，监理单位可派员到钢结构加工厂实施驻厂监督。

（2）对施工过程进行监理（事中、事后）：

1）检查钢结构支座是否弹出轴线、安装线，标高是否符合设计要求；

2）检查吊装构件时，是否有临时支撑以加强吊装单元的稳定性；

3）检查构件吊装就位后，是否进行实测并及时校正；检查构件的轴线、垂直度、标高是否符合要求；

4）检查竖直结构的垂直度是否在允许偏差范围之内；检查钢柱的上下节是否对齐；

5）检查水平结构（网架、大梁）的起拱值、挠度值是否符合设计规定，偏差是否在规定允许范围内；

6）检查垂直构件安装就位后，临时支撑是否及时到位；

7）检查螺栓节点的安装质量是否符合相关规定；

8）检查焊接节点的焊缝质量是否符合设计和施工规范的相关规定；

9）整理旁站记录。

第七节　防　水　工　程

194. 地下工程的防水等级和防水标准是什么？

地下工程防水等级是指根据工程类别、重要程度、使用功能要求确定的，经过防水处理的地下工程允许渗漏水量以及湿渍面积和点数划分的防水效果和防水要求的分级。地下工程防水等级分为四级。

防水标准是指防水四个等级分别应达到的具体量化指标。地下防水工程完工后，应按设计要求的防水等级，按标准进行检查验收。具体标准见《地下防水工程质量验收规范》GB 50208—2011。

195. 防水混凝土的抗渗等级的含义是什么？

防水混凝土的抗渗等级是根据按要求配合比配制而成的素混凝土标准试件，在试验室内测得的混凝土抗渗压力进行分级，反映混凝土抗渗性能的指标。《地下工程防水技术规范》GB 50108—2008 规定，防水混凝土的设计抗渗等级分为四级，即：P6、P8、P10、P12。地下工程设计要求的抗渗等级是根据工程的埋置深度确定的。

196. 当前常用的防水材料有哪些？

当前防水工程使用的材料除防水砂浆和防水混凝土外，常用的防水材料很多。大致可分为如下几类：

（1）防水卷材

1）高聚物改性沥青类防水卷材，包括：弹性体（聚酯毡、玻纤毡和聚乙烯膜三种胎体）和自粘聚合物（聚酯毡胎体和无胎体两种）两类。

2）合成高分子类防水卷材，包括：三元乙丙橡胶、聚氯乙烯、聚乙烯丙纶复合和高分子自粘胶膜等四类。

3）聚合物水泥防水粘结材料，是聚乙烯丙纶复合防水卷材的粘结材料。各种防水卷材均应使用与卷材材性相容的粘结材料。

（2）防水涂料

1）无机防水涂料，包括：掺外加剂、掺合料的水泥基防水涂料、水泥基渗透结晶型防水涂料。

2）有机防水涂料，包括：反应型、水乳型、聚合物水泥等防水涂料。

（3）防水板材

1）塑料防水板；

2）金属板；

3）钠基膨润土防水毯和防水板。

（4）止水密封材料

1）橡胶止水带；

3）接缝密封胶；

3）遇水膨胀止水条；

4）遇水膨胀止水胶；

5）弹性橡胶密封垫；

6）遇水膨胀橡胶密封垫胶料。

工程中遇到各类新型防水材料，可查阅《地下工程防水技术规范》GB 50108—2008 和《地下防水工程质量验收规范》GB 50208—2011 或相关规范和规程。

197. 何谓防水隔离层？用于何处？有何要求？

防水隔离层通常是为厕浴间、厨房和其他有防水要求的建筑地面而设置的。防水隔离层必须做到不渗漏，其排水坡度、方向应准确，地漏排水应畅快。

198. 防水混凝土配合比有何要求？

防水混凝土水胶比不应大于 0.5，有侵蚀介质时不宜大于 0.45；每立方米混凝土胶凝材料总量不宜小于 320kg，其中水泥用量不能少于 260kg；砂率宜为 35%～40%，泵送时可增至 45%；灰砂比宜为 1∶1.5～1∶2.5；掺加引气剂时，其含气量宜控制在 3%～5%；混凝土氯离子含量不应超过胶凝材料总量的 0.1%，总碱量（N_2O 当量）不能大于 3kg/m³。

199. 地下工程防水混凝土施工遇有穿墙管道时应满足什么要求？

穿墙管道应在浇筑混凝土前预埋。当结构变形或管道伸缩量较小时，穿墙管可采用主管直接埋入混凝土内的固定式防水法；当结构变形或管道伸缩量较大或有更换要求时，应采用套管式防水法；穿墙管线较多时，宜采用相对集中的封口钢板式防水法。

穿墙管道的防水施工应符合以下规定：

（1）穿墙管止水环与主管或翼环及套管应连续满焊，并做好防腐处理；

（2）穿墙管处防水层施工前，应将套管内表面清理干净；

（3）套管内管道安装完毕后，应在两管间嵌入内衬填料，端部用密封材料填缝。柔性穿墙时，穿墙内侧应用法兰压紧；

（4）穿墙管外侧防水层应铺设严密，不留接槎；增铺附加层时，应按设计要求施工。

200. 在地下防水工程中，防水混凝土所用的材料应符合什么规定？

（1）宜采用普通硅酸盐水泥或硅酸盐水泥，不得使用过期或受潮结块水泥；

（2）碎石或卵石的粒径宜为 5～40mm，含泥量不得大于 1.0%，泥块含量不得大于 0.5%；

（3）宜用中粗砂，含泥量不得大于 3.0%，泥块含量不得大于 1.0%；

（4）拌制混凝土所用的水，应采用不含有害物质的洁净水。

201. 水泥砂浆防水层施工质量应检查哪些项目？判断需要返修有何控制指标？

检查项目：

（1）水泥砂浆防水层的原材料及配合比必须符合设计要求，检查出厂合格证、质量检验报告、计量措施和现场抽样试验报告；

（2）水泥砂浆防水层施工缝需留阶梯坡形槎，留槎位置应正确，接槎按层次顺序操作，层层搭接紧密。观察检查和检查隐蔽工程验收记录，检查数量按防水层面积每 $100m^2$ 抽查一处，每处 $10m^2$，且不得少于 3 处；

（3）水泥砂浆防水层各层应紧密贴合，与基层之间必须粘结牢固，无空鼓现象。观察检查和用小锤轻击检查。检查数量按防水层面积每 $100m^2$ 抽查一处，每处 $10m^2$，且不得少于 3 处。

指标判断：

（1）对单个空鼓面积≤$0.01m^2$ 且无裂缝者，一般可不作修补；局部单个空鼓面积＞$0.01m^2$ 或虽面积不大但裂缝显著者，应予返修；

（2）对已经出现大面积空鼓的严重缺陷，应由施工单位提出技术处理方案，并经监理（建设）单位认可后处理；

（3）对水泥砂浆防水层经处理的部位，应重新检查验收。

202. 屋面防水等级和设防要求是如何规定的？

《屋面工程技术规范》GB 50345—2012 第 3.0.5 条规定：屋面防水工程应根据建筑物的类别、重要程度、使用功能要求确定防水等级，并按相应等级进行防水设防，对防水有特殊要求的建筑屋面，应进行专项防水设计。屋面防水等级和设防要求应符合

表 3-15 的规定。

屋面防水等级和设防要求　　　　表 3-15

防水等级	建筑类别	设防要求
Ⅰ级	重要建筑和高层建筑	两道防水设防
Ⅱ级	一般建筑	一道防水设防

说明：对原规范四级防水等级和设防要求作了较大修改，并取消对防水层合理使用年限的规定。

203. 每道卷材防水层的最小厚度有何规定？

卷材防水层的厚度是影响防水层使用年限主要因素之一。《屋面工程技术规范》GB 50345—2012 将卷材防水层的厚度列为强制性条文，应符合表 3-16 的要求。

卷材防水层最小厚度　　　　表 3-16

防水等级	合成高分子防水卷材	高聚物改性沥青防水卷材		
		聚酯胎、玻纤胎、聚乙烯胎	自粘聚酯胎	自粘无胎
Ⅰ级	1.2mm	3.0mm	2.0mm	1.5mm
Ⅱ级	1.5mm	4.0mm	3.0mm	2.0mm

204. 屋面卷材铺贴方向应符合什么规定？

（1）卷材宜平行屋脊铺贴；

（2）上、下层卷材不得相互垂直铺贴。

205. 卷材防水细部构造处理旁站监理有哪些内容？

（1）检查施工准备情况（事前）

1）检查防水分包单位名称、资质、防水材料名称、型号、规格、防水卷材厚度、胎基情况；

2）检查防水材料试验报告是否符合要求；

3）检查现场使用材料是否与报验材料的尺寸、型号、外观等一致；

4）检查质检员、施工员（工长）和技术管理人员是否到位，并核对人员姓名；

5）检查防水施工操作人员人数，其中有操作证的人数；

6）检查消防措施；

7）检查基层是否符合要求。主要检查：基层（找平层）含水率、平整度、坡度、坡向、阴阳角（圆角及加层）、屋面节点等是否符合设计或规范的要求；检查管根、泛水、变形缝、收口处等细部构造的基层处理是否符合相关规定。

（2）对施工过程进行监理（事中、事后）

1）检查防水基层的表面处理剂是否有漏刷；

2）检查附加层是否粘贴到位，是否空鼓；

3）检查卷材的搭接方向、搭接长度；

4）检查地下混凝土后浇带及水平施工缝处的附加层是否按方案施工；

5）检查卷材的收口处是否按要求施工；

6）整理旁站记录。

206. 涂料防水工程施工质量控制要点是什么？

施工过程要抓好以下质量控制环节：

（1）图纸会审过程中，要了解设计选用的防水涂料种类、用法、使用部位和设计要求。一般无机涂料宜用于结构的背水面；有机涂料可用于结构的迎水面或背水面，用于背水面时，应选用具有较高抗渗性和与基层有较好粘结性的涂料。

（2）防水涂料进场质量控制。涂料的品种和性能应符合设计要求。要审查质量合格证、出厂检验报告。要按选用的材料根据规范的要求进行抽样检验，监理要审查抽样检验报告。相互接触的材料必须相容。

（3）认真检查基层处理情况。注意无机防水涂料要求基层表面湿润，但不能有明显积水；有机防水涂料要求基层表面应基本干燥。表面处理应符合规范要求。

（4）注意施工环境控制。严禁在雨、雾、风天施工，环境温度水乳型及反应型涂料宜为 5～35℃；溶剂型涂料宜为 -5～35℃；热熔型涂料不宜低于 -10℃；聚合物水泥涂料宜为 5～35℃。确保涂膜有正常的固化条件。

（5）涂料配制应符合技术要求。

（6）防水涂料应分层刷涂或喷涂，涂层应均匀，不能漏刷或漏涂，接槎宽度不应小于 100mm。涂膜总厚度应符合设计要求。

（7）铺贴胎体增强材料时，应使胎体层充分浸透防水涂料，不得有露槎和褶皱。胎体上层涂膜厚度不得小于 1.0mm。

（8）有机防水涂料施工完后，应及时按设计要求做好保护层。

207. 重力式排水的水落口处防水构造应满足哪些要求？

水落口的防水构造，必须符合设计要求。水落口杯上口应设在沟底的最低处，不得有渗漏和积水现象；水落口杯的标高应根据附加层的厚度及排水坡度加大的尺寸确定，其周围直径 500mm 范围内的坡度不应小于 5%，并采用防水涂料或密封材料涂封，其厚度不应小于 2mm；水落口杯与基层接触处应留宽 20mm、深 20mm 凹槽，并嵌填密封材料。

208. 防水工程质量验收要点是什么？

各类防水工程的质量验收应分别按相关质量验收规范的规定执行。应特别注意的几点是：

（1）各类防水材料进场后，均应通过见证取样，经有资质的检测单位，进行材料性能抽样检验。检验报告监理应审查。检验项目见相关规范。

（2）施工过程中，应注意按规范要求的项目做好隐蔽工程验收，并做好隐检记录。

（3）各类防水工程均必须做好细部构造的检查验收。如：变形缝、施工缝、后浇带、穿墙管、预埋件等，这些是易渗漏部位，其加强防水措施必须施工到位。

（4）注意做好防水效果检验，均应达到相关质量验收规范的规定：

1）屋面防水应在雨后或持续淋水 2h 后，具备蓄水条件的檐沟、天沟应在蓄水 24h 后进行检查。

2）浴室、卫生间、厨房等地面应蓄水 24h 后，墙面应间歇淋水达 30min 后进行检查。

3）地下防水应在工程竣工前，地下水位较高时，进行检查。各项渗漏水检查均应做好记录。

第八节　装饰与装修工程

209. 对建筑装饰装修工程设计文件如何检查判定？

检查：

（1）建筑装饰装修工程是否进行了设计；

（2）设计单位是否具备规定的资质等级；

（3）施工图设计文件是否按有关规定进行了审查；

（4）施工图设计文件是否经注册执业人员签字；

（5）施工图设计文件的设计深度是否满足施工要求。

判定：

当出现下述情况之一时，视为违反强制性条文：

（1）建筑装饰装修工程未进行设计；

（2）设计单位不具备规定的资质等级；

（3）施工图设计文件未按有关规定进行审查；

（4）只有效果图或简图，无施工图设计文件。

210. 建筑装饰装修工程施工中出现什么情况视为违反强制性条文?

当出现下述情况之一时,视为违反强制性条文:

(1) 在无设计文件情况下,施工单位擅自改动建筑主体、承重结构或主要使用功能;

(2) 在无设计文件情况下,施工单位擅自拆改水、暖、电、燃气、通讯等配套设施,其中不包括施工单位对室内照明电线和电话线进行的简单改装;

(3) 拆改燃气设备及管道时,无有关部门的批准文件。

211. 外墙饰面砖工程的监理控制要点有哪些?

(1) 外墙饰面砖工程原材料进场验收:

1) 查验外墙饰面砖及粘贴饰面砖所用的水泥、胶粘剂的出厂检验报告及产品合格证;

2) 饰面砖进场后,根据建筑气候区划和种类对其尺寸、表面质量、吸水率及抗冻性进行复检(玻璃马赛克仅进行尺寸和表面质量复验;施工于Ⅲ、Ⅳ、Ⅴ气候区的陶瓷砖可不进行抗冻性复检);

3) 对所用水泥、砂、胶粘剂进行复检;

4) 施工前应对找平层、结合层、粘结层及勾缝、嵌缝所用材料进行试配检验。

(2) 外墙饰面砖施工的气温条件控制。日最低气温在0℃以上,否则必须采取防冻措施;气温高于35℃时应有遮阳措施。

(3) 找平层施工过程的控制要点:挂线、贴灰饼及冲筋的间距、基体表面润湿处理、分层厚度(≤7mm)、找平层厚度(≤20mm)、养护、平整度(4mm)、垂直度(5mm)等。

(4) 面砖粘贴施工过程的控制要点:排砖、浸水时间(2h)、基层含水率(15%~25%)、粘结层厚度(4~8mm)等。

(5) 外墙饰面砖粘结强度检验:

1）施工前的饰面砖样板粘结强度检验的取样。随机抽取一名施工人员，在每种类型基层上各粘贴 1m² 饰面砖样板件，各制取一组 3 个面砖粘结强度试样。

2）外墙饰面砖工程完工后的面砖粘结强度检验的取样。每 1000m² 同类墙体饰面砖为一个检验批，不足 1000m² 按 1000m² 计，每批抽取一组 3 个试样，每相邻的三个楼层至少抽取一组试样，试样应随机抽取，取样间距不得小于 500mm。

3）粘结强度检验评定。当一组试样同时符合以下两项指标时评定为合格；当一组试样均不符合以下两项指标时评定为不合格；当一组试样只符合一项要求时，应在原取样区域重新抽取两组试样检验，检验结果仍有一项不符合时评定为不合格：

①每组试样平均粘结强度不应小于 0.4MPa；

②每组可有一个试样的粘结强度小于 0.4MPa，但不应小于 0.3MPa。

212. 寒冷地区外墙饰面砖工程为防止受冻脱落应严格控制什么？

饰面砖坯体中存在的水在冻结时会导致饰面砖脱落，对工程质量有较大的影响，因此，位于寒冷地区的外墙饰面砖工程，应严格控制饰面砖的吸水率。

213. 玻璃幕墙工程的质量控制要点有哪些？

（1）原材料、构配件的控制要点

1）查验玻璃幕墙所用的各种原材料、构件、五金配件及组件的品种、规格、产品合格证书、性能检测报告；

2）硅酮结构胶应查验其认定证书、抽检合格证明、变位承受能力数据、质量保证书及国家指定检测机构出具的相容性和剥离粘结性试验报告，进口硅酮结构胶应出具商检证明；

3）隐框、半隐框幕墙采用的结构粘结材料必须采用中性硅酮结构密封胶；全玻幕墙和点支幕墙采用镀膜玻璃时不应采用酸性硅酮结构密封胶；硅酮结构密封胶和硅酮建筑密封胶必须在有效期内使用；

4）玻璃幕墙用结构胶应进行邵氏硬度、标准条件拉伸粘结强度、相容性的见证取样复检；

5）立柱和横梁等主要受力构件的规格、型号及截面受力部分的壁厚应符合设计要求和规范规定；

6）幕墙玻璃应使用安全玻璃；点支撑玻璃幕墙的面板玻璃应采用钢化玻璃，玻璃肋应采用钢化夹层玻璃；玻璃的品种、规格、颜色、光学性能、玻璃厚度（玻璃幕墙不小于 6mm、全玻幕墙不小于 12mm）、中空玻璃气体层厚度（不应小于 9mm）及热工性能应符合设计要求和规范规定，并应对其传热系数、遮阳系数、可见光透射比、中空玻璃露点进行见证取样复检；

7）查验幕墙工程使用的保温隔热材料的质量证明文件，并对其导热系数、密度进行见证取样复检，其导热系数、密度及燃烧性能应符合设计要求；

8）隔热型材中隔热材料应有力学性能和热变形性能试验报告，并应对其抗拉强度、抗剪强度进行见证取样复检。

（2）施工检测试验

1）后置埋件的现场拉拔强度检测；

2）幕墙的抗风压性能、空气渗透性能、雨水渗漏性能及平面变形性能检测；

3）防雷测试；

4）双组分硅酮结构胶的混匀性试验和拉断性试验。

（3）施工过程的控制要点

1）预埋件、连接件、紧固件的数量、规格、位置、连接方式、防腐处理及螺栓的防松动措施；

2）打胶、养护温度（15～30℃）、相对湿度（50％以上）和洁净环境的控制；

3）中空玻璃密封胶的品种及双道处理，硅酮结构密封胶的粘结宽度与厚度，镀（贴）膜玻璃的安装方向和位置；玻璃的边缘处理；

4) 防火封堵材料的填充厚度、宽度、隔离钢板的厚度和防腐处理、防火层密封材料的品种（防火密封胶）；

5) 保温材料的厚度及固定，热桥部位的措施和断热节点的连接，伸缩缝、沉降缝、抗震缝的保温和密封处理，隔气层的完整性和严密性，冷凝水排水系统的畅通性和严密性，密封条的规格、长度和搭接；

6) 玻璃幕墙的防雷装置与主体结构的防雷装置的连接；

7) 立柱和横梁连接部位的防摩擦噪声措施，不同金属材料接触处的防腐蚀措施，隐框或横向半隐框玻璃幕墙的玻璃托条设置，上、下立柱之间的缝隙(不小于15mm)和连接；

8) 全玻幕墙玻璃与镶嵌槽、结构或装修之间的间隙、间隙的密封及下部弹性支撑，玻璃肋厚度及截面高度。

214. 隐框、半隐框幕墙结构粘结材料质量检查和判定应注意什么？

隐框、半隐框幕墙的结构粘结材料必须是中性硅酮结构密封胶，对其质量的检查和判定应注意以下内容：

检查：

（1）供货商应提供结构胶生产企业和产品牌号获得认可的文件以及年检合格的证明，进口结构胶应提供商检合格证；

（2）供货商应提供针对该工程的相容性试验报告和质量保证书，10m 以上临街建筑应送国家指定检测机构进行相容性试验；

（3）结构胶必须在有效期内使用，快要过期的产品最好也不要使用；

（4）结构胶的储存温度应低于 27℃；

判定：

当出现下述情况之一时，视为违反强制性条文：

（1）使用非国家经贸委认可的硅酮结构密封胶；

（2）使用超过有效期的结构胶。

215. 金属与石材幕墙的抽样复检有何规定？

金属与石材幕墙构件应按同一种类构件的 5% 进行抽样检查，且每种构件不得少于 5 件。当有一个构件抽检不符合规定时，应加倍抽样复验，全部合格后方可出厂。

216. 金属板与石板安装应符合哪些规定？

（1）应对横竖连接件进行检查、测量、调整；

（2）金属板、石板安装时，左右、上下的偏差不应大于 1.5mm；

（3）金属板、石板空缝安装时，必须有防水措施和符合设计要求的排水出口；

（4）填充硅酮耐候密封胶时，金属板、石板缝的宽度、厚度应根据硅酮耐候密封胶的技术参数，经计算后确定。

217. 建筑内部装修工程防火施工的监理控制要点有哪些？

（1）严把装修材料进场验收关，确保其燃烧性能等级符合设计要求。核查纺织织物、木质材料、高分子合成材料、复合材料、防火封堵材料及电气设备、灯具、防火门窗、钢结构装修等材料的燃烧性能或耐火极限、防火性能型式检验报告、合格证书等技术文件是否符合防火设计要求。对下列材料按有关规定做好防火性能的见证取样检验：

1）B1、B2 级纺织织物、高分子合成材料、复合材料及其他材料；

2）B1 级木质材料；

3）现场进行阻燃处理所使用的阻燃剂及防火涂料。

（2）关注装修施工过程的消防安全。检查装修材料是否远离火源，监督施工单位负责防火的安全专职管理人员是否到位。

（3）严格控制防火设计变更。确需变更防火设计时，应经原设计单位或具有相应资质的设计单位出具设计变更文件，严禁施工单位擅自变更防火设计。

（4）建筑内部装修不得影响消防设施的使用功能。

（5）检查现场阻燃处理、喷涂、安装作业的施工过程是否符合设计文件要求和施工及验收规范的规定。

（6）检查施工过程中的抽样检验结果是否符合设计要求。现场阻燃处理、喷涂、安装施工作业完工后和隐蔽前，应对下列材料进行燃烧性能抽样检验：

1）现场阻燃处理后的纺织织物、木质材料、泡沫塑料及复合材料；

2）施工过程受湿浸、燃烧性能可能受影响的纺织织物；

3）表面进行加工处理后的 B1 级木质材料。

218. 民用建筑工程室内环境污染控制的监理要点有哪些？

民用建筑室内环境污染物主要包括：氡、甲醛、氨、苯和总挥发性有机化合物。依据《民用建筑工程室内环境污染控制规范》GB 50325—2010 的规定，监理要点如下：

（1）民用建筑所使用的建筑材料和室内装修材料必须符合设计要求及规范规定，否则严禁使用。不得使用国家禁止使用、限制使用的建筑材料；Ⅰ类民用建筑室内装修工程采用的无机非金属装修材料必须为 A 类，人造木板及饰面人造木板必须达到 B1 级；室内木地板及其他木质材料，严禁采用沥青、煤焦油类防腐防潮处理剂。有关室内污染的材料控制要素见表 3-17。

室内污染的材料控制　　　　　　　　　　表 3-17

材 料 类 别	控 制 要 素
无机非金属建筑主体材料和装修材料	放射性限量
人造木板及饰面人造板	甲醛含量或游离甲醛释放量
水性涂料和水性腻子	游离甲醛含量
溶剂型涂料和木器用溶剂型腻子	VOC 和苯、甲苯＋二甲苯＋乙苯的含量
聚氨酯漆	游离二异氰酸酯（TDI、HDI）含量

材 料 类 别	控 制 要 素
水性胶粘剂	VOC 和游离甲醛的含量
溶剂型胶粘剂	VOC、苯、甲苯+二甲苯的含量
聚氨酯胶粘剂	游离甲苯二异氰酸酯（TDI）的含量
水性缩甲醛胶粘剂	游离甲醛、VOC 的含量
水性阻燃剂（包括防火涂料）、防水剂、防腐剂等水性处理剂	游离甲醛含量
能释放氨的阻燃剂、混凝土外加剂	氨的释放量
能释放甲醛的混凝土外加剂	游离甲醛含量
胶合木结构材料	游离甲醛释放量
壁布、帷幕	游离甲醛释放量
壁纸	甲醛含量
聚氯己烯卷材地板	挥发物含量
地毯、地毯衬垫	总挥发性有机化合物和游离甲醛释放量

（2）建筑及装修材料进场时，应查验其性能检测报告。主要包括：

1）无机非金属建筑及装修材料的放射性指标检测报告；

2）人造木板及饰面人造木板的游离甲醛含量或游离甲醛释放量检测报告；

3）水性涂料、水性胶粘剂、水性处理剂同批次产品的 VOC 和游离甲醛含量检测报告；

4）溶剂型涂料、溶剂型胶粘剂同批次产品的 VOC、苯、甲苯+二甲苯、游离甲苯二异氰酸酯含量检测报告等。

（3）建筑及装修材料应按设计文件要求和规范规定，进行进场抽检复验。主要包括：

1）使用面积大于 $200m^2$ 的天然花岗岩石材或瓷质砖；

2）面积大于 $500m^2$ 的人造木板或饰面人造木板；

3）检测报告中检测项目不全或对检测结果有疑问时，须经复检合格方可使用。

（4）严格设计变更程序，施工单位不得擅自更改防氡设计措施、材料类别等有关室内污染的设计文件。

(5) 施工过程控制要点：

1) 采取防氡措施的民用建筑工程，地下工程特殊部位的防水施工；

2) Ⅰ类民用建筑回填土的比活度；

3) 室内装修严禁使用苯、工业苯、石油苯、重质苯及混苯作为稀释剂和溶剂，室内严禁使用有机溶剂清洗施工机具，不应使用苯、甲苯、二甲苯和汽油进行除油和清除旧油漆作业。

(6) 工程验收要点：

1) 查验工程地质勘察报告、土壤放射性检测报告、建筑及装修材料的污染物检测报告、样板间污染物浓度检测报告、设计变更等有关资料；

2) 查验建筑及装修材料的类别、数量和施工工艺是否符合要求；

3) 室内环境污染物浓度监测结果是否全部符合要求；

4) 采用集中中央空调的工程，室内新风量检测是否符合要求。

219. 建筑涂饰工程的监理控制要点有哪些？

（1）涂饰材料经进场验收合格方可使用。核验涂饰材料的产品名称、执行标准、种类、颜色、生产日期、保质期、生产企业地址、使用说明、产品合格证、生产企业的质量保证书及法定质检机构出具的质检报告，并按有关规定进行复检。外墙涂料使用寿命不得小于 5 年。配套使用的腻子和封底材料必须与饰面涂料性能相适应。

（2）涂饰施工条件的控制。基层验收合格，方可进行涂饰施工；施工温度应符合产品说明书规定的温度范围；空气相对湿度宜小于 85%；当遇大雾、大风、下雨时，应停止户外涂饰工程施工。

（3）涂饰作业的职业健康安全管理要点：工艺安全及通风，劳动保护，施工平台，存放、配料及操作地点的防火。

（4）涂饰施工过程控制要点：施工工序；后一遍涂料必须在前一遍涂料干燥后进行；严格控制涂料黏度，不得随意加稀释剂和水；双组分涂料的配置比例、静置时间、用完时间；色差控制；涂层厚度；接茬部位处理；外墙涂饰顺序及分段。

（5）涂饰工程验收要点：资料核查、检验批划分、检查数量及涂饰质量。

220. 外装修工程实体质量与使用功能的检测内容是什么？

外装修工程实体质量与使用功能检测项目应依据国家现行相关标准、设计文件及合同要求确定。外装修工程实体质量与使用功能检测的主要内容应包括实体质量及使用功能等两类。工程实体质量与使用功能检测项目、主要检测参数和取样依据按《建筑装饰装修工程质量验收规范》GB 50210—2001、《金属与石材幕墙工程技术规范》JGJ 133—2001、《玻璃幕墙工程技术规范》JGJ 102—2003、《建筑工程饰面砖粘结强度检验标准》JGJ 110—2008 规定确定，见表 3-18。

工程实体质量与使用功能的检测项目、主要检测参数和取样依据

表 3-18

序号	类别	检测项目	主要检测参数	取样依据
1	实体质量	饰面砖	1. 饰面砖粘结强度 2. 后置埋件的现场拉拔强度检测	《建筑工程饰面砖粘结强度检验标准》JGJ 110—2008
		幕墙工程	后置埋件的现场拉拔强度检测	《金属与石材幕墙工程技术规范》JGJ 133—2001
2	使用功能	金属外窗塑料外窗	1. 抗风压性能 2. 空气渗透性能 3. 雨水渗漏性能	《建筑装饰装修工程质量验收规范》GB 50210—2001
		幕墙工程	1. 抗风压性能 2. 空气渗透性能 3. 雨水渗漏性能 4. 平面变形性能 5. 防雷装置连接测试	《玻璃幕墙工程技术规范》JGJ 102—2003

第九节　人　防　工　程

221. 人防工程的特点是什么？

人防工程与普通建筑工程的区别在于：

（1）人防工程的设防主要依据工程的防护等级确定；

（2）人防工程主要承受瞬间动荷载作用；

（3）人防工程必须确保其密闭性。

222. 人防工程监理的重点是什么？

根据人防工程的特殊要求，人防工程监理应突出其分部、分项特点，重点对其直接承受动荷载作用的结构部件和人防口部工程及防护设备安装进行跟踪，确保其防护和密闭功能的有效性。

223. 人防工程的分部、分项特点是什么？

人防工程的分部、分项特点是孔口防护工程单独列为一个分部工程。孔口防护的分项工程主要包括：

（1）防护门、防护密闭门、密闭门、防爆波活门门框墙的制作安装；

（2）防护门、防护密闭门、密闭门、防爆波活门防爆超压排气活门的安装；

（3）进出口工程管线的防护密闭等项目。

224. 钢筋工程监理的要点是什么？

不得使用冷加工钢筋，钢筋冷加工将影响到钢筋的强度和韧性，在承受动荷载作用时易使结构遭受脆性破坏；钢筋等强代换必须征得设计单位的同意，因为钢筋等强代换并不仅仅涉及强度问题，在人防工程中还特别影响钢筋间距问题，这将严重影响到拉结筋的布置；钢筋绑扎时，板底的钢筋保护层厚度必须符合设计要求，否则将影响底板防水质量，如将支架底脚直接支到底层上时，应在支架柱下端焊接止水翼环。

225. 模板工程监理的要点是什么？

外墙、临空墙、防护单元隔墙的掩蔽墙体的模板工程，其对拉螺栓不得使用套管，应采用带密闭翼环的对拉螺杆，密闭翼环应与对拉螺杆周边满焊，以防渗水和漏气。此外，还应注意拆模后须将螺栓沿堵头垫块形成的平凹底面割去，再用膨胀水泥砂浆填平封堵。

226. 预埋门框应注意什么？

人防门的特点是门扇比门框大，因此预埋门框是应注意标高准确，特别应注意地面建筑面层厚度与结构标高的关系，确保门扇安装和开启的要求。对于活门槛，其下的混凝土最好与底板整体浇筑，不允许用建筑面层填堵，以保证其密闭性和受力的可靠性。

227. 预埋套管应注意什么？

对风、水、电的设计预留套管不得漏装。其中通风套管伸出墙体完成面应大于 100mm，给排水穿墙短管伸出墙体完成面应大于 40mm，电缆、电线穿墙短管伸出墙体完成面宜为 30～50mm。穿墙套管的密闭翼环周边应满焊，加工完毕后宜在其外壁刷冷底子油一遍，套管的中心线应与墙面垂直，安装就位后应将套管与周围钢筋点焊牢固。

228. 人防工程的重要质量控制点主要包括哪些？

(1) 底板钢筋绑扎完毕混凝土浇筑前；

(2) 人防门门槛框安装就位、墙体钢筋绑扎完毕封模前；

(3) 顶板钢筋绑扎完毕混凝土浇筑前；

(4) 结构主体工程分部验收；

（5）通风、防化分部工程验收；

（6）隐患整改的复查；

（7）单位工程竣工验收。

以上工程节点，施工单位"三检"合格后必须通知人防工程质量监督站、设计单位并会同监理、建设单位进行验收。

229. 平战转换工程所需构件在施工过程中有哪些规定？

平战转换工程的构件必须是国家人防办批准的防护设备定点企业生产的合格产品，竣工验收前构件必须到现场并有序合理堆放。施工单位在竣工验收前应提供平战转换产品目录、数量及转换工作量、造价等，并制表统计。

230. 人防工程竣工资料的特点是什么？

人防工程竣工资料的重要特点是将孔口工程和防护设备安装工程单独分部整理，其他内容同普通建筑工程。

第 四 章
建筑设备安装工程施工监理

第一节　安装工程施工准备工作

231. 安装专业施工前的技术准备应特别注意什么问题？

安装专业施工前期除按一般要求认真熟悉图纸等工作外，应特别注重各专业之间认真进行综合预审。对于各专业管线集中通过的管廊、通道部分，应绘制管网综合布置断面图。把相关专业（强电、弱电桥架、给水排水管道、消防喷淋和消火栓管道、通风管道、空调送回风及冷热水管道等）施工图中明确的管线位置、标高、尺寸、支架、吊架、吊杆等按比例绘制在同一断面图内。从而明确三个问题：①在土建条件（如走廊宽度、吊顶高度等）限定范围内，各种管线能否放得下，是否有矛盾；②各种管线间的净距能否满足安装、施工及下一步维修的要求；③明确各种管线安装施工的顺序，为安排综合施工进度提供依据。

重点部位的管网综合布置图，一般应由设计单位在施工图中绘出，通过图纸会审即可；施工图中无此类图时，应由总包施工单位绘制；发现矛盾或问题后，应组织相关单位协调解决；当需要对原设计进行修改时，应提请设计单位解决。

232. 安装监理工程师在参加设计交底和图纸会审前应做好哪些准备工作？

（1）认真熟悉安装专业施工图，特别是要熟悉施工说明部分，从而明确设计要求和重点，掌握设计意图及所用的规范及标准；

（2）在专业设计间初步进行一次综合预审，了解各专业设计间存在的矛盾，提出解决意见；

（3）提出书面会审意见；

（4）审核设计选用的规范及技术标准是否符合工程实际情况。

233. 设备及配件的进场验收内容是什么？

（1）到货设备的型号、规格、数量是否符合设计要求；

（2）主要设备及配件是否具有质检部门的质量检查报告；

（3）特殊设备及配件厂家是否具有生产许可证；

（4）产品出厂合格证书及使用说明书；

（5）主副机产品是否配套；

（6）产品包装是否完整无损，设备有无有效的特殊保护措施；

（7）进口产品是否具有进口商品商检资料。

234. 建筑设备安装的单位工程、分部工程、分项工程及检验批的划分依据有哪些？

建筑设备安装工程，按专业（建筑给排水及采暖、建筑电气、通风与空调、智能建筑及电梯）划分为分部工程，从专业细化上再分为子分部和分项工程。分项工程检验批，一般按系统或设备组别划分，也可按区域、施工段或楼层、单元划分。

室外安装工程可作为一个单位工程来划分，按专业再划分为子单位工程和分部工程。室外工程分项工程统一划分为一个检验批。

235. 受建设单位委托为设备采购服务的监理工作有哪些？

（1）协助建设单位编制设备采购方案，择优选择设备供应单位和签订设备采购合同。

（2）当采用招标方式进行设备采购时，项目监理机构应按下列步骤开展工作：

1）掌握设计文件要求，提出对设备的要求，协助起草招标文件，做好投标单位的预审工作。

2）参加对投标单位的考察调研，提出意见或建议，协助建设单位拟定考察结论。

3）参加招标答疑、询标会。

4）参加评标、定标会议。

5）协助建设单位起草合同，参加合同谈判，协助建设单位签署采购合同。

6）协助建设单位向中标单位移交必要的技术文件。

（3）当采用非招标方式进行设备采购时，项目监理机构应协助建设单位进行设备询价，采购的技术及商务谈判工作。

236. 驻厂监造工程师的主要职责有哪些?

（1）巡回检查：监理人员对设备制造、发运、安装调试情况进行巡视检查。对设备制造过程中的重点环节和关键工序及重要零部件的检验进行监理；

（2）抽查检查：对设备制造、发运、安装调试过程进行抽样检查，或100％检查；

（3）报验检查：制造商对必验项目经自检合格后，以书面形式报监理方，监理人员对其进行检查和签认；

（4）旁站监督：监理人员对设备重要制造过程、设备重要部件装配过程和主要结构的调试过程实施旁站检查和监督；

（5）跟踪检查：跟踪检查主要设备、关键零部件、关键工序的质量是否符合设计图纸和标准的要求。对于设备主体结构制造和设备安装以驻厂跟踪监理为主；

（6）审核：主要是对制造商资格审核，研制设备人员的资格审核，设计、制造和安装调试方案审核；

（7）按合同要求对设备制造及发运工程付款、索赔和结算文件进行审核。

（8）设备监造工作完成后，应按总监理工程师的要求负责整理汇总设备监造资料。

237. 设备监造工作总结应包括哪些内容？

设备监造工作总结一般应包括：

（1）监造设备的情况及主要技术性能指标；

（2）监造工作范围及内容；

（3）监理组织机构，监理人员组成及监理合同的履行情况；

（4）监理工作成效，出现的问题和建议。

第二节　建筑给排水工程

238. 室内给水系统质量控制要点有哪些？

（1）审核施工单位报审的施工方案；

（2）严格执行设备材料及配件进场验收制度；各种阀件安装前，必须按规定进行强度及严密性试验，并符合规范要求；

（3）在土建结构工程施工阶段，认真核对本专业须做的预埋件、预留的孔洞并核对其位置是否正确；

（4）给水系统管道的安装所选用的材料及配件必须符合设计要求；

（5）管线系统所选用的支、吊架应符合设计及标准图册的要求；

（6）给水系统安装工程完成后必须进行系统水压试验，试验结果应符合设计及规范要求；

（7）生活给水系统管道冲洗后，还必须做消毒处理，并达到饮用水卫生标准；

（8）直埋金属给水管道的防腐处理，应符合设计及规范要求。

239. 室外给水管网安装的质量控制要点有哪些？

（1）室外架空敷设的管道支架应符合设计要求，支架结构应正确，设置应牢固；

（2）管道的连接方式应符合设计及规范要求；

（3）埋地敷设的覆土深度，必须在冰冻线以下，否则管线应做保温处理。无冰冻区域埋地管线管顶覆土不得小于500mm，穿越道路部位埋深不得小于700mm；

（4）管道上可拆和易腐蚀件不得埋在土中；

（5）管网安装完成后，必须进行管道功能试验，试验要求应按设计及《给水排水管道工程施工及验收规范》GB 50268—2008执行；

（6）埋地管道防腐工程必须符合设计及《埋地钢质管道防腐保温层技术标准》GB/T 50538—2010要求；

（7）给水管道竣工后，必须进行系统冲洗。饮用水系统冲洗后，还应做消毒处理，以满足饮用水卫生标准要求。

240. 生活给水管道在交付使用前，冲洗消毒应采取哪些措施才能符合生活饮用水标准？

（1）认真做好准备工作。给水管道系统水压试验合格；给水管道系统各环路阀门启用灵活、可靠，不允许将需要冲洗的设备与冲、洗系统隔开；增压泵的工作压力及流速符合要求；冲洗有排放条件；冲洗前系统内孔板、喷嘴、滤网、水表等应全部卸下，待冲洗完毕后复位；

（2）先冲洗底部管，然后按工艺顺序冲洗水平干管、立管、支管，给水入口装置控制阀的前面接上临时水源，向系统供水；关闭其他立、支管控制阀门，只开启干管末端最底层阀门，由底层放水至排水系统；增压泵启动后，由专人观察出水口水质及流量情况，出口水流速不小于1.5m/s；冲洗后如实填写记录；

（3）质量标准：各种冲洗环路出水口处的水应无杂质、无沉淀物，与入口处水质对比无异样为合格；

（4）冲洗后应将管道中的水泄空，以免有积水冻坏系统管道。

241. 卫生器具及给水配件安装的质量控制要点有哪些?

（1）卫生器具的给水配件必须有产品合格证。凡采用新产品必须具有技术鉴定合格证件及符合节能产品要求的证件;

（2）管道或附件与卫生器具的陶瓷件连接处必须严密，无渗漏现象;

（3）卫生器具安装必须平稳、准确、牢固、不漏、使用方便、性能良好;

（4）卫生器具在竣工前应做满水和通水试验;

（5）排水栓和地漏的安装应平正、牢固、周边无渗漏，地漏水封高度不低于 50mm;

（6）卫生器具给水配件表面应完好无损伤，接口严密，启闭部分灵活。

242. 热水供应系统安装的质量控制要点有哪些?

（1）施工所选用的材料及配件必须符合设计要求;

（2）热水管道安装应重点验收固定支架的安装位置是否符合设计要求。伸缩节安装，要进行预拉或预压。管道安装坡度、泄水点及排气点应符合设计要求;

（3）热水供应系统安装完成后，应在做保温工程前进行水压试验，试验结果应符合设计要求;

（4）热水供应系统竣工后，必须按规范要求进行系统冲洗。

243. 建筑中水系统管道及辅助设备安装的质量控制要点有哪些?

（1）中水系统中的给水管道，管材及配件应采用耐腐蚀的给水管材及配件;

（2）中水高位水箱应与生活高位水箱分设在不同房间内，如条件所限只能设在同一房间内时，两箱间的净距离应大于 2m;

（3）中水给水管道不得装设取水嘴。便器冲洗宜采用密闭型设备和器具。绿化及汽车冲洗宜采用壁式或地下式给

水栓;

（4）中水管道外壁应涂浅绿色标志。中水系统所安装的设备均应有"中水"标志。

244. 高层及超高层建筑中预制组合立管施工中的工程质量控制要点有哪些?

（1）预制组合立管的施工过程，必须认真执行《预制组合立管技术规范》GB 50682—2011;

（2）根据预制组合立管的方案设计，在施工阶段进行深化设计;

（3）预制组合立管的深化设计所选用管材及连接方式必须符合方案设计的要求;

（4）预制组合立管单元节出厂前应按规范绘制装配图及说明书，必须进行出厂质量验收，并有验收记录;

（5）预制组合立管安装完成后，应按设计要求逐个核对管架形式和位置;

（6）设计要求必须进行无损检测的管道，应按现行国家标准《工业金属管道工程施工规范》GB 50235—2010 及行业标准《承压设备无损检测》JB/T4730—2005 的有关规定进行检测。预制组合立管安装完毕，无损检测合格后，应按各系统的设计及规范要求进行压力试验;应编制试压方案;

（7）竣工质量应符合设计要求及规范规定，特别是管道导向支架和滑动支架的滑动面应平整，滑动自如。临时固定、保护组件应清除或处置，不得影响管道的滑动、绝热和减振。

245. 室外给水系统承压管道和设备应做水压试验，试验压力应如何控制?

室外给水系统承压管道和设备应按设计要求进行水压试验，无设计要求时，应按《给水排水管道工程施工及验收规范》GB 50268—2008 压力管道水压试验要求进行。其具体要求见表 4-1。

压力管道水压试验的试验压力（MPa）　　表 4-1

管材种类	工作压力	试验压力
钢管	P	$P+0.5$，且不小于 0.9
球墨铸铁管	≤ 0.5	$2P$
	> 0.5	$P+0.5$
预（自）应力混凝土管	≤ 0.6	$1.5P$
预应力钢筋混凝土管	> 0.6	$P+0.3$
现浇混凝土管道	≥ 0.1	$1.5P$
化学建材管	≥ 0.1	$1.5P$，且不小于 0.8

246. 室内排水管道系统质量控制要点有哪些？

（1）室内排水系统所选用材料必须符合设计要求；

（2）排水管道系统的安装走向、标高及坡度必须符合设计及规范要求；

（3）排水管道的灌水试验符合规范要求；

（4）排水塑料管安装伸缩节必须符合设计要求。高层建筑中明设排水塑料管道，应按设计要求设置阻火圈或防火套管；

（5）排水主管及水平干管管道均应做通球试验。

247. 室外排水管网安装监理质量控制要点有哪些

（1）室外管线选用材料配件应符合设计要求；

（2）排水管道的坡度及连接方式必须符合设计要求；

（3）管道覆土前，必须做灌水试验和通水试验，确保排水畅通，管接口无渗漏；

（4）管线坐标及标高定位符合设计要求。

248. 隐蔽或埋地排水管道隐蔽前必须做灌水试验，灌水试验工作程序和合格标准是什么？

隐蔽或埋地排水管在隐蔽前必须做灌水试验，其主要工艺流程如下：

封闭排水出口→向管道内灌水→检查管道接口→认定试验

结果

灌水试验的合格标准为：试验管段的管路满水 15min 后水面下降，再次灌满后观察 5min 液面不下降，管道及接口无渗漏为合格。

249. 给排水实体质量与使用功能检测内容是什么？

工程实体质量与使用功能检测项目应依据国家相关标准、设计文件及施工合同要求确定。工程实体质量与使用功能检测的主要内容应包括实体质量与使用功能等两类，工程实体质量与使用功能检测项目、主要检测参数和取样依据按《建筑给水排水及采暖工程施工质量验收规范》GB 50242—2002 规定确定，见表 4-2。

工程实体质量与使用功能检测项目、主要
检测参数和取样依据　　　　　　　　　　表 4-2

序号	类别	检测项目	主要检测参数	取样依据	备注
1	给水系统安全使用功能	管道、设备及阀门水压试验	强度试验压力	《建筑给水排水及采暖工程施工质量验收规范》GB 50242—2002	
			强度试验时稳压时间		
			严密性试验压力		
			严密性试验稳压时间		
		饮用水管道的水质检测	细菌总数	《生活饮用水检验标准》GB/T 5057.13—2006	
			大肠杆菌总数		
			浊度		
			色度		
			pH 值		
			硬度		
			硝酸盐氮		
			氯化物		
			氟化物		
			阳离子洗涤剂（DBS）		
			硫酸盐		
			砷（As）		
			铝（Al）		
			铬（Cl）		
			锌（Zn）		

序号	类别	检测项目	主要检测参数	取样依据	备注
1	给水系统安全使用功能	饮用水管道的水质检测	锰（Mn）	《生活饮用水检验标准》GB/T 5057.13—2006	
			铜（Cu）		
			铁（Fe）		
			铅（Pb）		
		消火栓系统测试	试验消火栓测试流量	《建筑给水、排水及采暖工程施工质量验收规范》GB 50242—2002	
			试验消火栓测试压力		
			首层消火栓充实水柱最远距离		
		压力管道水压试验	试验压力	《给水排水管道工程施工及验收规范》GB 50268—2008	常在室外管网检测时采用
			允许渗水量		
			试验时间		
2	排水系统安全使用功能	无压管道闭水试验	允许渗水量		
			闭水时间		
		排水管道满水、通水、通球试验	管道满水观察时间、满水情况	《建筑给水、排水及采暖工程施工质量验收规范》GB 50242—2002	
			管道通水、通球试验情况		
		卫生洁具满水、通水试验	洁具满水、通水试验情况		

第三节　建筑采暖、燃气及通风空调工程

250. 室内采暖系统安装的质量控制要点有哪些？

（1）室内采暖系统所选用的材料及配件必须符合设计要求，并符合建筑节能有关规范，应具有产品合格证书，外观检查合格；

（2）采暖系统的制式，应符合设计要求；

（3）散热设备、阀门、过滤器及仪表应齐全，符合设计要求；

（4）采暖系统应按设计要求，对温度调控装置和热计量装置

实行分户或分室计量;

（5）采暖系统安装完毕，做管道保温工程前应按设计或规范要求进行水压试验;

（6）采暖系统试压合格后，应按要求进行系统冲洗，达标后进行充水，加热，进行系统调试运行;

（7）补偿器的型号，安装位置及预拉伸和固定支架的构造及安装位置应符合设计要求。

251. 当设计未注明室内采暖系统管道安装坡度时，应按什么规定执行?

（1）汽、水同向流动的热水采暖系统和汽水同向流动的蒸汽管道及凝结水管道，坡度应为3‰，不得小于2‰;

（2）汽、水逆向流动的热水采暖管道和汽水逆向流动的蒸汽管道，坡度不应小于5‰;

（3）散热器支管的坡度应为1%，坡向应利于排气和泄水。

252. 室内采暖系统安装完成后对水压试验有何要求?

当设计未注明要求时，管道保温前应按下列规定进行水压试验:

（1）蒸汽、热水采暖系统，应以系统顶点工作压力加0.1MPa做水压试验，同时，在系统顶点的试验压力不小于0.3MPa;

（2）高温热水采暖系统试验压力应以系统顶点工作压力加0.4MPa;

（3）使用塑料管及复合管的热水采暖系统，应以系统顶点工作压力加0.2MPa做水压试验，同时在系统顶点的工作压力不小于0.4MPa。

253. 低温热水地板辐射采暖系统安装的质量控制要点有哪些?

（1）地面下敷设的盘管埋地部分中间不允许有接头;

（2）与土壤相邻的地面，直接与室外空气相邻的楼板，必须设绝热层，且绝热层下部必须设置防潮层；

（3）地面辐射供暖工程施工过程中，严禁人员踩踏加热管；

（4）在加热管铺设区域内，严禁穿凿、钻孔或进行射钉作业；

（5）加热盘管的弯曲部分不得出现硬折弯现象，弯管的曲率半径应符合规范要求；

（6）盘管隐蔽前必须进行水压试验，试验压力为工作压力的 1.5 倍，但不得低于 0.6MPa。

254. 采暖工程的检测工作应如何进行？

（1）采暖工程检测应按《采暖通风与空气调节工程检测技术规程》JGJ/T 260—2011 的要求进行；

（2）采暖工程检测包括下列内容：

1）水压试验。包括阀门水压试验、散热器水压试验、地板辐射供暖盘管水压试验、室内外采暖管道水压试验、换热器水压试验；

2）冲洗试验。包括室内外管网的冲洗试验；

3）试运行及调试。包括水泵单机试运转、室内采暖及室外管网的试运行及调试、地板辐射供暖系统试运行及调试。

255. 室外供热管网安装的质量控制要点有哪些？

（1）管线所使用的管材及管件必须符合设计要求，材料质量必须符合国家有关技术标准的要求；

（2）管线的连接方式，必须符合设计要求；采用焊接方式必须按焊接规范要求施焊，确保焊接质量；

（3）平衡阀及调节阀的选用必须符合设计要求，安装后应根据系统要求进行调试；

（4）直埋无补偿供热管道预伸长及三通加固应符合设计要求。回填前应检查预制保温外壳及接口的完好性。回填应按设计要求进行；

（5）补偿器的位置及预拉伸量、固定支架的位置及构造必须符合设计要求；

（6）检查井室，用户入口处管道布置应便于维修及操作，支、吊、托架稳固，满足设计要求；

（7）供热管道的水压试验压力为工作压力的 1.5 倍，不得低于 0.6MPa；

（8）外部供热管网的保温及防腐工程应按《城镇供热管网工程施工及验收规范》CJJ 28—2004 要求验收；

（9）供热管道试压合格后，应按规范要求进行系统冲洗；

（10）管道系统完成冲洗后，应注水、加热，进行试运行和调试。

256. 供热管网的调试应遵循哪些事项？

（1）施工单位在供热管网调试前必须编制调试方案；

（2）调试时各处设置的压力表和温度计的数量和精度必须满足设计要求，压力表应在规定的检测使用期限内；

（3）调试可分两步，第一步是使建筑物内的进水总管和回水总管的温度、压力基本接近；第二步是使每个建筑物内的分系统和每组散热器（用热设备）表面温度基本一致。

257. 空调制冷系统安装监理应重点检查哪些项目？

（1）设备混凝土基础必须进行交接验收，合格后方可进行设备安装；

（2）制冷设备的主机及附属设备的型号、规格和主要技术参数必须符合设计要求；

（3）设备安装位置、标高和管口方向必须符合设计要求，设备安装所设置的垫铁符合规范要求，地脚螺栓紧固可靠；

（4）设备的燃油及燃气系统的管道安装符合设计及消防要求。

258. 空调水系统管道及设备安装监理应重点检查哪些项目？

（1）系统设备、管材及配件的规格、型号、材质及连接方式应符合设计要求；

（2）管道与设备的连接，应在设备安装精调后进行，与水泵、制冷机组本体的接口必须为柔性接头；

（3）管道补偿器安装位置必须符合设计要求，并按计算补偿量进行预拉或预压；

（4）系统冲洗、排污合格后，再经 2h 以上再循环试运行，水质达到要求后，才能与制冷机组、空调设备相贯通；

（5）管道系统安装完成后，首先应进行外观检查，合格后，应按设计要求进行系统试压。监理工程师应对试验过程进行旁站监理。

259. 送、排风、防排烟、除尘系统的风管安装有哪些规定及要求？

（1）风管支、吊架应按国家标准图集选用；

（2）风管安装位置、标高、走向应符合设计要求；

（3）风管穿过防火、防爆墙体及楼板时，应设预埋防护套管，并做好防火封堵；

（4）高于 80℃ 风管系统的风管，应按设计要求采取防护措施；

（5）各类风管部件安装必须保证其正常使用功能，便于操作；

（6）风管系统安装完成后，应按系统类别进行严密性检验，使其符合设计及规范要求。

260. 风管安装必须符合什么规定？

（1）风管内严禁其他管线穿越；

（2）输送含有易燃、易爆气体或安装在易燃易爆环境的风管系统应有良好的接地，通过生活区或其他辅助生产房间时必须严密，并不得设置接口；

（3）室外立管的拉索严禁拉在避雷针或避雷网上。

261. 风管穿过需要封闭的防火、防爆墙体或楼板时有何要求？

在风管穿过需要封闭的防火、防爆的墙体或楼板时，应设预埋管或防护套管，其板厚不应小于 1.6mm。风管与防护套管之间，应用不燃且对人体无危害的柔性材料封堵。

262. 如何检查防火风管的材料和施工质量？

防火风管的本体、框架与固定材料、密封垫料等材料耐火等级和施工质量应满足设计要求。检查时，应按材料与风管加工批数量抽查 10%，并不少于 5 件。主要是核对材质保证书和试验报告，同时对其外观质量进行目测检查。风管安装过程中，应检查风管材料与框架的连接是否平整、牢固，板与板之间缝隙密封填料封堵是否完整与严密。风管安装完毕后，还应做一次全面检查。

263. 空调系统电加热器的安装必须符合哪些规定？

（1）电加热器与钢构架间的绝热层必须为不燃材料，接线柱外漏的应加设安全防护罩；

（2）电加热器的金属外壳接地必须良好；

（3）连接电加热器风管的法兰垫片，应采用耐热或不燃材料。

264. 通风与空调工程系统的防腐与绝热工程，监理应重点检查哪些项目？

（1）风管与管道的绝热，应采用不燃或难燃材料，其材质、容重、规格及厚度应符合设计要求；

（2）绝热材料的含水率应符合规范要求。用于保温的绝热材料及制品，含水率应小于 7.5％；用于保冷的绝热材料及其制品，含水率应小于 1％；

（3）防腐所用材料，必须是在有效保质期内的合格产品；

（4）低温风管绝热，外部防潮层必须做到接缝严密，封闭良好，以防出现结露现象。

265. 通风与空调工程检测包括哪些内容？

（1）严密性试验包括漏光检验、风管漏风量试验、现场组装式空气处理机组漏风量检测试验；

（2）水压试验包括阀门水压试验、风机盘管水压试验、供冷（热）管道水压试验；

（3）冲洗与充水试验；

（4）试运行与调试应包括水泵单机试运行、风机单机运行、风机盘管三速运行试验、冷却塔单机试运行、冷水机组单机试运行、供冷（热）水管道系统调试、风机、风量与风压测试、风系统调试。

266. 风机盘管机组安装有哪些具体要求？

（1）安装前宜进行单机三速试运转及水压试验；

（2）机组应设独立的支、吊架，其高度、位置、坡度正确；

（3）机组与风管、回风管或风口的连接应严密、牢固；

（4）风机盘管的试验压力为系统工作压力的 1.5 倍，试验时间为 2min，不渗漏为合格。

267. 采暖及通风空调工程全面调试、试运行，监理应重点抓哪些工作？

（1）设备系统调试及运行应具备的基本条件：

1）试车方案已批准；

2）各分项工程已经竣工验收；

3）试运行的技术队伍已组成，并确定了试运行负责人；

4）已编制了试车计划；

5）已准备好试车所需的各种技术资料；

6）已向试车人员进行了技术及安全交底；

7）试车所需的水、电、燃气以及排水系统等条件均已具备，已能满足试车要求；

8）试运行所涉及的地面及沟道等土建工程已竣工，场地能满足试车环境的要求。

（2）设备系统运行的准备工作：

1）运行调试工作的主要程序及技术标准已明确；

2）运行调试设备的最终检查：

①试车设备主、附机的外观是否完整；

②全部设备应根据技术要求进行清洗，保持外观整洁；

③检查运转设备的润滑条件能否满足运行要求；

④转动设备的安全防护设施是否符合要求；

⑤主要设备的运转操作规程已具备；

3）运行调试过程的安全措施：

①运行调试设备的安全运行条件已具备；

②用电安全措施有保障；

③消防设施能满足试车需要；

④试车人员的人身防护设施完善。

268. 防排烟系统联合试运行与调试结果对指标有何要求？

防排烟系统联合试运行与调试结果风量及正压两项指标必须符合设计与消防的规定。

269. 燃气系统管道的试压和吹扫有何要求？

（1）吹扫、强度试验和严密性试验的介质应采用压缩空气，其温度不宜超过 40℃；压缩机出口端应安装油水分离器和过滤器；

（2）在吹扫、强度试验和严密性试验时，管道与无关系统应和已运行的系统隔离，并应设置明显标志，不得用阀门隔离；

（3）室内燃气系统的吹扫、强度试验和严密性试验应执行《城镇燃气室内工程施工与质量验收规范》CJJ 94—2009 的要求；

（4）在施工单位工程完工自检合格的基础上，监理单位应组织进行预验收。预验合格后，施工单位应向建设单位提交竣工报告并申请进行竣工验收。

270. 室内燃具的安装应符合哪些要求？

（1）安装时应考虑人的动作、门的开闭、窗帘、家具等对燃具的影响；

（2）安装时应考虑门等部位对燃具的遮挡；

（3）直排式和半密闭式热水器不应装在无防护装置的灶、烤箱等燃具的上方；

（4）室外用燃具不应安装室内。

271. 供热锅炉及辅助设备安装有哪些规定？

（1）锅炉设备基础必须达到设计要求的抗压强度，安装坐标、标高、几何尺寸和螺栓孔位置应正确；

（2）锅炉安装施工必须认真执行现行国家标准《锅炉安装工程施工及验收规范》GB 50273—2009 的规定；

（3）辅助设备安装：

1）分气缸（分水器）必须具有压力容器出厂合格证件；

2）鼓风机、引风机、水泵安装必须依据《压缩机、风机、泵安装工程施工及验收规范》GB 50275—2010 进行验收；

3）各种箱、罐安装完成后，应按规定进行满水或水压试验；

4）锅炉汽水系统安装验收及水压试验应按《锅炉安装工程施工及验收规范》GB 50273—2009 要求进行。

272. 锅炉设备安装完成后必须进行水压试验，试压有何规定？

锅炉水压试验压力，应符合《锅炉安装工程施工及验收规范》GB 50273—2009 的规定，见表 4-3、表 4-4。

锅炉本体水压试验的压力（MPa）　　表 4-3

锅炉工作压力	试验压力
<0.8	锅筒工作压力的 1.5 倍且不小于 0.2
0.8～1.6	锅筒工作压力加 0.4
>1.6	锅筒工作压力的 1.25 倍

注：试验压力应以锅筒出口集箱的压力为准。

锅炉部件水压试验的试验压力（MPa）　　表 4-4

部件名称	试验压力
过滤器	与本体试验压力相同
再热器	再热器工作压力的 1.5 倍
铸铁省煤器	锅筒工作压力的 1.25 倍加 0.5
钢管省煤器	锅筒工作压力的 1.5 倍

273. 采暖工程实体质量与使用功能检测内容是什么？

工程实体质量与使用功能检测项目应依据国家相关标准、设计文件及施工合同要求确定，主要内容应包括实体质量与使用功能等两类，检测项目、主要检测参数和取样依据按《建筑给水、排水及采暖工程施工质量验收规范》GB 50242—2002、《建筑节能工程施工质量验收规范》GB 50411—2007 规定确定，见表 4-5。

采暖工程实体质量与使用功能检测项目、
主要检测参数和取样依据　　表 4-5

序号	类别	检测项目	主要检测参数	取样依据
1	采暖系统使用功能	采暖管道、设备、阀门的水压试验	强度试验压力	《建筑给水、排水及采暖工程施工质量验收规范》GB 50242—2002
			强度试验时稳压时间	
			严密性试验压力	
			严密性试验稳压时间	
		系统冲洗、调试、	系统冲洗检查情况	
			室内温度	
			建筑物热力入口处供回水温度及压力测试	

续表

序号	类别	检测项目	主要检测参数	取样依据
1	采暖系统使用功能	系统节能性能	室内温度	《建筑节能工程施工质量验收规范》GB 50411—2007
			供热系统室外管网的水力平衡度	
			供热系统的补水率	
			室外管网热输送效率	
		锅炉安全性能	锅炉汽、水系统的水压试验压力	《建筑给水、排水及采暖工程施工质量验收规范》GB 50242—2002
			稳压时间	
			安全阀定压值、检测调整	
			报警联动系统测试，锅炉高、低水位报警，超温、超压报警	
			锅炉烘炉时间、温度	
			锅炉煮炉时间、温度	
			锅炉试运行的记录	
		分汽缸（分、集水器）水压试验	试验压力	《建筑给水、排水及采暖工程施工质量验收规范》GB 50242—2002
			稳压时间	
		敞口箱、罐满水试验	满水试验情况、时间	
		密闭箱、罐水压试验	试验压力	
			稳压时间	

274. 通风与空调工程实体质量与使用功能检测内容是什么？

工程实体质量与使用功能检测项目应依据国家相关标准、设计文件及施工合同要求确定，主要内容应包括实体质量与使用功能等两类，检测项目、主要检测参数和取样依据按《建筑通风与空调工程施工质量验收规范》GB 50243—2002、《建筑节能工程施工质量验收规范》GB 50411—2007 规定确定，见表 4-6。

通风空调工程实体质量与使用功能检测项目、
主要检测参数和取样依据   表 4-6

序号	类别	检测项目	主要检测参数	取样依据	备注
1	通风除尘系统安全功能检测	风管设备严密性试验	风管接缝长度、风管漏光点数	《建筑通风与空调工程施工质量验收规范》GB 50243—2002	综合效能检测由建设方组织，建设、设计、施工三方协商确定
			风管的漏风量		
			现场组装的除尘器漏风量		
		防排烟系统综合效能	模拟状态下安全区正压变化测定及烟雾扩散试验	《建筑通风与空调工程施工质量验收规范》GB 50243—2002，	
		通风除尘系统综合性能	室内空气中含尘浓度或有害气体浓度与排放浓度		
			吸气罩罩口气流特性		
			除尘器阻力		
			除尘效率		
			空气油烟、酸雾过滤装置净化效率		
			风管接缝长度、风管漏光点数		
			风管的漏风量		
			现场组装的空调机组漏风量		
		空调水系统严密性检测	管道、设备、阀门的强度试验压力		
			强度试验的稳压时间		
			管道、设备、阀门的严密性试验压力		
			严密性试验的稳压时间		

续表

序号	类别	检测项目	主要检测参数	取样依据	备注
1	通风除尘系统安全功能检测	空调系统综合效能	送回风口的温度、湿度、风速	《建筑通风与空调工程施工质量验收规范》GB 50243—2002,《组合式空调机组》GB /T 14294—1993	综合效能检测由建设方组织,建设、设计、施工三方协商确定
			空气调节机组的风量、制冷(热)量、机组全压、漏风率		
			室内噪声		
			室内空气温度、相对湿度		
			对气流有特殊要求的空调区域的气流速度		
		恒温恒湿空调系统综合效能	室内静压		同时进行空调系统综合能效测定
			空调机组各功能段的风量、制冷(热)量、机组全压、漏风率		
			室内温度、相对湿度、风速、平均温度、平均湿度、平均风速		
		净化空调系统综合效能	生产负荷状态下室内尘粒数		同时进行恒温恒湿空调空调系统综合能效测定
			室内浮游菌、沉降菌		
			室内自净时间		
			(洁净度高于5级的洁净室)设备泄漏量、防止污染物扩散量		
			(洁净度高于等于5级时)单向气流流线平行度		
		系统节能性能	室内温度	《建筑节能工程施工质量验收规范》GB 50411—2007	
			各风口的风量		
			通风与空调系统的总风量		
			空调机组的水流量		
			空调系统冷热水冷却水的总流量		

第四节　电　梯　工　程

275. 电力驱动的曳引式或强制式电梯安装的质量控制要点有哪些?

（1）设备进场验收必须具有下列资料：

1）土建布置图；

2）产品出厂合格证；

3）门锁装置、限速器、安全钳及缓冲器的型式试验证书复印件；

4）设备装箱单；

5）安装、使用维护说明书；

6）设备外观不存在明显损坏。

（2）土建交接验收：

1）机房内部，井道土建（钢架）结构及布置须符合电梯土建布置图要求；

2）主电源开关必须符合设计及规范要求。

（3）驱动主机安装：

1）紧急操作装置动作必须正常；

2）制动器动作应灵活，制动间隙调整应符合产品设计要求；

3）驱动主机、驱动主机底座与承重梁的安装应符合产品设计要求。

（4）导轨安装：

1）导轨安装位置必须符合土建布置图的要求；

2）导轨支架在井道壁上的安装应牢固可靠；

3）导轨安装间距及垂直度必须符合规范要求。

（5）门系统安装：

1）层门强迫关门必须动作正常；

2）层门锁钩必须动作灵活，在证实锁紧电气安全装置动作之前，锁紧原件最小啮合长度为 7mm。

（6）轿厢安装：

1）轿厢壁、轿厢顶和轿厢底的机械强度应符合产品设计要求；

2）轿厢关门后，门扇之间或门柱、门楣、地坎之间的间隙不应超过 6mm；

3）轿厢内净高度至少为 2m。

（7）对重系统安装：

1）对重块应可靠固定；

2）对重（平衡重）反绳轮，应设置防护装置和挡绳装置。

（8）安全部件的安装：

1）限速器的动作速度整定封记必须完好，无拆动痕迹；

2）限速器旋紧装置与其限位开关相对位置安装正确。

（9）电梯设备内的电气装置安装，应符合产品设计要求，并符合国家相关标准的技术要求。

276. 自动扶梯、自动人行道安装工程的质量控制要点有哪些？

（1）设备进场验收应具备的资料：

1）梯级或踏板的型式检验报告复印件，胶带断裂度证明文件复印件；

2）公共交通型自动扶梯、自动人行道扶手带断裂强度证书复印件；

3）土建布置图；

4）产品合格证、设备装箱单、安装使用说明书；

5）动力电路和安全电路的电气原理图；

6）进口电梯应提供进口产品检验文件。

（2）土建交接验收：

1）土建结构工程混凝土强度必须达到设计要求；

2）自动扶梯的梯级或自动人行道的踏板或胶带上空，垂直净高度不得小于 2.3m；

3）在安装之前井道周围必须设有保证安全的栏杆或屏障，其高度不低于 1.2m。

（3）整机安装的质量要点：

1）自动扶梯或人行道在运行事故状态下能做到通过安全触点或安全电路完成自动停止运行；

2）不同回路导线对地绝缘电阻测量应符合要求；

3）电气设备接地必须符合规定。

277. 电梯井道必须符合哪些规定？

（1）当底坑地面下有人员能到达的空间存在，且对重（或平衡重）上未设有安全钳装置时，对重缓冲器必须安装在（或平衡重运行区域的下边必须）一直延伸到坚固地面上的实心桩墩上；（主要针对有底下层的电梯）。

（2）电梯安装之前，所有层门预留孔必须设有高度不小于 1.2m 的安全保护围封，并应保证有足够的强度。

（3）当相邻两层门地坎间的距离大于 11m 时，其间必须设置井道安全门，井道安全门严禁向井道开启，且必须装有安全门处于关闭时电梯才能运行的电气安全装置。当相邻轿厢间有相互救援用轿厢安全门时，可不执行本条款。

278. 电梯层门锁钩和限速器的安装使用有何要求？

（1）层门锁钩必须动作灵活，在证实锁钩的电气安全装置动作之前，锁紧元件的最小啮合长度为 7mm；

（2）限速器动作速动整定封记必须完好，且无拆动痕迹。

279. 电力驱动曳引式或强制式电梯安装调试及试运行监理应验收哪些项目？

电梯安装调试主要是检查与安装设备性能有关的调试项目是否符合产品设计要求及检查组装件的坚固性、技术性能、整机运行正常及观感质量。其主要验收项目有：

（1）整机的安全保护装置符合设计及规范要求，动作灵敏可靠；

（2）限速器安全钳联动试验符合规定；

（3）层门与轿门的试验必须符合规范要求；

（4）曳引式电梯的曳引能力试验符合规范要求；

（5）噪声检验应符合规定；

（6）平层准确符合规定；

（7）运行速度检验符合规定；

（8）电梯安装完成后应进行运行试验；轿厢分别在空载、额定载荷工况下，按产品设计规定的每小时启动次数和负载持续率各运行 1000 次（每天不少于 8h），电梯应运行平稳、制动可靠、连续运行无故障。

280. 液压电梯安装调试及试运行，施工监理应重点验收哪些项目？

液压电梯安装工程与电力驱动的曳引式或强制式电梯类似，电梯的安装调试质量决定电梯产品的技术性能指标、运行质量和安全性能指标能否达到产品设计要求，因此液压电梯整机安装验收是对安装调试质量总的验收。其主要应验收如下项目：

（1）必须检查各项安全装置及功能；

（2）限速器（安全绳）安全钳联动试验符合规定；

（3）层门与轿门的试验应符合规定；

（4）超载试验必须符合规定；

（5）液压电梯安装完成后应进行试运行；轿厢在额定载重量工况下，按产品设计规定的每小时启动次数运行 1000 次（每天不小于 8h），液压电梯应平稳运行、制动可靠、连续运转无故障；

（6）噪声检验应符合下列规定：

1）液压电梯的机房噪声不应大于 85dB；

2）乘客和病床液压电梯运行中，轿厢内噪声不应大于 55dB；

3）乘客和病床液压电梯的开关门过程噪声不应大于 65dB。

（7）平层准确度检验，液压电梯平层准确应在 15mm 范围内；

（8）运行速度检验应符合下列规定：

空载轿厢上行速度与上行额定速度的差值不应大于上行额定速度的 8％；载有额定重量的轿厢下行与下行额定速度的差值不应大于下行额定速度的 8％；

（9）额定载重量沉降试验；应在载有额定重量的轿厢停靠在最高层站时，停梯 10min，沉降量不应大于 10mm；

（10）液压站溢流阀压力试验及液压系统压力试验应符合下列规定；液压站上的溢流阀应设定在系统压力为满载压力的 140％～170％的动作；液压系统的压力试验，应在轿厢停靠的最高层站，在液压顶升机构和截止阀之间施加 200％的满载压力持续 5min 后液压系统应完好无损。

（11）观感检查应按《电梯工程施工验收规范》GB 50310—2002 规定的要求检查验收。

281. 自动扶梯、自动人行道安装调试及运行试验，施工监理重点验收哪些项目？

（1）自动扶梯、自动人行道，在整机试验时必须对系统所设置的各项安全保护设施，要认真检查验收，以验证安装正确、动作正常。

（2）应测量不同回路导线对地的绝缘电阻。测量时电子元件应断开。导体之间和导体对地之间的绝缘电阻应大于 $1000\Omega/V$，其值必须大于：

1）电力线路和电气安全装置电路 0.5Ω；

2）其他电路（控制、照明、信号等）0.25Ω。

（3）电气设备接地必须符合《电梯工程施工质量验收规范》GB 50310—2002 的规定。

（4）整机安装检查验收各部件的连接处的间隙应按《电梯工程施工质量验收规范》GB 50310—2002 的规定进行验收；

（5）性能试验应符合下列规定：

1）在额定频率和电压条件下，梯级、踏板或胶带沿运行方向空载时的速度与额定速度之间的允许偏差为±5％；

2）扶手带的运行速度相对梯级、踏板或胶带的速度允许偏差为 0±2％；

（6）自动扶梯、自动人行道制动试验，制停距离及制动载荷应符合规定；

（7）系统的电气装置应符合下列规定：

1）主电源开关不应切断电源插座、检修和维护所必需的照明电源；

2）配线应符合《电梯工程施工质量验收规范》GB 50310—2002 的规定。

第五节 建筑电气工程

282. 电气安装工程进场材料、设备及配件应如何验收？

（1）电气材料设备进场使用前，施工单位首先提出报验申请，由专业监理工程师对进场材料、设备及配件进行检验，看其是否符合设计要求及合同供货条件；

（2）检查其产品合格证书、主管行政部门颁发的生产许可证、国家强制性认证资料及产品质量检验报告等资料是否齐全；

（3）设备、材料装箱单及随机的使用及维护说明书是否具备；

（4）监理工程师按规定对有疑义的材料及配件，可提出见证取样要求送检。

283. 如何对电气设备安装工程质量进行检查验收？

（1）所有电气设备的安装位置与安装方式等都应符合设计及相关规范的要求；

（2）电气设备间应做接地带，且接地连接正确可靠；

（3）所有设备的紧固螺栓均处紧固状态；

（4）设备的交接试验合格。

284. 变压器安装有哪些技术要求？

（1）变压器所带附件齐全，器身无损伤；

（2）油浸变压器的油位正常，无渗漏油现象；

（3）电压调节装置的各分接头应紧固，位置符合要求；

（4）变压器的相序符合并列运行要求；

（5）变压器的测温仪表指示正确，各项整定值符合要求；

（6）送电时应进行 5 次全电压冲击试验。

285. 高低压开关柜安装有哪些规定及要求？

（1）开关柜内开关型号、规格和整定值应符合设计要求；

（2）回路接线名称及编号应标识清楚；

（3）柜内强、弱点端子应隔离布置；

（4）低压联络开关的动作应符合设计要求；

（5）高低压开关柜的安装应符合相应的国家规范及规程要求，继电保护参数整定值符合设计要求。

286. 发电机安装有哪些规定及要求？

（1）发电机投用时应与市电相序一致；

（2）中性线与接地干线直接连接；

（3）发电机组输出电源开关和市电开关之间应设置电气和机械连锁，且投入应符合市电优先原则；

（4）发电机的噪声和排烟应做环保处理，并经环保验收；

（5）发电机本体应有可靠接地。

287. 电缆桥架安装及电缆敷设有哪些规定及要求？

（1）金属电缆桥架及其支架全长不应少于 2 处与接地（PE）

或接零（PEN）干线相连接；

（2）非镀锌电缆桥架间连接板的两端，跨接铜芯线接地线，接地线断面不小于 4mm；

（3）镀锌电缆桥架间连接板的两端不跨接接地线，但连接板两端不少于 2 个有防松螺帽或防松垫圈的固定螺栓；

（4）电缆敷设严禁有绞拧、铠装压扁、护层断裂和表面严重划伤等缺陷；

288. 电线导管、电缆导管和线槽敷设有哪些技术要求及规定？

（1）金属导管和线槽必须接地（PE）或接零（PEN）；

（2）镀锌钢导管、可挠性导管和金属线槽不得熔焊跨接接地线，应以专用接地卡跨接；

（3）非镀锌钢导管采用螺纹连接时，连接处要做跨接处理；

（4）金属导管严禁对口熔焊连接；镀锌管和壁厚小于等于 2mm 的钢导管不得套管熔焊接连接；

（5）防爆导管不应采用倒扣连接；当连接有困难时，应采用防爆活接头。

289. 电线、电缆穿管和穿槽敷线有哪些要求？

（1）三相或单相的交流单芯电缆，不得单独穿于钢导管内；

（2）不同回路、不同电压等级和交流与直流的电线，不得穿于同一导管内；同一交流回路的电线应穿于同一管内，且管内电线不得有接头；

（3）有爆炸危险环境照明线路的电线和电缆额定电压不得低于 750V，且线必须穿于导管内。

290. 建筑物的接地装置安装有哪些技术要求？

（1）人工接地装置或利用建筑物基础钢筋的接地装置必须在地面以上按设计要求位置设测试点；

（2）测试接地装置的接地电阻必须符合设计要求；

（3）防雷接地人工接地装置的接干线埋设，经人行通道时，处理深度不应小于 1m，在其上方敷设卵石或沥青地面；

（4）接地模块顶面埋深应不小于 1.6m，接地模块间距不小于模块长度的 3～5 倍；

（5）接地模块应垂直或水平就位，不应倾斜设置，保持与原土层接触良好。

291. 建筑物的等电位连接有哪些规定？

（1）所有进出建筑物的金属装置、外来导电物、电力线路及基础电缆均应与总汇流排做等电位金属连接；

（2）门框、窗框若不靠近电气设备可不做等电位连接。离地面 20m 以上的高层建筑的窗框，如防雷也应连接；

（3）浴室及卫生间被列为电击危险大的特殊场所，为避免人体遭电击伤害，在浴室及卫生间范围内，应做等电位连接处理。

292. 灯具、开关、插座的安装有哪些基本要求？

灯具、开关及插座的安装应做到位置正确、固定牢固、接线符合设计要求。

293. 大型花灯吊钩圆钢直径和固定悬吊装置有何安全要求？

（1）花灯吊钩圆钢直径不应小于灯具挂销直径，且不小于 6mm；

（2）大型花灯的固定及悬吊装置，应按灯具重量的 2 倍做过载试验。

294. 建筑物景观照明灯具安装有哪些规定？

（1）每套灯具的导电部分对地绝缘电阻值大于 2MΩ；

（2）在人行道等人员往来密集场所安装的落地式灯具，且无围栏防护，安装高度应距地面 2.5m 以上；

（3）金属构架和灯具的可接近裸露导体及金属软管的接地（PE）或接零（PEN）可靠且有标识。

295. 接地（PE）或接零（PEN）检查和判定时应注意什么？

接地（PE）或接零（PEN）支线必须单独与接地（PE）或接零（PEN）干线相连接。

（1）若为暗设的可查阅隐蔽验收资料或旁站检查；若为明设的可目视检查，同时可查验设备、器具以及其他单独个体的接地端子和本体是否有 2 根以上的接地线；

（2）首先确认接地线的类别是干线还是支线，支线的连接符合规定为合格。

296. 插座接线应满足什么规定？

（1）单相两孔插座，面对插座的右孔或上孔与相线连接，左孔或下孔与零线连接；

（2）单项三孔、三相四孔及三相五孔插座的接地（PE）或接零（PEN）线接在上孔，插座的接地端子不与零线端子连接。同一场所的三相插座，接线的相序一致；

（3）接地（PE）或接零（PEN）线在插座间不串联连接。

297. 建筑电气工程安全及使用功能检测内容是什么？

建筑电气工程实体质量的最终检验是安全及使用功能检验。对于涉及安全及使用功能的项目进行抽查和必要的测试以验证实体工程质量的稳定性和有效性。电气工程安全功能的测试方法、具体内容、测试表格填写的准确性是保证电气安装工程质量的重要环节。使用功能的检测是电气安装工程的综合检验。依据国家相关标准、设计文件及合同的规定，对《建筑电气工程施工质量验收规范》GB 50303—2002 及相关标准中规定的涉及安全及使用功能的项目，检测参数一般情况下在工程现场进行检查和测试。具体内容见表 4-7。

表 4-7

建筑电气工程安全及使用功能检测项目和检测参数

序号	检测项目	项数	检测参数	检测仪器	检测依据	使用表格
1	接地电阻		①系统重复接地电阻≤4Ω，或满足设计要求。②防雷冲击接地电阻≤10Ω，或满足设计要求。③保护接地、静电接地电阻符合设计要求	接地电阻测试仪	《建筑电气工程施工质量验收规范》GB 50303—2002 《智能建筑工程质量验收规范》GB 50339—2013 《建筑物防雷设计规范》GB 50057—94	C3-4-48 C5-6
2	绝缘电阻（相间、相零、相地、地零间）		①高压电力电缆视不同等级电压而不同，参照《电气装置安装工程电气设备交接试验标准》GB 50150—91 ②低压电线、电缆必须＞0.5MΩ	100V以下线路用250V兆欧表、500V以下线路用500V兆欧表、3kV以下线路用1kV兆欧表、10kV以下线路用2500V兆欧表、10kV以上线路用2500V~5000V兆欧表	《建筑电气工程施工质量验收规范》GB 50303—2002 《电气装置安装工程电气设备交接试验标准》GB 50150—91	C3-4-49
3	漏电保护器（安装前或安装后做模拟动作电流试验）		动作电流≤30mA，脱扣时间≤0.1s	漏电开关测试仪	《建筑电气工程施工质量验收规范》GB 50303—2002	C3-4-56
4	等电位联结测试		导通接点电阻及接地箱处的接地电阻不大于设计要求	微欧表、接地电阻测试仪	《建筑电气工程施工质量验收规范》GB 50303—2002	表 2

续表

序号	检测项目	项数	检测参数	检测仪器	检测依据	使用表格
5	电气照明通电试运行（满负荷）		绝缘电阻测试合格后进行①公用建筑满负荷通电24小时，②民用住宅满负荷通电8小时，每2小时记录一次③照度值不低于设计状态，③照度值不低于设计值的90%④功率密度值应符合《建筑照明设计标准》GB 50034—2004	照度测试仪	《建筑电气工程施工质量验收规范》GB 50303—2002《建筑照明设计标准》GB 50034—2004	C3-4-55
6	大型灯具（自重大于5kg）安装过载试验		①5～10kg灯具按2倍自重过载试验②10kg以上灯具按5倍自重过载试验 试验时间不小于15min		《建筑电气工程施工质量验收规范》GB 50303—2002	C5-5
7	大容量（630A以上）电气线路结点温度		测试点：导线与导线连接处、母线与母线连接处、导线或母线与设备连接处。在设计负荷情况下温升不大于设计值	远红外测温仪	《建筑电气工程施工质量验收规范》GB 50303—2002	C3-5-57
8	避雷带支持拉力测试		支持件承受垂直拉力不小于49N		《建筑电气工程施工质量验收规范》GB 50303—2002	C3-4-58
9	线路、插座、开关接地检查		带电体绝缘电阻≤5 MΩ	500V兆欧表	《建筑电气工程施工质量验收规范》GB 50303—2002	C5-7

说明：1. 为了确保测试记录的真实性施工方应按预先批准的检测计划进行检测，检测时监理人员应在现场旁站并做好旁站记录。
2. 表中除表2外系指山西省建设工程地方标准《山西省建筑工程施工质量验收规程》DBJ04—226—2003 中的表格。

第六节 智能建筑工程

298. 智能建筑工程由哪些子分部组成？

智能建筑工程分部由下列子分部工程组成：通信网络系统；信息网络系统；建筑设备监控系统；火灾自动报警及消防联动系统；安全防范系统；综合布线系统；智能化集成系统；电源与接地；环境；住宅（小区）智能化系统等。

299. 智能建筑工程的质量验收程序有什么要求？

智能建筑工程质量验收应按"先产品、再系统、后系统集成"的程序进行。火灾自动报警及消防联动系统、通信网络系统、安全防范系统的检测验收应按相关国家现行标准和国家及地方的相关法规执行；其他系统的检测应由省市级以上的建设行政主管部门认可的专业检测机构组织实施。

300. 如何进行智能系统产品的质量验收？

（1）智能系统中使用的材料、硬件设备、软件产品的质量检查应包括列入《中华人民共和国实施强制产品认证和网上许可证管理产品》。未列入强制认证产品或实施生产许可认证管理的产品，应按规定程序通过产品检验后方可使用；

（2）对不具备现场检测条件的产品，可要求进行工厂检测，并出具检测报告；

（3）产品功能、性能等项目的检测应按相应的现行国家产品标准进行；供需双方有特殊要求的产品，可按合同规定或设计要求进行。

301. 智能建筑工程实施阶段，怎样实施工程质量监控？

（1）工程实施的质量控制应包括与前期工程的交接和工程实

施条件的准备，进场材料、设备验收、隐蔽工程检查、工程安装质量检查和试运行等；

（2）工程实施前应进行工序交接，做好与建筑结构、装修、建筑设备工程等分部工程的接口确认。

（3）工程施工前应做如下准备工作：

1）检查工程设计文件及施工图的完整性，智能建筑工程必须按已审批的施工图设计文件实施；

2）完善施工现场质量管理检查制度和施工技术措施的实施情况；

3）对进场材料、设备及软件必须进行进场验收，未经验收合格的设备、材料和软件不得在工程上使用；

4）应做好隐蔽工程检查验收和过程检查记录，未经监理工程师签认，不得实施隐蔽作业。

302. 如何进行智能建筑工程的系统检测？

（1）系统检测应具备的条件：

1）系统安装调试完成后，已进行规定时间的试运行；

2）已提出了相应的技术文件和工程实施及质量控制记录。

（2）建设单位应组织有关人员制定系统的检测方案。

（3）主控项目有一项不合格，则系统检测不合格；一般项目两项不合格，则系统检测不合格。

303. 智能建筑工程的分部（子分部）工程竣工验收有哪些要求？

（1）工程实施及质量控制检查符合设计及规范要求；

（2）系统检测合格；

（3）竣工验收文件资料完整；

（4）系统检测项目的抽检和复核应符合设计要求；

（5）观感质量验收符合要求。

第七节　建 筑 消 防 工 程

304. 消防工程由哪些子分部工程组成？

消防工程由火灾自动报警系统、消防给水系统、自动喷水灭火系统、气体灭火系统、泡沫灭火系统、防排烟系统等子分部工程组成。

305. 火灾自动报警系统施工的监理要点有哪些？

（1）系统安装所使用的设备及材料，必须符合国家质量标准，火灾报警设备必须取得 3C 认证；

（2）系统布线是控制整个工程质量的关键，应严格执行现行国家标准《建筑电气工程施工质量验收规范》GB 50303—2002 及《电气装置电缆线路施工及验收规范》GB 50168—2006 的规定，严格控制线径和连接方式；

（3）模块的安装固定必须符合规范，严格认真检查验收。

306. 自动喷水灭火系统管道安装的监理要点有哪些？

（1）系统安装所使用的管材及配件产品，必须符合国家质量标准，特许产品必须具有生产许可证；

（2）管道安装采用沟槽连接的，必须按《沟槽式连接管道工程技术规程》CECS：151—2003 的要求施工；

（3）沟槽现场滚槽加工的质量是整个工程的质量关键，必须严格认真检查验收；

（4）沟槽件的选用必须符合规程的要求；

（5）管道支（吊）架的设置必须按设计要求施工。

（6）自动喷水灭火系统的安装施工必须按《自动喷水灭火系统施工及验收规范》GB 50261—2005 要求施工。

307. 消防喷淋系统的喷头现场检验项目有哪些？

（1）喷头的型号、公称动作温度、响应时间指数（RTI）、制造厂及生产日期等标志应齐全；

（2）喷头的规格、型号应符合设计要求；

（3）喷头的外观应无缺陷和机械损伤；

（4）喷头螺纹密封面无伤痕、丝扣无损坏；

（5）喷头应进行密封性能试验，以无渗透、无损伤为合格。

308. 喷头试验方法有哪些要求？

（1）试验数量从每批中抽出 1%，但不少于 5 只；

（2）试验压力应为 3.0MPa，保压时间不得少于 3min；

（3）试验有两只及以上不合格时不得使用该批喷头；

（4）试验出一只不合格时，应再抽 2%，但不得少于 10 只，重做密封性试验，当仍出现不合格时，不得使用该批喷头。

309. 喷头安装应注意哪些事项？

（1）不得对喷头件进行拆装、严禁给喷头附加任何装饰性涂层；

（2）喷头安装时，应使用专用扳手，严禁用喷头框架施拧。喷头的框架、溅水盘出现损坏时，应该用相同型号的喷头件予以更换。

310. 气体灭火系统工程施工监理要点有哪些？

（1）气体灭火系统工程施工应执行现行国家标准《气体灭火系统施工及验收规范》GB 50263—2007；

（2）承担气体灭火系统工程的施工单位必须具有相应等级的资质；

（3）气体灭火系统工程施工过程的质量控制重点如下：

1）对采用的材料及组件应进行检验，进场检验合格并经监理工程师签证后方可投入使用；涉及抽样复验时，应由监理工程师抽样送检；

2）应按经综合会审的施工图及相应的设计文件施工；

3）相关各专业、工种之间，应进行交接认可，并经监理工程师认可后方可进行下道工序。

（4）安装工程完工后，施工单位应进行调试，并合格；

（5）系统安装工程中的阀门、管道及支、吊架的安装除应符合《气体灭火系统施工及验收规范》GB 50263—2007 的规定外，还应符合现行《工业金属管道工程施工及验收规范》GB 50235—2010 中的有关规定；

（6）气体灭火系统工程安装完成，经调试、试运行及系统功能验收合格后，应按气体灭火施工验收规范的规定，由建设单位在规定时间内将系统工程验收报告和有关文件，报有关行政管理部门验收或备案。

第 五 章

市政公用工程监理

第一节 城镇道路工程

311. 一般路基填料应符合哪些规定?

（1）含草皮、生活垃圾、树根、腐殖质的土严禁作为填料；

（2）泥炭、淤泥、冻土、强膨胀土、有机质土及可溶盐含量大于5%、700℃有机质烧失量大于8%，未经技术处理不得用作路基填料；

（3）液限大于50%、塑性指数大于26、含水量不适宜直接压实的细粒土，不得直接作为路堤填料；需要使用时，必须采取技术措施进行处理，经检验满足设计要求后方可使用；

（4）粉质土不宜直接填筑于路床，不得直接填筑于冰冻地区的路床及浸水部分的路堤；

（5）填料强度（CBR）值和粒径，应满足规范规定；

（6）填方中使用房渣土、工业废渣等需经过试验，确认可靠并经建设单位、设计单位同意后方可使用。

312. 土方路基填筑应注意哪些问题?

（1）性质不同的填料，应水平分层，分段填筑，分层压实。同一水平层路基的全宽应采用同一种填料，不得混合填筑。每种填料的填筑层压实后的连续厚度不宜小于500mm。填筑路床顶最后一层时，压实后的厚度不应小于100mm；

（2）潮湿或冻融敏感性小的填料应填筑在路基上层。强度较小的填料应填筑在下层。在有地下水的路段或临水路基范围内，宜填筑透水性好的填料；

（3）在透水性不好的压实层上填筑透水性较好的填料前，应在其表面设 $2\%\sim4\%$ 的双向横坡，并采取相应的防水措施。不得在由透水性较好的填料所填筑的路堤边坡上覆盖透水性不好的填料；

（4）每种填料的松铺厚度应通过试验确定；

（5）每层压实后的宽度每侧应比设计宽度宽 50cm；

（6）路堤填筑时，应从最低处起分层填筑，逐层压实；当原地面横向坡度在 $1:10\sim1:5$ 时，应先翻松表土再进行填土；原地面横向坡度陡于 $1:5$ 时应做成台阶形，每级台阶宽度不得小于 1m，台阶顶面应向内倾斜；

（7）填方分几个作业段施工时，接头部位如不能交替填筑，则先填路段，应按 $1:1$ 坡度分层留台阶；如能交替填筑，则应分层相互交替搭接，搭接长度不小于 2m。

313. 挖方路基开挖施工应符合哪些规定？

（1）可作为路基填料的土方，应分类开挖分类使用。非适用材料应按设计要求或作为弃方按规范规定处理；

（2）土方开挖应自上而下进行，不得乱挖超挖，严禁掏底开挖；

（3）开挖过程中，应采取措施保证边坡稳定。开挖至边坡线前，应预留一定宽度，预留的宽度应保证刷坡过程中设计边坡线外的土层不受到扰动；

（4）路基开挖中，基于实际情况，如需修改设计边坡坡度、截水沟和边沟的位置及尺寸等，应及时按规定报批。边坡上稳定的孤石应保留；

（5）开挖至零填、路堑路床部分后，应尽快进行路床施工；如不能及时进行，宜在设计路床顶标高以上预留至少 300mm 厚的保护层；

（6）应采取临时排水措施，确保施工作业面不积水；

（7）挖方路基路床顶面终止标高，应考虑因压实而产生的下沉量，其值通过试验确定。

314. 路基雨期施工应注意哪些事项？

（1）雨期路基施工地段宜选择砂类土及透水性好的土作为填料，如为黏土地段则不宜在雨期施工；

（2）对选择的雨期施工地段，应进行详细的现场调查研究，编制实施性的雨期施工组织计划；

（3）雨期施工应适当缩小工作面，土方采用随挖、随运、随铺、随压实的方法，尽量做到当天施工，当天成活，应修建施工便道保持晴雨畅通；

（4）修建临时排水设施，保持雨期作业场地不被雨水淹没，并能及时排除地面水；

（5）储备足够的工程材料和生活物资；

（6）雨期施工应满足相应规范要求。

315. 水泥稳定土基层施工技术控制措施有哪些？

（1）水泥稳定土运输时应采取措施，防止水分损失。自拌合到摊铺完成，不应超过 3h。摊铺应采用机械摊铺，一次成活。确保水泥稳定土在初凝前完成碾压，防止因延迟时间降低水泥稳定土的强度；

（2）水泥稳定土基层施工中，两施工段的衔接处要按规定认真处理，防止接缝处出现裂纹和压实度达不到设计要求；

（3）集中拌合水泥稳定土基层应符合下列要求：

1）快速路、城市主干路使用的水泥稳定土，应采用专用设备集中拌合；

2）集料应过筛，级配符合设计要求，配合比计量准确，拌合均匀，含水量符合施工要求。

3）集中拌合厂提供产品质量合格证和水泥用量、粒料级配、配合比、强度标准值。应在水泥初凝前完成摊铺；

（4）在摊铺水泥稳定土前，应清除底基层表面杂物、浮土等并洒水湿润；

（5）碾压应符合下列要求：

1）摊铺后应找平整形，并测定含水量，当含水量等于或略大于最佳含水量时，及时碾压。

2）宜先用 12～18t 压路机作初步稳定碾压，再使用大于 18t 振动压路机振压；最后用 18t 压路机或轮胎压路机碾压，直至达到要求压实度。使用振动压路机时，应符合环境要求，达到保护周围建筑物及地下管线、构筑物的要求；

（6）接缝应符合下列要求：

1）宜全幅摊铺；分幅摊铺时，宜采用两台摊铺机，相距 20～30m 一前一后同步摊铺。

2）横缝接茬处应用方木或钢模板挡模，纵缝过长无法采用模板，采取切除 50cm 处理。

3）继续摊铺前，应将已摊铺好的水泥稳定土端部切除 50cm 宽，纵、横接缝应采用直茬相接。

316. 水泥混凝土路面雨期施工应注意的事项有哪些？

（1）地势低洼的搅拌站、水泥仓及砂石堆料场，应按汇水面积修建排水沟或预备抽排水设施。水泥和粉煤灰罐仓顶部通气口、料斗等部位应有防潮、防水覆盖措施，砂石料堆应防雨覆盖；

（2）雨期施工时，应备足防雨篷或塑料薄膜。防雨篷支架宜采用焊接钢结构，并具有人工饰面拉槽的足够高度；

（3）铺筑中遭遇阵雨时，应立即停止铺筑，并使用防雨篷或塑料薄膜覆盖尚未硬化的混凝土路面；

（4）被阵雨轻微冲刷过的路面，视平整度和抗滑构造破损情况，采用硬刻槽或先磨平再刻槽的方法处理。对被暴雨冲刷后，路面平整度严重损坏的部位，应尽早铲除重铺。

317. 沥青混凝土路面施工重要环节控制措施有哪些？

（1）原材料的控制（包括沥青、集料、配合比试验）；

（2）施工中防止和消除可能发生的各种质量缺陷（厚度不准、平整度差、混合料离析、裂纹、拉沟等）；

（3）压实时应结合工程实际，考虑摊铺机的生产率、混合料特性、摊铺厚度、施工现场的具体条件等因素，合理选择压实机种类、吨位、数量及组合方式；

（4）控制碾压温度。沥青加热温度及沥青混合料施工温度应根据沥青品种、标号、黏度、气候条件及铺筑层的厚度，按规范规定选择。当沥青黏度大、气温低、铺筑层厚度薄时，施工温度宜用高限值。

318. 水泥混凝土路面铺筑混凝土时应检查哪些项目？

（1）混凝土板块的分格、分幅的检查；

（2）铺筑前对模板支撑、基层的平整、润湿情况、钢筋位置和传力装置的检查；

（3）混凝土摊铺顺序的检查；

（4）钢筋安装的检查；

（5）接缝施工的检查。

第二节　城市桥梁工程

319. 市政桥梁工程明挖基础施工质量检查基本要求是什么？实测项目是什么？

基本要求：

（1）基坑和墩台基础土质必须符合设计要求，并严禁扰动；

（2）地基承载力必须符合设计要求；

（3）基底平面位置、尺寸大小、基底标高符合设计要求；

（4）基底处理和排水情况符合国家现行标准《公路桥涵施工技术规范》JTJ 041—2011 的有关规定。

实测项目：（1）基底高程；（2）轴线位移；（3）基坑尺寸；

(4) 对角线差。

320. 市政桥梁工程钻孔灌注桩质量检查基本要求是什么?

(1) 钻、挖孔桩桩身混凝土抗压强度应符合设计要求;

(2) 灌注桩的混凝土必须连续浇筑不得中断,应逐根进行施工记录。钻、挖孔桩桩身混凝土应进行完整性检验;

(3) 桩位的纵横轴线、平面位置应符合设计要求;

(4) 护壁泥浆根据地质情况采用合适的原土造浆或人造浆,其性能指标可按不同成孔工艺和地质情况确定;

(5) 需嵌入承台内的混凝土桩头及锚固钢筋,其长度应符合设计要求;

(6) 钻孔灌注桩钻机等设备安装应稳固,钻杆应垂直。

321. 钻孔灌注桩制备泥浆的水质和设备有什么要求?

(1) 当不能用自来水时,应事先进行水质检查,以保证泥浆质量;

(2) 当不能确保制备泥浆用水时,需另外准备 $10\sim20m^3$ 的清水或泥浆储存设备;

(3) 为清洗机械设备,宜准备管径 25mm、流量为 50L/min 的给水设备;

(4) 为使钻孔中的泥浆重复使用,应准备泥浆泵和泥浆池;

(5) 废泥浆应用罐车送到处理场进行处理,不得在施工现场就地排放。

322. 钢筋混凝土墩台施工质量检查的基本要求是什么?

(1) 钢筋、电焊条品种规格和技术性能应符合国家现行标准规范和设计要求;

(2) 受力钢筋同一截面的接头数量、搭接长度和焊接、机械接头质量应符合规范要求;

(3) 所用水泥、砂、石、水、掺合料及外加剂的质量规格必须符合有关规范的要求,按规定配合比施工,使用商品混凝土需有合格证明；

（4）混凝土应振捣密实，不得有蜂窝、麻面、孔洞、裂缝及露筋现象；

（5）墩台模板的验收，几何尺寸的检查，墩台施工的平面位置轴线和标高的检查应符合有关规定的标准。

323. 砌石墩台施工对石料有什么要求？

（1）石料类别、强度应符合设计要求，石质应均匀、耐风化、无裂纹；

（2）石料的外观要求：片石最小边不应小于 150mm，每块质量宜在 20～30kg，不得采用卵石、薄片；块石形状应大致方正，上下面大致平整，厚度 200～300mm，宽度约为厚度的 1～1.5 倍，长度约为厚度的 1.5～2 倍。用做镶面的块石，应由外露面四周向内稍加修凿，后部可不修凿；粗料石外形应方正，成六面体，最小边不应小于 200mm，长度不宜大于厚度的 4 倍。修凿面每 100mm 长需有錾路 4～5 条，修凿后的侧面应于外露面垂直，正面凹陷深度不应超过 15mm。镶面粗料石的外露面需细凿边缘时，细凿边缘宽度应为 30～50mm。细料石形状应为规则六面体，厚度、高度均应大于 200mm，长度应大于厚度的 3 倍；剁斧石的纹路应直顺、整齐、不得有死坑；

（3）在寒冷地区使用的石料应具有一定的抗冻性；

（4）石料的坚固性和磨耗性视其使用部位的不同要符合相应规定的要求。

第三节 城镇给排水工程

324.《给水排水管道工程施工及验收规范》GB 50268—2008 中有哪些强制性条文？

（1）给排水管道工程所用的原材料、半成品、成品等产品的品种、规格、性能必须符合国家有关标准的规定和设计要求；接触饮用水的产品必须符合有关卫生要求。严禁使用国家明令淘汰、禁用的产品（1.0.3）；

（2）工程所用的管材、管道附件、构（配）件和主要原材料等产品进入施工现场时必须进行进场验收并妥善保管。进场验收时应检查每批产品的订购合同、质量合格证书、性能检验报告、使用说明书、进口产品的商检报告及证件等，并按国家有关标准进行复检验收，合格后方可使用（3.1.9）；

（3）给排水管道工程施工质量控制应符合下列规定（3.1.15）：

1）各分项工程应按照施工技术标准进行质量控制，每个分项工程完成后，必须进行检验；

2）相关各分项工程之间，必须进行交接检验，所有隐蔽分项工程必须进行隐蔽验收，未经检验或验收不合格不得进行下道分项工程。

（4）通过返修或加固处理仍不能满足结构安全或使用功能要求的分部（子分部）工程、单位（子单位）工程，严禁验收（3.2.8）；

（5）给水管道必须水压试验合格；并网运行前进行冲洗与消毒，经检验水质达到标准后，方可允许并网通水投入运行（9.1.10）；

（6）污水、雨污水合流管道及湿陷土、膨胀土、流沙地区的雨水管道，必须经严密性试验合格后方可投入运行（9.1.11）。

325. 给排水工程开工前施工测量应做哪些具体工作？

（1）施工前，建设单位应组织有关单位进行现场交桩，施工单位对所交桩进行复核测量；原测桩有遗失或变位时，应及时补钉桩校正，并应经相应的技术质量管理部门和人员认定；

（2）临时水准点和管道轴线控制桩的设置应便于观测、不易被扰动且必须牢固，并应采取保护措施；开槽铺设管道的沿线临时水准点，每 200m 不宜少于 1 个；

（3）临时水准点、管道轴线控制桩、高程桩，必须经过复核方可使用，并应经常校核；

（4）不开槽施工管道，沉管、桥管等工程的临时水准点、管道轴线控制桩，应根据施工方案进行设置，并及时校核；

（5）对既有管道、构造物与拟建工程衔接的平面位置和高程，开工前必须校测。

326. 沟槽开挖断面如何确定？

（1）槽底宽、槽深、分层开挖高度、各层边坡及层间留台宽度等，应符合施工技术规范要求，确保施工质量和安全，并尽可能减少挖方和占地；

（2）做好土（石）方平衡调配，尽可能避免重复挖运；大断面深沟槽开挖时，应编制专项施工方案；

（3）沟槽外侧应设置截水沟及排水沟，防止雨水浸泡沟槽。

327. 沟槽支撑应符合什么规定？

（1）支撑应经常检查，发现支撑构件有弯曲、松动、移位或劈裂等迹象时，应及时处理，雨期及春季解冻时期应加强检查；

（2）拆除支撑前，应对沟槽两侧的建筑物、构筑物和槽壁进行安全检查，并应制定拆除支撑的作业要求和安全措施；

（3）施工人员应有安全梯上下沟槽，不得攀登支撑。

328. 管道沟槽回填土有哪些规定？

管道沟槽回填除设计文件另有要求外，应符合下列规定：

（1）槽底至管顶以上 50cm 管范围内，土中不得含有机物、冻土以及大于 50mm 的砖、石等硬块；在抹带接口处、防腐绝缘层或电缆周围，应采用细粒土回填；

（2）冬期回填时管顶以上 50cm 范围以外可均匀掺入冻土，其数量不得超过填土总体积的 15%，且冻块尺寸不得超过 100mm；

（3）采用石灰土、砂、砂砾等材料回填时，其质量要求按施工设计规定执行；

（4）回填土的含水量，宜按土类及所采用的压实工具控制在最佳含水率±2%范围内。

329. 雨水口施工重要环节控制措施有哪些?

（1）管端面在雨水口内的露出长度，不得大于 20mm，管端面应完整无破损；

（2）砌筑时，灰浆应饱满，随砌随勾缝，抹面应压实；

（3）雨水口底部应用水泥砂浆抹出雨水口泛水坡；

（4）砌筑完成后雨水口内应保持清洁，及时加盖，保证安全。

330. 砌筑结构检查井施工重要环节控制措施有哪些?

（1）砌筑前砌块应充分湿润；砌筑砂浆配合比符合设计要求，现场拌制应拌合均匀，随用随拌；

（2）排水管道检查井内的流槽，宜与井壁同时进行砌筑；

（3）砌块应垂直砌筑，需收口砌筑时，应按设计要求的位置设置钢筋混凝土梁进行收口；圆井采用砌块逐层砌筑收口，四面收口时每层收进不应大于 30mm，偏心收口时每层收进不应大于 50mm；

（4）砌块砌筑时，铺浆应饱满，灰浆与砌块四周粘结紧密、不得漏浆，上下砌块应错缝砌筑；

（5）砌筑时应同时安装踏步，踏步安装后在砌筑砂浆未达到规定抗压强度前不得踩踏；

（6）内外井壁应采用水泥砂浆勾缝；有抹面要求时，抹面应分层压实。

331. 管道闭水试验应符合哪些规定?

（1）试验段上游设计水头不超过管顶内壁时，试验水头应以试验段上游管顶内壁加 2m 计；

（2）试验段上游设计水头超过管顶内壁时，试验水头应以试验段上游设计水头加 2m 计；

（3）计算出的试验水头小于 10m，但已超过上游检查井井口时，试验水头应以上游检查井井口高度为准；

（4）管道闭水试验应按规范规定的方法进行。

332. 给水、排水工程顶管施工管材选用有什么基本要求？

（1）顶管材质应根据管道用途、管材特性及当地具体情况确定；

（2）给水管道工程宜选用钢管或玻璃纤维增强塑料夹砂管；

（3）排水工程宜选用玻璃纤维增强塑料夹砂管或钢筋混凝土管；

（4）输送腐蚀性水体或管外水土有腐蚀性时，宜优先选用玻璃纤维增强塑料夹砂管；

（5）管材强度必须满足顶力的要求。

333. 顶管施工如何进行监测？

（1）施工监测的范围应包括地面以上和地面以下两大部分。地面以上应监测地面沉降和地面建筑物的沉降、位移和损坏的情况。地面以下应监测在顶管扰动范围内的地下构造物、各种地下管线的沉降、水平位移及漏水、漏气的情况；

（2）施工监测的重点是邻近建筑物（构筑物）、堤岸及可能引起严重后果的地下管线及其他重要设施；

（3）在设置监测点时，应避开各种可能对其产生影响的因素，以确保不被损坏；

（4）观察裂缝应记录地面和结构裂缝的产生时间、裂缝长度及宽度的发展状况；

（5）所有监测点必须在顶管施工开始前进行埋设、布置；

（6）观测点应定时测定，测定数据应保持连续、真实、可靠。

334. 建筑排水金属管道安装工程在施工前应具备什么条件？

（1）设计图纸及技术文件齐全，并按规定程序通过审批；

（2）具有批准的施工方案或施工组织设计，并已进行技术交底；

（3）对进场的管材、管件、附件及涂料已进行严格的现场检验，并具备有效的质量检测报告及出厂合格证；

（4）材料、人员、机具、水、电已准备就绪，能保证正常施工并符合质量要求；

（5）已对施工人员进行培训，并已掌握金属排水管道施工的基本操作要求。

335. 给水、排水管道工程施工降水井的平面布置应符合什么规定？

（1）在沟槽两侧应根据计算确定单排或双排降水井，在沟槽端部，降水井外延长度应为沟槽宽度的1～2倍；

（2）在地下水补给方向可加密，在地下水排泄方向可减少。

第四节　城镇供热工程

336. 国家对锅炉、热力管道、燃气管道等特种设备有哪些主要法规？

（1）《特种设备安全监察条例》。该条例所称特种设备是指涉及生命安全、危险性较大的锅炉、压力容器、压力管道、电梯、起重机械、客运索道、大型游乐设施和场（厂）内专用机动车辆等。条例对特种设备的生产（含设计、制造、安装、改造、维修）、使用、检验检测及其监督检查作了规定；

（2）《压力容器压力管道设计许可规则》TSG R1001—2008。该规则将城镇燃气管道和城镇热力管道纳入压力管道的范畴。另外供热锅炉房中的分气缸、分水缸、集水缸及燃气场站中的储罐均属于压力容器；

（3）《压力管道安全技术监察规程—工业管道》TSG D0001—2009。燃气气化站、混气站、门站、储配站内的燃气管道及热源厂内的热力管道应遵循该规程的规定。

337. 对用于建筑供热和热水供应的整装承压锅炉本体进行水压试验时，对试验压力及合格判定有何规定？

锅炉工作压力 $P < 0.59$MPa 时，试验压力为 $1.5P$，但不小于 0.2MPa；0.59MPa $\leqslant P \leqslant 1.18$MPa 时，试验压力为 $P + 0.3$MPa；$P > 1.18$MPa 时，试验压力为 $1.25P$。在试验压力下 10min 内压力降不超过 0.02MPa；然后降至工作压力进行检查，压力不降，不渗、不漏；观察检查，不得有残余变形，受压元件金属壁和焊缝上不得有水珠和水雾。

338. 锅炉压力试验时对压力表的数量、精度及表盘量程有何要求？

试压系统的压力表不应少于 2 只。锅炉额定工作压力大于或等于 2.5MPa 时，精度等级不应低于 1.5 级；工作压力小于 2.5MPa 时，不应低于 2.5 级。压力表应经过校验并合格，其表盘量程应为试验压力的 1.5～3 倍，最好是 2 倍。

339. 为什么承压锅炉安全阀排出管上及非承压锅炉的大气连通管上不得装设阀门？

锅炉安全阀是防止锅炉超压发生事故的重要措施，若安全阀排出管上安装阀门，当阀门关闭时安全阀将起不到泄压作用，会导致锅炉压力持续升高，造成锅炉运行事故。同样，非承压锅炉的大气连通管装设阀门，会导致非承压锅炉承受压力，发生事故。

340. 为什么锅炉排污阀及排污管道不得采用螺纹连接？

相对于焊接连接和法兰连接，螺纹连接的强度和可靠性较差。规范规定锅炉排污阀及排污管道不得采用螺纹连接是避免锅炉运行事故、保证操作人员人身安全的重要措施。

341. 供热锅炉及辅助设备安装工程需进行哪些安全和功能性试验？

锅炉本体水压试验，可分式省煤器水压试验，机械炉排冷态运转试验，锅炉本体无损探伤检测，风机试运转，分气缸（分水器、集水器）水压试验，密闭箱、罐水压试验，敞口箱、罐满水试验，地下直埋油罐气密性试验，工艺管道系统水压试验，水泵试运转，锅炉水位报警器、超压报警器及连锁保护装置的启动、联动试验，锅炉48h负荷试运转，安全阀的热状态定压检验和调整，热交换器水压试验等。

342. 非承压锅炉是否不需要进行水压试验？

为保证非承压锅炉的安全运行，非承压锅炉本体及管道也应进行水压试验，以防渗漏，其试验压力为0.2MPa。

343. 室外供热管道及附件材料质量要求有哪些？

（1）管材：碳素钢管、无缝钢管、镀锌碳素钢管应有产品合格证；管材不得弯曲、锈蚀、有飞刺、重皮或凹凸不平等缺陷；

（2）管件符合现行标准，有出厂合格证，无偏扣、乱扣、方扣、断丝和角度不准等缺陷；

（3）各类阀门有出厂合格证，规格、型号、强度和严密性试验符合设计要求。丝扣无损伤，铸造无毛刺、无裂纹，开关灵活严密，手轮无损伤；

（4）附属装置：减压器、疏水器、过滤器、补偿器、法兰等应符合设计要求应有产品合格证及说明书；

（5）型钢、圆钢、管卡、螺栓、螺母、油、麻、垫、电气焊条等符合设计要求。

344. 除污器有什么作用？通常安装于系统的什么部位？

除污器的作用是用于除去水系统中的杂物。站内除污器一般较大，安装于汽动加热器之前或回水管道上，以防止杂物流入加热器。站外入户井处的除污器一般较小，常安装于供水管上，有的系统安装，有的系统不安装，其作用是防止杂物进入用户的散热器中。新一代的汽动加热器自带有除污器。

345. 室外供热管道安装应具备哪些质量记录？

（1）应有材料及设备的出厂合格证；
（2）材料及设备进场检验记录；
（3）管路系统的预检记录；
（4）伸缩器的预拉伸记录；
（5）管路系统的隐蔽检查记录；
（6）管路系统的试压记录；
（7）系统的冲洗记录；
（8）系统通汽、通热水调试记录。

346. 供热系统常用哪几种阀门？各有什么性能？

供热系统常用阀门有截止阀、闸阀（或闸板阀）、蝶阀、球阀、逆止阀（止回阀）、安全阀、减压阀、稳压阀、平衡阀、调节阀及多种自力式调节阀和电动调节阀。

截止阀：用于截断介质流动，有一定的调节性能。截止阀造成的压力损失大，供热系统中常用来截断蒸气的流动。在阀门型号中用"J"表示截止阀；

闸阀：用于截断介质流动，当阀门全开时，介质可以像通过一般管子一样通过，无须改变流动方向，因而压损较小。闸阀的调节性能很差，在阀门型号中用"Z"表示；

逆止阀：又称止回阀或单向阀。它允许介质单方向流动，若阀后压力高于阀前压力，则逆止阀会自动关闭。逆止阀的型式有多种，主要包括升降式、旋启式等。升降式的阀体外形像截止阀，压损大，所以在新型的换热站系统中较少选用。在阀门型号中用"H"表示；

蝶阀：靠改变阀瓣的角度实现调节和开关。由于阀瓣始终处于流动的介质中间，所以形成的阻力较大，因而也较少选用。在阀门型号中用"D"表示；

安全阀：主要用于介质超压时的泄压，以保护设备和系统。在某些情况下，微启式水压安全阀经过改进可用作系统定压阀。安全阀的结构形式有很多，在阀门型号中用"Y"表示。

347. 水系统的定压方式有几种？分别是如何实现定压的？系统的定压一般取多少？

热水供热系统定压常见方式有：膨胀水箱定压、普通补水泵定压、气体定压罐定压、蒸汽定压、补水泵变频调速定压、稳定的自来水定压等多种补水定压方式。采用混合式加热器的热水系统应采用溢水定压形式；

（1）膨胀水箱定压：在高出采暖系统最高点2～3m处，设一水箱维持恒压点，定压的方式称为膨胀水箱定压。其优点是压力稳定不怕停电。缺点是水箱高度受限，当建筑物层数较高而且远离热源，或为高温水供热时，膨胀水箱的架设高度难以满足要求；

（2）普通补水泵定压：用供热系统补水泵连续充水保持恒压点压力固定不变的方法称为补水泵定压。这种方法的优点是设备简单，投资少，便于操作。缺点是怕停电和浪费电；

（3）气体定压罐定压：气体定压分氮气定压和空气定压两种，其特点都是利用低位定压罐与补水泵联合动作，保持供热系统恒压。氮气定压是在定压罐中灌充氮气。空气定压则是灌充空气，为防止空气溶于水腐蚀管道，常在空气定压罐中装设皮囊，把空气与水隔离。气体定压供热系统优点是运行安全可靠，能较好地防止系统出现汽化及水击现象。其缺点是设备复杂，体积较大，价格较贵，多用于高温水系统中；

（4）蒸汽定压：蒸汽定压是靠锅炉上锅筒蒸汽空间的压力来保证的。对于两台以上锅炉，也可采用外置膨胀罐的蒸汽定压系统。另外，采用淋水式加热器和汽动加热器也是蒸汽定压的一种。蒸汽定压的优点是系统简单，投资少，运行经济。缺点是用来定压的蒸汽压力高低取决于锅炉的燃烧状况，压力波动较大，若管理不善蒸汽窜入水网易造成水击；

（5）补水泵变频调速定压：其基本原理是根据供热系统的压力变化改变电源频率，平滑无级地调整补水泵转速而及时调节补水量，实现系统恒压点的压力恒定；这种方法的优点是省电，便于调节控制压力。缺点是投资大，怕停电；

（6）自来水定压：自来水在供热期间其压力能满足供热系统定压值，而且压力稳定。可把自来水直接接在供热系统回水管上，补水定压。这种方法的优点是简单、投资和运行费用最少；缺点是适用范围窄，且水质不处理直接供热会使供热系统结垢；

（7）溢水定压形式有：定压阀定压、高位水箱溢水定压及倒 U 型管定压等。

运行中，系统的最高点必然充满水且有一定的压头余量，一般取 4m 左右。由于系统大都是上供下回，且供程阻力远小于回程阻力，因此，运行时，最高点的压头高于静止时压头，所以，静态定压值可适当低一些，一般为 1～4m 为宜。最大限度地降低定压压值，是为了充分利用蒸汽的做功能力。

348. 水系统的空气如何排除？存在什么危害？

水系统的空气一般通过管道布置时做成一定的坡度，在最高点处设排气阀排出。排气阀有手动和自动两种，管道顺向坡度为 0.003，逆向坡度为 0.005。管道内的空气若不排出，会产生气塞，阻碍循环，影响供热，还会对管路造成腐蚀。空气进入汽动加热器会破坏工作状态，严重时造成事故。

349. 直埋、管沟及高空架设热力管道的施工工艺流程是如何设置的？

直埋：防腐保温→放线定位→挖管沟→管道敷设→补偿器安装→水压试验→砌井、铺底砂防腐保温修补→填盖细砂→回填土夯实。

管沟：放线定位→挖土方→砌管沟→卡架安装→管道安装→补偿器安装→水压试验→防腐保温→盖沟盖板→回填土。

架设：放线定位→卡架安装→管道安装→补偿器安装→水压试验→防腐保温。

第五节　城镇燃气工程

350. 城镇燃气输配系统由哪几部分构成？

（1）低压、中压、次高压及高压等不同压力的燃气管网；

（2）门站、储配站；

（3）分配站、压送站、调压计量站、区域调压站；

（4）监控系统与电子计算机中心。

351. 城镇燃气气源种类及其有毒组分有哪些？

城镇燃气分为天然气、人工燃气、液化石油气。天然气中的有毒组分主要是硫化物，特别是以硫化氢形态存在，属高度危害介质；人工燃气中含有一氧化碳、硫化氢、氨、萘、焦油，其中主要是一氧化碳与硫化氢，属高度危害介质；液化石油气中主要是硫化物，另外重碳氢化合物对人体也是有害的。

352. 城镇燃气管敷设场地有何要求？

地下燃气管道不得从建筑物和大型构筑物的下面穿越，不得在堆积易燃、易爆材料和具有腐蚀性液体的场地下面穿越，并不宜与其他管道或电缆同沟敷设，当需要同沟敷设时必须采取防护措施。

353. 地下燃气管道如何穿过各种管道及沟槽?

穿过排水管、热力管沟、联合地沟、隧道及其他各种用途的沟槽时应将燃气管道敷设于套管内，套管长度应符合设计要求，套管两端应采用柔性的防腐、防水材料密封。

354. 城镇燃气调压装置如何进行强度试验?

燃气调压装置吹扫合格后即进行强度试验。除调压器外，整个管路系统应一起进行强度试验。试验时，对管道上的仪表应采取保护措施。

强度试验采用压缩空气，试验压力为设计工作压力的 1.5 倍，但不得低于 0.1MPa。强度试验以升至试验压力后 1h 不降压为合格。强度试验方法与室外燃气管道试验方法相同。

355. 城镇燃气调压装置如何进行气密性试验?

（1）气密性试验压力为设计工作压力的 1.15 倍，但不低于 0.1MPa；

（2）管路气密性试验在充气 12h 后开始，持续压降不大于初压的 1%，即为合格；

（3）管路气密性试验合格后，进行调压器气密性试验。试验时取下进、出口盲板，并与进、出管道连通。试验压力为调压器最大允许工作压力，以不漏气为合格；

（4）调压器性能应符合设计要求，在试验中应与产品性能相吻合；

（5）调压站其他设施按专业要求验收；

（6）调压站试验合格后，如果半年以上未通气运行，应重新试验，复验合格后才允许投入运行。

356. 国家规范对室内燃气管道阀门的选用有何要求？

阀门应选用现行国家标准中适用于输送燃气介质，并且具有良好密封性和耐腐蚀性的阀门。室内一般选用旋塞或球阀。阀门的规格型号应符合设计要求。其外观要求：阀体铸造规矩，表面光洁，无裂纹、气孔、缩孔、渣眼；密封面表面不得有任何缺陷，表面粗糙度和吻合度满足标准规定的要求；直通式阀门的连接法兰密封面应相互平行；直通式阀门的内螺纹接头中心线应在同一直线上，角度偏差不得超过 2°；直角式阀门内螺纹接头中心线的下垂度，其偏差不得超过 2°；填料压入后的高度和紧密度，应保持密封和不妨碍阀杆运动，并留有一定的调整余量；旋塞阀的塞子上应有定位标记，并且全开到全关闭应限制在 90°范围内放置。开关灵活，关闭严密，填料密封完好无渗漏，手轮完整无损坏。运到现场阀门还应作强度试验和严密性试验，试验不合格者不得安装。

357. 新气表安装必须具备的条件？

有出厂合格证；外观检查完好无缺；距出厂检验日期或重新校验日期不得超过半年；厂家有生产许可证。

358. 燃气灶前的供气压力有何规定？

人工煤气为 0.8~1.0kPa；天然气 2.0~2.5kPa；液化石油气 2.8~3.0kPa。

359. 住宅内煤气管道严密度试验的合格条件是什么？

管道系统内不装煤气表时，打压至 700mm 水柱后，观察 10min，压力降不超过 20mm 水柱为合格；管道系统内装有煤气表时，打压至 300mm 水柱，观察 5min，压降不超过 20mm 水柱为合格。

360. 燃气设备安装前应检查的项目有哪些?

燃气设备安装前应检查用气设备的产品合格证、产品安装使用说明书和质量保证书;产品外观应有产品标牌,并有出厂日期;应核对产品性能、规格、型号、数量是否符合设计文件的要求。不具备以上条件的产品不得安装。

361. 燃气用聚乙烯管安装应符合什么要求?

(1)施工中严禁明火。热熔、电熔连接时,不得用手直接触摸接口;

(2)管材和管材粘接材料应专库存放,并建立管理制度,余料应回收;

(3)接口机具的电气接线与拆卸必须由电工负责,并符合施工用电安全技术交底要求。作业中应保护电缆线完好无损,发现破损、漏电征兆时,必须立即停机、断电,由电工处理。

第六节 污水处理工程

362. 城市污水处理厂工程验收程序如何划分?

(1)单位工程的主要部位工程质量验收;

(2)单位工程质量验收;

(3)设备安装工程单机及联动试运转验收;

(4)污水处理厂工程交工验收;

(5)通水试运行;

(6)污水处理厂竣工验收。

363. 污水处理厂水池如何进行满水试验?

(1)向池内注水分三次进行,每次注水为设计水深的 1/3;对大、中型池体,可先注水至池壁底部施工缝以上,检查底板抗渗质量，无明显渗漏时，再继续注水至第一次注水深度；

（2）注水时水位上升速度不宜超过 2m/d；相邻两次注水的间隔时间不应小于 24h；

（3）每次注水应读 24h 的水位下降值，计算渗水量，在注水过程中和注水以后，应对池体作外观和沉降量检测；发现渗水量或沉降量过大时，应停止注水，待作出妥善处理后方可继续注水；

（4）满水试验合格标准：钢筋混凝土结构水池渗水量不得超过 2L/（m² · d）；砌体结构水池渗水量不得超过 3L/（m² · d）。（水池渗水量计算按池壁（不含内隔墙）和池底的浸湿面积计算）。

364. 城市污水处理厂管线工程应做哪些功能性检测？

（1）给水、回用水、污泥以及热力等压力管道应做水压试验；

（2）沼气、氯气管道必须做强度和严密性试验；

（3）污水管道、管渠、倒虹吸管等应按设计要求做闭水试验。

365. 在沟槽上方架空排管时，应符合什么要求？

（1）排管下方严禁有人；

（2）沟槽顶部宽度不宜大于 2m；

（3）支承每根管子的横梁顶面应水平，且同高程；

（4）排管所使用的横梁断面尺寸、长度、间距，应经计算确定；严禁使用糟朽、劈裂、有疖疤的木材作横梁；

（5）排管用的横梁两端应置于平整、坚实的地基上，并以方木支垫，其在沟槽上的搭置长度，每侧不得小于 80cm。

366. 污水处理构筑物的施工放样控制要点是什么？

圆形的构筑物及建筑物，一般在轴线上采用直角坐标法交汇中心点，如一沉池、二沉池、消化池等，用中心点控制，必要时在基础上埋设塔架，随构筑物施工升高而逐步的起升塔架圆心点高度，以利控制池体半径及池壁尺寸。

方形或矩形基础，要控制构筑物的轴线，同时控制结构的中心点，再用五点十字法测设外边线。

367. 污水处理构筑物的混凝土设计有何特殊要求？

污水处理构筑物为水工结构，且污水具有腐蚀性和环境污染性，因此，污水处理构筑物的混凝土设计必须具有抗渗、抗腐蚀性能，寒冷地区还应考虑抗冻性能。

368. 对污水处理构筑物关键部位的施工有何具体要求？

（1）应对池壁与底板、壁板间的湿接缝及施工缝处的质量严加控制；

（2）污水构筑物在施工过程中及排空检修或处于地下水位较高地区时，构筑物必须要有抗浮措施；

（3）新型耐久"止水带"，如钢带复合止水带、密封胶等材料的质量应满足设计要求。

第七节　园林绿化工程

369. 园林植物生长所必需的最低种植土厚度为多少？

草本花卉 30cm；草坪地被 30cm；小灌木 45cm；大灌木 60cm；浅根乔木 90cm；深根乔木 150cm。

370. 什么情况下对种植土壤采用客土或采取改良土壤技术措施？

种植地的土壤含有建筑废土及其他有害成分，以及强酸性土、强碱土、盐土、盐碱土、重黏土、沙土等，均应按设计要求采用客土或采取改良土壤技术措施。

371. 绿化工程验收分为哪几类?

（1）种植材料、种植土和肥料的验收；

（2）工程中间验收；

（3）工程竣工验收。

372. 对绿化工程中间验收的工序有哪些规定?

（1）种植植物的定点、放线应在挖穴、槽前进行；

（2）更换种植土和施肥应在挖穴、槽后进行；

（3）草坪和花卉的整地应在播种或花苗（含球根）种植前进行。

373. 对绿化工程竣工验收时间有哪些规定?

（1）新种植的乔木、灌木、攀缘植物应在一个年生长周期满后验收；

（2）地被植物应在当年成活后，郁闭度达到80％以上进行验收；

（3）花坛种植的一、二年生花卉及观叶植物应在种植15d后进行验收；

（4）春季种植的宿根花卉、球根花卉应在当年发芽出土后进行验收；秋季种植的应在第二年春季发芽出土后验收。

374. 绿化工程验收有哪些质量要求?

（1）乔、灌木的成活率应达到95％以上；珍贵树种和孤植树应保证成活；

（2）强酸性土、强碱性土及干旱地区，各类树木成活率不应低于85％；

（3）花卉种植地应无杂草、无枯黄，各种花卉生长茂盛，种植成活率应达到95％；

（4）草坪无杂草、无枯黄，种植覆盖率应达到95％；

（5）绿地整洁，表面平整；

（6）种植的植物材料的整形修剪应符合设计要求；

（7）绿地附属设施工程的质量验收应符合《建筑工程施工质量验收统一标准》GB 50300—2013 及相关专业验收规范的规定。

第 六 章
建 筑 节 能 监 理

第一节　建筑节能基本知识

375. 什么是"能源"?

能源亦称能量资源或能源资源。是指可产生各种能量（如热量、电能、光能和机械能等）或可作功的物质的统称，是指能够直接取得或者通过加工、转换而取得有用能的各种资源，包括煤炭、原油、天然气、煤层气、水能、核能、风能、太阳能、地热能、生物质能等一次能源和电力、热力、成品油等二次能源，以及其他新能源和可再生能源。

376. 什么是"建筑节能"? 我国建筑节能改革进程如何?

建筑节能是指在建筑物的规划、设计、新建（改建、扩建）改造和使用过程中，执行节能标准，采用节能型的技术、工艺、设备、材料和产品，提高保温隔热性能和采暖供热、空调制冷制热系统效率，加强建筑物用能系统的运行管理，利用可再生能源，在保证室内热环境质量的前提下，减少供热、空调制冷制热、照明、热水供应的能耗。

我国是能源消耗大国，其中建筑能源消耗占 25% 以上，为了降低能源消耗，国家进行了三次节能改革。第一次节能改革将建筑节能提高到 35%，第二次节能改革将建筑节能由 35% 提高到 50%，第三次节能改革是将建筑节能由 50% 提高到 65%。

377. 什么是绿色建筑和绿色施工？

绿色建筑是指在建筑的全寿命周期内，最大限度地节约资源（节能、节地、节水、节材）、保护环境、减少污染，为人们提供健康、适用和高效的空间，与自然和谐共生的建筑。绿色施工是指工程建设中，在保证质量、安全等基本要求的前提下，通过科学管理和技术进步，最大限度地节约资源和减少对环境负面影响的施工活动，实现四节一环保（节能、节地、节水、节材，环境保护）。

378. 什么是建筑物体形系数 (S)？

建筑物与室外大气接触的外表面积与其所包围的体积的比值。体形系数越大，即向外传热的围护结构面积越大。

379. 什么是窗墙面积比？

某一朝向的外窗总面积与同朝向墙面总面积（包括窗面积在内）之比。

380. 什么是热桥？建筑物哪些部位容易产生热桥？

建筑围护结构中的一些部位，在室内外温差的作用下，形成热流相对密集的内表面温度较低的部位。这些部位成为传热较多的桥梁，故称为热桥，有时又可称为冷桥。

建筑物容易产生热桥的部位：

（1）平窗窗口部位：窗上过梁保温效果不好。窗安装在主体围护结构中间，侧壁未做保温。窗与四周墙体间发泡胶或密封胶打得不严；

（2）飘窗部位：保温层设计厚度不够，窗与四周墙间密封不严；

（3）阳台和阳台窗：保温层厚度不够。窗与四周墙间密封不严。窗台混凝土挑板未保温，使用的混凝土装饰造型未做保温；

（4）阁楼和老虎窗：造型复杂，保温不闭合，窗与墙密封不严实。保温层厚度不够，保温质量差。

（5）挑檐、檐口部位：挑檐部位未设计延伸保温。檐口部位保温层不闭合。保温施工质量有问题；

（6）女儿墙部位：女儿墙部位保温层高度设计不够，女儿墙内侧未做保温。女儿墙内侧与屋面保温不闭合；

（7）圈梁、构造柱部位：保温层设计厚度不够。混凝土胀模造成保温层厚度减薄；

（8）落水管及穿墙管部位：施工方法不正确，打孔或施工后周边密封不严；

（9）结构伸缩缝部位：伸缩缝两侧的墙体间未保温，或保温施工方案存在问题。

381. 什么是导热系数（λ）？什么是围护结构传热系数（K）？

导热系数（λ）是指稳定传热条件下，1m 厚的物体，两侧表面温差为 1℃，1h 内通过 1m^2 面积传递的热量，单位：W/（m·K）。

围护结构传热系数（K）是指稳定传热条件下围护结构两侧空气温差为 1℃，在 1h 内通过 1m^2 面积传递的热量，单位：W/（m^2·K）。

382.《建筑节能工程施工质量验收规范》GB 50411—2007 主要有哪些技术内容？

（1）完善了验收体系，将节能工程定位为分部工程，纳入工程总体验收；

（2）着力过程控制，强化进场材料把关。规定节能材料和涉及安全的材料应当实施进场复验，并应当实施 100％见证取样和送检；

（3）重视工程安全，多项条款中都对安全性能提出明确要求，如保温材料的耐火性、保温板材的粘结牢固、锚固件的拉拔力、材料的粘接强度和抗冻性能等；

（4）加强隐蔽工程验收，规定隐蔽工程验收时要有详细的文字记录和必要的图像资料；

（5）严格控制设计变更，防止利用设计变更降低节能效果；要求涉及节能效果的设计变更，应经施工图审查机构审查；

（6）允许因地制宜选择施工方法和检验方法；

（7）详细列出了节能工程验收中的具体要求：如检验批和分项工程的划分、隐蔽工程、材料复验、验收条件、合格标准等，易于操作；

（8）规定的实体检验方法比较简便，在合格判定上采取"合理、适度"的原则，过程从严，实体检验适当放宽；

（9）按不同气候区分别提出验收要求。我国分为 5 个气候区（严寒、寒冷、夏热冬冷、夏热冬暖和温和地区），山西省绝大部分地区为寒冷地区。

383. 山西省新建建筑节能监督管理六项制度是什么？

设计专用章制度、建筑节能设计认定书制度、建筑节能技术（产品）认定制度、建筑节能专项验收制度、建筑能效评定制度、建筑节能信息公示制度。

384.《山西省民用建筑节能条例》规定监理单位的节能责任和法律责任有哪些？

《山西省民用建筑节能条例》第十八条规定：监理单位及其注册执业人员应当依法对民用建筑节能的施工情况实施监理，发现施工单位未按照民用建筑节能强制性标准和施工图设计文件要求施工的，应当责令其改正；施工单位拒不改正的，应当及时报告建设单位和有关主管部门。

监理单位的注册执业人员应当对进入施工现场的墙体材料、保温材料、门窗、采暖制冷系统和照明设备等进行查验。未经查验或者经查验不符合施工图设计文件要求和产品质量标准的，监理单位的注册执业人员不得签字，施工单位不得使用。

第五十一条规定：违反本条例规定，监理单位发现施工单位未按照民用建筑节能强制性标准和施工图设计文件要求进行施工，不予制止或者制止无效未报告建设单位和有关主管部门的，由县级以上人民政府建设主管部门责令限期改正；逾期未改正的，处10万元以上30万元以下罚款；造成损失的，依法承担赔偿责任。

第五十四条规定：设计单位、施工图设计文件审查机构、施工单位、监理单位和房地产开发企业违反本条例规定，情节严重的，由本省颁发证书的主管部门依法降低资质等级或者吊销资质证书；资质证书由国家或者其他省、自治区、直辖市有关主管部门颁发的，由省人民政府建设主管部门建议其依法处理。

第五十五条规定：违反本条例规定，注册执业人员未执行民用建筑节能强制性标准的，由县级以上建设主管部门依法责令停止执业3个月以上1年以下；情节严重的，由本省颁发证书的主管部门依法吊销执业资格证书，5年内不予注册。执业资格证书由国家或者其他省、自治区、直辖市有关主管部门颁发的，由省人民政府建设主管部门建议其依法处理。

第二节 建筑节能监理工作

385. 建筑节能实施基本程序是什么？

（1）建设单位应当按照建筑节能标准要求，委托工程项目的设计，并不得以任何理由降低节能技术标准；

（2）设计单位应当依据建筑节能标准和有关规定进行设计，在提供的施工图设计文件中，设"建筑节能专篇"，并加盖单位节能章；

（3）施工图审查机构，要严格按照建筑节能设计标准进行审查，不符合建筑节能强制性标准的，审查结论应当定为不合格；

（4）施工单位应当按照审查合格的设计图纸进行施工，保证工程施工质量；

（5）监理单位应当按照节能技术法规、标准、设计文件实施监理；

（6）节能建筑在竣工验收前，建设单位按规定组织设计、施工、监理等有关单位进行节能专项验收，合格后报主管部门备案，并申请办理《建筑节能评定书》及《山西省建筑节能标牌》。

386. 建筑节能监理的职责是什么？

建筑节能监理的职责：

（1）严格按照节能的法律、法规和工程建设强制性标准以及节能设计文件对工程项目实施节能监理；

（2）对违反规定擅自变更节能设计文件、未按节能设计进行施工、选用未经标识的节能材料、设备和技术的，监理工程师不得在质量、技术文件上签字并应及时向节能管理部门报告；

（3）在编制监理规划中，应包括建筑节能施工监理的专项内容；

（4）应制定符合建筑节能特点的监理实施细则，对不符合建筑节能标准的行为要坚决制止；

（5）在竣工验收工程质量评估报告中，应明确建筑节能标准的实施情况，把节能施工质量作为专项评估内容。

387. 建筑节能工程在施工阶段应重点对哪些环节实施监理？

施工阶段对建筑节能的监理主要有 4 个环节，即：施工图中有关节能内容的审查及节能变更、节能材料进场验收、节能施工质量过程控制和节能分部工程验收。

（1）施工图中有关节能内容的审查及节能变更审查，应查验工程施工所依据的节能设计图纸是否经过施工图审查机构审查，节能设计变更是否经过施工图审查机构同意；

（2）节能材料进场验收，主要有三个方面：外观检查、质量证明核查和进场材料抽样复验；

（3）节能施工质量过程控制的方法主要有：一是监督施工单位按照审查批准的施工方案施工，施工质量应达到设计要求和标准规定；二是应加强隐蔽工程验收和检验批（分项）质量验收；

（4）节能验收应该进行检验批（分项）工程验收，在分部工程验收前应进行节能工程实体检验，实体检验的内容包括墙体节能构造钻芯检验、外窗气密性现场检验和设备专业的9项实体检验内容，检验合格后方可进行节能分部工程验收。

388. 建筑节能工程使用的材料、设备应遵守哪些规定？

（1）对材料和设备的品种、规格、包装、外观和尺寸等进行检查验收，并应经监理工程师（建设单位代表）确认，形成相应的验收记录；

（2）对材料和设备的质量证明文件进行核查，并应经监理工程师（建设单位代表）确认，纳入工程技术档案。进入施工现场用于节能工程的材料和设备均应具有出厂合格证、中文说明书及相关性能检测报告。定型产品和成套技术应有型式检验报告。进口材料和设备应按规定进行出入境商品检验；

（3）对材料和设备应按照《建筑节能工程施工质量验收规范》GB 50411—2007 附录 A 及各章的规定在施工现场抽样复验。复验应为见证取样送检。

389. 节能分部工程涉及的分项工程有哪些？

建筑节能工程有：墙体、幕墙、门窗、屋面、地面、采暖、通风与空调、空调与采暖系统的冷热源及管网、配电与照明、检测与控制10个分项工程，它们是相对独立的分项工程，贯穿于整个单位工程的施工中。节能分部工程是作为单独的一个分部进行评定的。

390. 工程变更若降低节能效果时，该做如何处理？

工程变更不得降低建筑节能效果。当工程变更涉及建筑节能效果时，应经原施工图设计审查机构审查，在实施前应办理工程变更手续，并应获得监理或建设单位的确认。

391. 节能工程施工"常见病"有哪些？

（1）图纸深度不够，部分图纸缺少细节，难以指导施工；

（2）未经施工图审查机构同意，擅自变更节能设计；

（3）节能材料复验的抽样地点不在施工现场，或复验结果不符合要求，或抽样的批次不足；

（4）节能材料的厚度、粘接强度，锚固件拉拔力等不符合设计要求；

（5）外窗现场气密性检测和墙体节能构造实体检验不符合验收规范的规定等。

第三节 墙体节能工程

392. 墙体节能工程施工应符合哪些要求？

（1）保温隔热材料的厚度必须符合设计要求；

（2）保温板材与基层及各构造之间的粘结或连接必须牢固，粘结强度和连接方式应符合设计要求。保温板材与基层的粘结强度应做现场拉拔试验；

（3）当采用保温浆料做外保温时，保温浆料厚超过 20mm 应分层施工。保温层与基层之间及各层之间的粘结必须牢固，不应脱层、空鼓和开裂。保温浆料应厚度均匀、接茬平顺；

（4）当墙体节能工程的保温层采用预埋或后置锚固件固定时，锚固件数量、位置、锚固深度和拉拔力应符合设计要求。后置锚固件应进行现场拉拔试验。

393. 建筑墙体保温主要包括哪几种？有什么优点及不足？

墙体保温主要包括外墙内保温，外墙自保温和外墙外保温三种，在实际应用中各有利弊。

外墙内保温系统即保温材料置于外墙内侧，一般采用聚苯板，技术相对比较成熟。其优点是施工简便，受气候影响小，造价相对低，外立面自由度大。这项技术的缺点是饰面层易开裂、不便二次装修、占用室内使用空间。热损失相对较大。

墙体自保温系统是通过加气混凝土砌块等墙体材料本身提高隔热性能，其原理就像发面包一样，里面有一个个小孔，这些材料重量较轻，保温性能也比较好，适合应用在框架结构建筑中。值得一提的是，由于自保温材料强度比较低，且对应环节要求较高，可能会出现墙体开裂的现象。

外墙外保温系统即保温材料处于外墙的外侧，由于其具有保温隔热性能优良、保护主体结构、不占室内使用面积、不影响室内装修、综合经济效益高等优点被建设部和有关专家建议广泛使用。

394. 什么是外墙外保温系统？

外墙外保温系统是指保温系统位于建筑外侧的保温体系。可以采用现场逐层施工，也可采用工厂预制、现场装配的方法进行施工。目前比较广泛使用的是现场逐层施工的方法。它的主要功能是：

（1）提高原结构墙体的保温隔热性能，使复合墙体的传热系数和热惰性指标满足节能设计或节能标准的要求。降低建筑物采暖和空调能耗，减少对环境的污染，提高居民的居住舒适度；

（2）保护原结构墙体，使之免遭室外大气中温湿度反复变化的影响，避免室外紫外线辐射、酸雨、腐蚀、雨雪水渗透等有害作用的破坏，以提高建筑物的使用寿命。

因为外墙外保温系统包覆在建筑物的外侧，故还应具备以下条件：

1）带外饰面的外保温系统同原结构墙体（尤其在高层建筑

中）必须有牢固的连接，在自重、风压作用下不脱落。经受室外大气温度变化而保持稳定。在强烈地震或火灾发生时，不给居民或消防人员带来次生伤害；

2）不得妨碍水蒸气的正常渗透；

3）外保温系统及其组成材料应具有足够的耐久性，在正常使用和正确维护的前提下，外保温系统的使用寿命不低于 25 年。

395. 外墙外保温系统施工的质量控制要点是什么？

（1）玻纤搭接宽度不应小于 50mm，阴阳角处大于 150mm；

（2）建筑物首层外保温应在阳角处双层网格布之间设置专用金属护角，护角高为 2m；

（3）门窗洞口等处的处理，应沿 45°方向提前增贴一道玻纤网（300mm×400mm）加强；

（4）首层墙面应铺贴双层玻纤网，第一层应采用对接方法，然后进行第二层网格布的铺贴，两层网布之间抹面胶浆应饱满，严禁干贴。

396. 实际工程中，外墙外保温墙面产生裂缝的原因有哪些？

（1）由于保温层和石棉层温差和干缩变形造成的，保温板未经过规定的陈化期（在自然条件下陈化 42d，或在 60℃蒸汽中陈化 5d）直接使用，使用一段时间后由于自身收缩变形，从而造成抗裂砂浆产生龟裂，带动涂料饰面龟裂；

（2）玻纤网抗拉强度（系统抗拉强度不小于 0.11MPa）不够或玻纤网（玻纤网耐碱强度保持率不小于 50%。耐碱断裂强力不小于 75N/50mm）耐碱强度保持率低或施工中玻纤网搭接位置有误，减弱了抗裂砂浆和涂料系统整体的抗裂性能而容易造成涂层龟裂；

（3）聚合物砂浆、腻子柔性、强度不相适应，有机材料耐老化指标低，不能够适应外墙外保温系统的应力；

（4）窗户部分容易形成热桥，热胀冷缩容易导致变形，形成裂纹；

（5）用于固定保温板及玻纤网的锚栓，锚固处也容易出现裂纹，原因是砂浆收缩变形时容易产生应力重新分布，在锚栓处不易扩散导致裂纹；

（6）使用薄抹灰抗裂砂浆抹得太厚，超过 5mm，容易龟裂而带动涂料龟裂。

397. 施工中对墙体节能材料有什么要求？

（1）墙体节能工程使用的保温隔热材料，其导热系数、密度、抗压强度或压缩强度、燃烧性能应符合设计要求；

（2）墙体节能材料应按品种、强度等级分别堆放及设置标识，应有防火、防水、防潮及排水等保护措施，必须具备产品合格证书和出厂检测报告，标明生产日期、型号、批量、强度等级和质量指标。进场后应对主要材料的主要性能进行复检；

（3）保温砌块砌筑的墙体，应采用具有保温功能的砂浆砌筑，砌筑砂浆的强度等级应符合设计要求。块体节能材料进场必须提供放射性指标检测报告。块体节能砌筑前应有足够的存放时间。

398. 墙体节能工程应对哪些部位或内容进行隐蔽工程验收？

（1）保温层附着的基层及其表面处理；

（2）保温板粘结或固定；

（3）锚固件；

（4）增强网铺设；

（5）墙体热桥部位处理；

（6）预制保温板或预制保温墙板的板缝及构造节点；

（7）现场喷涂或浇注有机类保温材料的界面；

（8）被封闭的保温材料厚度；

（9）保温隔热砌块填充墙体。

399. 对墙体节能工程采用的保温材料和粘结材料等进场时进行复验的具体指标是什么？

（1）保温材料的阻燃性、导热系数、密度、抗压强度或压缩强度；

（2）粘结材料的粘结强度；

（3）增强网的力学性能，抗腐蚀复验报告。

检验方法：随机抽样送检，检查复验报告。

检查数量：同一厂家同一品种的产品，当单位工程建筑面积在 2000m² 以下时各抽查不少于 3 次，当单位工程建筑面积在 2000m² 以上时各抽查不少于 6 次。

400. 墙体节能工程各类饰面层的基层及面层施工应符合哪些规定？

应符合设计和《建筑装饰装修工程质量验收规范》GB 50210 的要求，并应符合下列规定：

（1）饰面层施工的基层应无脱落、空鼓和裂缝，基层应平整、洁净，含水率应符合饰面层施工的要求；

（2）外墙外保温工程不宜采用粘贴饰面砖做饰面层。当采用时，其安全与耐久性必须符合设计要求。饰面砖应做粘结强度检测试验，试验结果应符合设计和有关标准的规定；

（3）外墙外保温工程的饰面层不得渗漏。当外墙外保温工程的饰面层采用饰面板开缝安装时，保温层表面应具有防水功能或采用其他防水措施；

（4）外墙外保温层及饰面层与其他部位交接的收口处，应采取密封措施。

检验方法：观察检查。核查试验报告和隐蔽工程验收记录。

检查数量：全数检查。

401. 保温浆料、EPS 板、XPS 板应知道的主要技术指标有哪些？

（1）EPS 板密度 18～22kg/m³，导热系数不大于 0.04W/

（m·K），软化系数不小于 0.5。胶粘剂抹面胶浆与 EPS 板粘结强度不小于 0.01MPa；

（2）保温浆料密度 180～250kg/m³，导热系数不大于 0.06W/（m·K）；

（3）XPS 板密度 25～32kg/m³，导热系数不大于 0.03W/（m·K），压缩强度 150～250kPa。胶粘剂抹面胶浆与 XPS 板粘结强度不小于 0.25MPa。

402. 民用建筑外保温及外墙装饰防火有何主要规定？

公安部、住房和城乡建设部 2009 年 9 月 25 日联合印发《民用建筑外墙保温系统及外墙装饰防火暂行规定》（公通字［2009］46 号）之后，国务院于 2011 年 12 月 30 日发布了《关于加强和改进消防工作的意见》（国发［2011］46 号）、住房和城乡建设部于 2012 年 2 月 10 日又发出《关于贯彻落实国务院关于加强和改进消防工作的意见的通知》（建科［2012］16 号）。现综述如下：

（1）认真学习、准确把握上述文件规定。总要求是：外保温材料一律不得使用易燃（B3）材料，严格限制使用可燃（B1、B2）材料。

（2）要严格执行《民用建筑外墙保温系统及外墙装饰防火暂行规定》中关于保温材料燃烧性能的规定，特别是采用 B1 和 B2 级保温材料时，应按照规定设置防火隔离带。

（3）保温材料的燃烧性能等级要符合标准规范要求，并应进行现场抽样检验。保温材料进场后，要远离火源。露天存放时，应采用不燃材料安全覆盖，或将保温材料涂抹防护层后再进入施工现场。严禁使用不符合国家现行标准规范规定以及没有产品标准的外墙保温材料。

（4）严格施工过程管理。各类节能保温工程要严格按照设计进行施工，按规定设置防火隔离带和防护层。动火作业要安排在节能保温施工作业之前，保温材料的施工要分区段进行，各区段应保持足够的防火间距。未涂抹防护层的保温材料的裸露施工高度不能超过 3 个楼层，并做到及时覆盖，减少保温材料的裸露面积和时间，减少火灾隐患。

（5）严格动火操作人员管理。动用明火必须实行严格的消防安全管理，动火部门和人员应当按照用火管理制度办理相应手续，电焊、气焊、电工等特种作业人员必须持证上岗。施工现场应配备灭火器材。动火作业前应对现场的可燃物进行清理，并安排动火监护人员进行现场监护；动火作业后，应检查现场，确认无火灾隐患后，动火操作人员方可离开。

（6）建筑外墙的装饰层，除采用涂料外，应采用不燃材料。当建筑外墙采用可燃保温材料时，不宜采用着火后易脱落的瓷砖等材料。

（7）《民用建筑外墙保温系统及外墙装饰防火暂行规定》对屋顶、金属夹心复合板材等材料以及保温施工工艺等还做出了多项规定，届时可查阅原文。

第四节　屋面和地面节能工程

403. 屋面保温隔热层有哪几种做法？质量控制要点是什么？

（1）板状材料保温层。保温材料厚度应符合设计要求，负偏差应为 5%，且不得大于 4mm，注意屋面热桥部位处理质量。

（2）纤维材料保温层。材料厚度符合设计要求，负偏差应为 4%，且不大于 3mm，热桥部位处理好，接缝应严密。

（3）喷涂硬泡聚氨酯保温层。所用原材料配合比和保温层厚度应符合设计要求，分遍喷涂粘结应牢固，注意热桥部位质量。

（4）现浇泡沫混凝土保温层。原材料质量及配合比应符合设计要求，并应精确计量，保温层厚度正负偏差为 5%，且不得大于 5mm，处理好热桥部位，不得有贯通性裂缝。

（5）种植隔热层。材料质量应符合设计要求，排水层应与排水系统连通，挡墙挡板泄水孔留置符合设计要求，且不得堵塞。控制排水层和过滤层施工质量，种植土厚度和自重应符合设计要求，种植土表面低于挡墙高度100mm。

（6）架空隔热层。架空隔热层制品质量应符合设计要求，非上人屋面砌体强度等级不应低于 MU7.5，上人屋面不应低于 MU10，混凝土强度等级不应低于 C20。板厚及配筋应符合设计要求，制品铺设应平整、稳固、缝隙勾填应密实。

（7）蓄水隔热层。蓄水池的所有孔洞应预留，所设置的给水管、排水层和溢水管均应在蓄水池混凝土施工前安装完毕，每个蓄水区的防水混凝土应一次浇筑完毕，不得留施工缝，防水混凝土的抗压强度和抗渗性能应符合设计要求。

404. 屋面保温隔热层施工应符合哪些规定？

（1）松散材料应分层敷设、按要求压实、表面平整、坡向正确；

（2）现场采用喷、浇、抹等工艺施工的保温层，其配合比应计量准确，搅拌均匀，分层连续施工，表面平整，坡向正确；

（3）板材应粘贴牢固、缝隙严密、平整。

检验方法：观察、尺量、称重检查。

检查数量：每 100m² 抽查一处，每处 10m²，整个屋面抽查不得少于 3 处。

405. 屋面保温隔热工程应对哪些部位进行隐蔽工程验收？

（1）基层；

（2）保温层的敷设方式、厚度，板材缝隙填充质量；

（3）屋面热桥部位；

（4）隔气层。

406. 屋面保温工程施工及验收时应查验哪些记录和资料？

（1）屋面保温材料、胶粘剂及其他材料的合格证（质量保证书）及产品性能检测报告；

（2）产品节能指标现场复试报告；

（3）保温层施工记录；

（4）保温层厚度、坡度和平整度等外观检查记录；

（5）隐蔽工程验收记录；

（6）屋面节能工程检验批、分项工程质量验收记录；

（7）其他必须提供的资料。

407. 地面节能工程应对哪些部位进行隐蔽工程验收？

（1）基层；

（2）被封闭的保温材料厚度；

（3）保温材料粘结；

（4）隔断热桥部位。

408. 地面节能分项工程检验批划分应符合哪些规定？

（1）检验批可按施工段或变形缝划分；

（2）当面积超过 $200m^2$ 时，每 $200m^2$ 可划分为一个检验批，不足 $200m^2$ 也为一个检验批；

（3）不同构造做法的地面节能工程应单独划分检验批。

第五节 幕墙和门窗节能工程

409. 幕墙工程施工中应对哪些隐蔽工程项目进行验收？

（1）预埋件或后置螺栓连接件；

（2）被封闭的保温材料厚度和保温材料的固定；

（3）幕墙周边与墙体的接缝处保温材料的填充；

（4）幕墙伸缩缝、沉降缝、防震缝及墙面转角节点；

（5）隔气层；

（6）热桥部位、断热节点；

（7）单元式幕墙板块间的接缝构造、单元式幕墙的封口节点；

（8）冷凝水收集和排放构造；

（9）幕墙的通风换气装置；

（10）隐框玻璃板的固定；

（11）幕墙防雷装置；

（12）幕墙防火构造。

410. 节能工程中有关玻璃幕墙的检测指标是什么？

（1）导热系数；

（2）遮阳系数。在给定条件下，玻璃、外窗或玻璃墙的太阳能总透射比，与相同条件下相同面积的标准玻璃（3mm 厚透明玻璃）的太阳能总透射比的比值；

（3）可见光透射比。采用人眼视见函数进行加权，标准光源透过玻璃、门窗或幕墙成为室内的可见光通量与投射到玻璃、门窗或幕墙上的可见光通量的比值；

（4）露点温度。在一定的压力和水蒸气含量条件下，空气达到饱和水蒸气状态时（相对湿度等于 100％）的温度。

411. 幕墙节能工程验收时应检查哪些文件和记录？

（1）幕墙工程施工图、结构计算书、设计说明及其他设计文件；

（2）建筑设计单位对幕墙工程的确认文件；

（3）幕墙工程所用各种材料、五金配件、构件及组件的产品合格证书、性能检测报告、进场验收记录和复验报告；

（4）幕墙工程所用硅酮结构胶的认定证书和抽查合格证明，进口硅酮结构胶的商检报告，国家指定检测机构出具的硅酮结构胶相容性和剥离、粘结性试验报告，石材用密封胶的耐污染性试验报告；

（5）后置埋件的现场拉拔强度检测报告；

（6）幕墙的抗风压性能、空气渗透性能、雨水渗透性能及平面变形性检测报告；

（7）打胶、养护环境的温度、湿度记录，双组分硅酮结构胶的混匀性试验记录及拉断试验记录；

（8）防雷装置检测记录；

（9）隐蔽工程验收记录；

（10）幕墙构件和组件的加工制作记录，幕墙安装施工记录；

（11）其他质量保证资料。

412. 建筑节能设计标准对门窗节能指标的要求有哪些？

门窗是建筑围护结构的重要组成部分，是建筑物外围开口部位，也是房屋室内与室外能量阻隔最薄弱的环节。不同地区，不同建筑，有不同的热工节能设计要求。对于夏热冬冷地区的热工节能设计，《夏热冬冷地区居住建筑节能设计标准》JGJ 134—2010 对不同朝向、不同窗墙面积比的外窗，规定了其传热系数。《公共建筑节能设计标准》GB 50189—2005 也对外窗传热系数和遮阳系数进行了规定。

《夏热冬冷地区居住建筑节能设计标准》JGJ 134—2010 规定：建筑物 1~6 层的外窗及敞开式阳台门的气密性等级，不应低于《建筑外门窗气密、水密、抗风压性能分级及检测方法》GB/T 7106—2008 规定的 4 级；7 层及 7 层以上的外窗及敞开式阳台门的气密性等级，不应低于该标准规定的 6 级。

413. 建筑外窗进入施工现场时，应按地区类别对哪些性能进行复验？

（1）严寒、寒冷地区：气密性、传热系数和中空玻璃露点；

（2）夏热冬冷地区：气密性、传热系数、玻璃遮阳系数、可见光透射比、中空玻璃露点；

（3）夏热冬暖地区：气密性、玻璃遮阳系数、可见光透射比、中空玻璃露点。

检验方法：随机抽样送检。核查复验报告。

检查数量：同一厂家、同一品种、同一类型的产品各抽查不少于3樘（件）。

山西绝大部分地区为寒冷地区，大同地区为严寒地区。

414. 幕墙装饰防火有何主要规定？

幕墙式建筑防火应符合下列规定：

（1）建筑高度大于等于24m的幕墙，保温材料的燃烧性能应为A级；

（2）建筑高度小于24m时，保温材料的燃烧性能应为A级或B1级。其中，当采用B1级保温材料时，每层应设置水平防火隔离带；

（3）保温材料应采用不燃材料作防护层。防护层应将保温材料完全覆盖。防护层厚度不应小于3mm；

（4）采用金属、石材等非透明幕墙结构的建筑，应设置基层墙体，其耐火极限应符合现行防火规范关于外墙耐火极限的有关规定；玻璃幕墙的窗间墙、窗槛墙、裙墙的耐火极限和防火构造应符合现行防火规范关于建筑幕墙的有关规定；

（5）基层墙体内部空腔及建筑幕墙与基层墙体、窗间墙、窗槛墙及裙墙之间的空间，应在每层楼板处采用防火封堵材料封堵；

（6）需要设置防火隔离带时，应沿楼板位置设置宽度不小于300mm的A级保温材料。防火隔离带与墙面应进行全面积粘贴；

第六节 安装节能工程

415. 为满足采暖工程节能要求，采暖系统安装应满足哪几项规定？

（1）采暖系统的制式应符合设计要求；

（2）散热设备、阀门、过滤器、温度计及仪表应按设计要求安装齐全，不能随意增减或更换；

（3）室内温度调控装置、热计量装置、水力平衡装置以及热力入口装置的安装位置和方向应符合设计要求，便于观察操作和调试；

（4）温度调控装置和热计量装置安装后，采暖系统应具备实行分户或分室（区）热量分摊和计量的功能。

416. 要符合通风与空调工程节能要求，送、排风系统，空调水系统的安装应满足什么规定？

（1）各系统的制式应符合设计要求；

（2）各种设备、自控阀门与仪表应按设计要求安装齐全，不得随意增减或更换；

（3）水系统各分支管路水力平衡装置、温控装置与仪表的安装位置、方向应符合设计要求，并便于观察、操作和调试；

（4）空调系统应能实现设计要求的分室（区）温度调控功能；对设计要求分栋、分区或分户（室）冷、热量计量的建筑物，空调系统应能实现相应的计量功能。

417. 空调与采暖系统冷热源设备和辅助设备及其管网系统的安装应符合哪些规定？

（1）管道系统的制式应符合设计要求；

（2）各种设备、自控阀门与仪表应按设计要求安装齐全，不得随意增减或更换；

（3）空调冷（热）水系统，应能实现设计要求的变流量或定流量运行；

（4）供热系统应能根据热负荷及室外温度变化实现设计要求的集中质调节、量调节或质量调节相结合的运行。

418. 建筑照明工程节能要求有什么规定？

（1）建筑照明工程节能施工质量验收应符合《建筑节能工程施工质量验收规范》GB 50411—2007 及《建筑电气照明装置施工与验收规范》GB 50617—2010 的有关规定；

（2）照明光源、灯具及附属装置的选择必须符合设计要求，进场验收时对技术性能进行检查，并经监理工程师核查认可，形成相应的验收、核查记录。质量证明文件和相关技术资料齐全，并应符合国家现行有关技术标准和规定。

419. 监测与控制节能工程监理质量控制要点是什么？

监测与控制系统的施工质量控制和验收应同时执行《智能建筑工程质量验收规范》GB 50339—2003 和《建筑节能工程施工质量验收规范》GB 50411—2007。监理应注意以下几点：

（1）节能监控系统主要包括：采暖、通风与空调和配电与照明所采用的监测与控制系统，能耗计量系统以及建筑能源管理系统。

（2）施工单位应对施工图设计能否满足节能要求进行复核。监理应审图并参加图纸会审。

（3）施工单位应依据设计文件制定系统控制流程图和节能工程施工验收大纲。

（4）工程实施过程应按规定做好施工质量控制，安装完成后应对监控系统进行不少于 168h 的不间断试运行。对不具备试运行条件的，应对系统的节能监控功能进行模拟检测。各项功能检测标准应符合设计要求和规范规定。

420. 安装节能工程进场材料和设备的复验项目有哪些？

对安装节能的四个分项工程中均有要求：

（1）采暖节能分项工程：

1）散热器的单位散热量、金属热强度；

2）保温材料的导热系数、密度、吸水率。

（2）通风与空调节能分项工程：

1）风机盘管机组的供冷量、供热量、风量、出口静压、噪声及功率；

2）绝热材料的导热系数、密度、吸水率。

（3）空调与采暖系统冷、热源及管网节能分项工程：绝热材料的导热系数、密度、吸水率。

（4）配电与照明节能分项工程：电缆、电线截面和每芯导体电阻值。

421. 安装节能工程对其试运转和调试有何要求？

安装节能各分项工程安装完毕后，均应进行系统试运转和调试，具体要求是：

（1）采暖系统：应在采暖期内与热源进行联合试运转和调试，其结果应使采暖房间温度相对于设计值不得低于 2℃，且不得高于 1℃。

（2）通风与空调系统：应进行通风机和空调机组等设备的单机试运转和调试，并应进行系统风量平衡调试。其结果应符合设计要求，系统的总风量允许偏差不应大于 10%，风口风量允许偏差不应大于 15%。

（3）空调与采暖的冷热源和管网系统：应进行单机试运转及调试；必须同建筑物室内空调或采暖系统进行联合试运转及调试，其六个检测项目的检测结果应符合节能验收规范的规定。

（4）配电与照明系统：应对低压配电系统进行调试，并对其电源质量的四项指标进行检测；在通电试运行中，应测试照明系统的照度和功率密度值。

（5）监测与控制系统：安装完毕后，均应按规范要求，对各系统进行功能检测。

第七节　节 能 工 程 验 收

422. 节能工程验收的程序和组织是什么？

《建筑节能工程施工质量验收规范》GB 50411—2007 将节能工程确定为一个分部工程，其验收的程序和组织与其他分部工程相同，即按照《建筑工程施工质量验收统一标准》GB 50300—2013 的规定组织验收：

（1）节能工程的检验批验收和隐蔽工程验收，应由监理工程师组织施工单位相关专业的质量员、施工员（工长）共同验收；

节能验收规范规定，节能工程也可直接按分项工程进行验收，此时分项工程应遵照检验批验收的要求，按照主控项目和一般项目验收。

（2）节能分项工程验收应由监理工程师组织，施工单位项目技术负责人和相关专业的质量员、施工员（工长）参加；必要时可邀请设计单位相关专业人员参加；

（3）节能分部工程验收应由总监理工程师（建设单位项目负责人）组织，施工单位项目经理、项目技术负责人和相关专业的质量检查员、施工员参加；施工单位的质量或技术负责人应参加；设计单位节能设计人员应参加。

423. 节能工程的工程实体质量与使用功能的检测内容是什么？

节能工程的工程实体质量与使用功能检测项目应依据国家现行相关标准、设计文件及合同要求确定，主要内容应包括实体质量及使用功能等 2 类，检测项目、主要检测参数和取样依据按《建筑节能工程施工质量验收规范》GB 50411—2007、《建筑外窗气密性能分级及检测方法》GB/T 7107—2002、《建筑外窗气密、水密、抗风压性能现场检测方法》JB211—2007 的有关规定确定。节能工程的实体质量与使用功能检测项目、主要检测参数和取样依据，见表6-1。

节能工程的工程实体质量与使用功能检测项目、
主要检测参数和取样依据　　　　　表6-1

序号	类别	检测项目	主要检测参数	取样依据	备注
1	实体质量	外窗气密性能	1.10Pa下：单位缝长每小时渗透量 单位面积每小时渗透量 2.－10Pa下：单位缝长每小时渗透量 单位面积每小时渗透量	《建筑节能工程施工质量验收规范》GB 50411—2007《建筑外窗气密性能分级及检测方法》GB/T 7107—2002《建筑外窗气密、水密、抗风压性能现场检测方法》JB 211—2007	（适用于严寒、寒冷、夏热冬冷地区）
		外墙节能构造	保温层厚度、保温材料的种类、保温层构造做法	《建筑节能工程施工质量验收规范》GB 50411—2007	
2	使用功能	系统节能性能	室内温度		
			供热系统室外管网的水力平衡度		
			供热系统的补水率		
			室外管网热输送效率		
			各风口的风量		
			通风与空调系统的总风量		
			空调机组的水流量		
			空调系统冷热水、冷却水总流量		
			平均照度与照明功率密度		

424. 建筑节能工程主要有哪些现场检验要求?

《建筑节能工程施工质量验收规范》GB 50411—2007 第十四章，规定了建筑节能工程的现场检验要求：包括墙体节能构造的钻芯法检验、外窗气密性现场检验和设备专业的 9 项系统节能性能检测内容。

墙体节能构造的钻芯法检验：要求监理到场见证，与施工方共同商定检验的部位。每个工程的每种外墙节能构造做法，应至少抽取 3 个部位进行钻芯法检验。可采用 70mm 直径的空心钻，从墙体的保温层一侧钻取芯样，观察芯样的节能构造做法，量取芯样保温层厚度，判断其是否符合设计要求。并将芯样照片附在检验报告上。当出现不符合要求时，允许加倍取样再次检验，具体要求见《建筑节能工程施工质量验收规范》GB 50411—2007。

外窗气密性现场检验，可采用便携式外窗三性检测仪在现场进行。依据行业标准《建筑外窗气密、水密、抗风压性能现场检测方法》JG/T 211—2007 检测。

设备专业的 9 项系统节能性能检测内容，见《建筑节能工程施工质量验收规范》GB 50411—2007 第 14.2 节。

425. 节能现场实体检验应遵守哪些规定?

外墙节能构造和外窗气密性的现场实体检验，其抽样数量可以在合同中约定，但合同中约定的抽样数量不应低于《建筑节能工程施工质量验收规范》GB 50411—2007 的要求。当无合同约定时应按下列规定抽样。

（1）每个单位工程的外墙至少抽查 3 处，每处一个检查点。当一个单位工程外墙有 2 种以上节能保温做法时，每种节能做法的外墙应抽查不少于 3 处；

（2）每个单位工程的外窗至少抽查 3 樘，当一个单位工程外窗有 2 种以上品种、类型和开启方式时，每种品种、类型和开启方式的外窗应抽查不少于 3 樘。

426. 外墙节能构造或外窗气密性现场实体检验不合格时怎样处理?

当外墙节能构造或外窗气密性现场实体检验出现不符合设计要求和标准规定的情况时,应委托有资质的检测机构扩大一倍数量抽样,对不符合要求的项目或参数再次检验。仍然不符合要求时应给出"不符合设计要求"的结论。

对于不符合设计要求的围护结构节能构造应查找原因,对因此造成的建筑节能的影响程度进行计算或评估,采取技术措施予以弥补,消除后应重新进行检测,合格后方可通过验收。

对于建筑外窗气密性不符合设计要求和国家现行标准规定的,应查找原因进行修理,使其达到要求后重新进行检测,合格后方可通过验收。

427. 节能工程检验批验收的合格标准与其他检验批验收的合格标准有何不同?

节能工程检验批验收的条件、程序、划分和基本要求与其他检验批验收相同,但节能工程检验批的一般项目合格率由 80% 加严为 90%。节能工程检验批的合格标准具体如下:

(1) 检验批应按主控项目和一般项目验收;

(2) 主控项目应 100% 合格;

(3) 一般项目应合格。当采用计数检测时,至少应有 90% 以上的检查点合格,且其余检查点不得有严重缺陷;

(4) 应具有完整的施工操作依据和质量验收记录。

428. 如何判定建筑节能分部工程质量验收合格?

(1) 分项工程应全部合格;

(2) 质量控制资料应完整;

(3) 外墙节能构造现场实体检验结果应符合设计要求;

（4）严寒、寒冷和夏热冬冷地区的外窗气密性现场实体检测结果应合格；

（5）建筑设备工程系统节能性能检测结果应合格。

429. 建筑节能工程验收时应对哪些资料进行核查？

（1）设计文件、图纸会审记录、设计变更和洽商；

（2）主要材料、设备和构件的质量证明文件、进场检验记录、进场核查记录、进场复验报告、见证试验报告；

（3）隐蔽工程验收记录和相关图像资料；

（4）分项工程质量验收记录。必要时应核查检验批验收记录；

（5）建筑围护结构节能构造现场实体检验记录；

（6）严寒、寒冷和夏热冬冷地区的外窗气密性现场检测报告；

（7）风管及系统严密性检验记录；

（8）现场组装的组合式空调机组的漏风量测试记录；

（9）设备单机试运转及调试记录；

（10）系统节能性能检验报告；

（11）其他对工程质量有影响的重要技术资料。

430. 山西省《民用建筑节能专项验收管理办法》（晋建科字 ［2007］207号）专项验收有何规定？

本办法所称建筑节能专项验收，是指民用建筑工程在单位工程竣工验收前，由建设单位负责组织设计、施工、监理、施工图审查、检测等工程参建主体，在对该工程项目有管辖权的建设行政主管部门监督下，对该工程建筑节能分部工程的实施情况和节能功能进行评定的活动。

建筑节能专项验收应当依据国家、省有关工程质量和建筑节能的法律、法规、规章、相关技术标准及政策规定和工程设计、合同要求的内容进行。

监理单位应当制定完善的建筑节能专项监理方案及实施细则，对进入施工现场的节能材料、设备和构配件等的外观质量和规格、型号、技术参数、质量证明文件、认定标识及证书进行核查，并形成相应的验收记录；组织建筑节能工程的检验批、隐蔽工程和分项工程的验收，并应当有详细的文字记录和必要的图像资料。

单位工程竣工验收时，应当把建筑节能专项验收意见作为验收的重要依据。未进行建筑节能专项验收的，或建筑节能专项验收不合格的，建设单位不得组织实施单位工程竣工验收。

第八节　新　能　源　利　用

431. 什么是地源热泵系统工程？

以岩土体、地下水或地表水为低温热源，由水源热泵机组、热能交换系统，建筑物内系统组成的供热空调系统。根据地热能交换系统的不同形式，地源热泵系统分为地埋管地源热泵系统、地下水地源热泵系统和地表水地源热泵系统。

432. 地埋管换热系统施工监理要点有哪些？

(1) 地埋管换热系统施工前应具有埋管区域的工程勘察资料、设计文件和施工图；认真审核施工组织设计是否符合现场的实际条件，是否切实可行；

(2) 地埋管换热系统施工前应了解埋管场地内已有管线及其他地下构筑物的准确位置；

(3) 地埋管管道应用热熔或电熔法连接，施工应符合现行规范《埋地聚乙烯给水管道工程技术规程》CJJ 101—2004 的有关规定；

(4) 竖直地埋管换热器的 U 形弯管接头，宜选用定型的 U 型弯头成品件，不宜采用直管煨制弯头；

（5）水平地埋管换热器铺设前，沟槽底应先铺设相当于管径厚度的细砂；

（6）竖直地埋管换热器 U 型管安装，应在孔壁固化后立即进行；

（7）地埋管换热器在安装前后均应进行冲洗；

（8）当室外温度低于 0℃时，不宜进行地埋管换热器的施工；

（9）最终系统水压试验，应按《地源热泵系统技术规范》GB 50366—2005（2009 年版）施工。

433. 地下水换热系统的施工监理要点有哪些？

（1）热源井的施工队伍，应具有相应的施工资质；

（2）热源井施工应符合现行国家标准《供水管井技术规范》GB 50296—1999 要求；

（3）地源井在成井后要及时洗井。洗井结束后应进行抽水及回灌试验，其抽水及回灌量，必须满足设计要求；

（4）抽水试验应稳定延续 12h，出水量应满足设计要求，水位降深不大于 5m；回灌试验应稳定在 36h 以上，回灌量应大于设计回灌量；

（5）抽水试验结束前应采集水样，进行水质测定和含沙量测定；

（6）地下水换热系统经验收，施工单位应提交成井报告；

（7）室外输水管网施工及验收应符合现行国家标准《给排水管道工程及验收规范》GB 50268—2008 的要求。

434. 地源热泵系统的建筑物内施工及验收的重点有哪些？

（1）水源热泵机组、附属设备、管道、管件及阀门的型号、规格、性能及技术参数等应符合设计要求，并具有产品合格证书、产品质量检验报告及产品使用说明书等文件；

（2）水源热泵机组及建筑物内的系统安装应符合国家标准《制冷设备、空气分离设备安装工程施工及验收规范》GB 50274—

2010、《通风与空调工程施工质量验收规范》GB 50243—2002、国家建筑标准图 06R115 的要求。

435. 地源热泵系统的整体运转、调试及验收有哪些要求？

（1）地源热泵交付使用前，应进行整体运转、调试与验收；

（2）整体运转与调试前应制定整体运转与调试方案，并应经专业监理工程审核签认；

（3）地源热泵系统整体运转与调试应符合下列规定：

1）地源热泵机组试运前应进行水系统及风系统的平衡调试，确定系统循环总流量，各分支流量及末端设备流量均达到设计要求；

2）水力平衡调试完成后，应进行水源热泵机组的运转，运行数据应达到设计要求；

3）水源热泵机组试运转正常后，应进行连续 24h 的系统运转，并提出运转记录报告；

4）地源热泵系统进行整体验收前，应进行冬夏两季运行测试，并对地源热泵系统的实测性能做出评价。

436. 太阳能供热采暖工程施工监理要点有哪些？

（1）太阳能供热采暖系统的施工安装不得破坏建筑物结构、屋面、地面防水层和附属设施，不得削弱建筑物在寿命期内承受荷载的能力；

（2）太阳能供热采暖系统的安装应单独编制施工组织设计，并应包括与主体结构施工、设备安装、装饰装修等相关工种的协调施工方案和安全措施等内容；

（3）进场安装的太阳能供热采暖系统产品、配件、材料有产品合格证，其性能应符合设计要求；集热器应有性能检测报告；

（4）太阳能集热器的安装方位应符合设计要求并使用罗盘仪定位；

（5）太阳能集热系统管道施工安装应符合现行国家标准《建

筑给水排水及采暖工程施工质量验收规范》GB 50242—2002、
《通风与空调工程质量验收规范》GB 50243—2002 的规定；

（6）太阳能蓄热系统，用于制作贮热水箱的材质、规格应符
合设计要求；钢板焊接的贮热水箱的内外壁应按设计要求做防腐
处理，内壁的防腐涂料应卫生、无毒，能长期耐受所贮热水的最
高温度；

（7）控制系统中的全部电气设备和与电气设备相连接的金属
部件应做接地处理。电气接地装置的施工应符合《电气装置安装
工程接地装置施工及验收规范》GB 50169—2006；

（8）太阳能供热采暖工程安装完成后在投入使用前，应进行
系统调试。

437. 民用建筑太阳能热水系统施工监理的要点有哪些？

（1）太阳能热水系统的安装应单独编制施工组织设计，并应
包括与主体结构施工、设备安装、装饰装修的协调配合方案及安
全措施等内容；

（2）太阳能热水系统安装不应损坏建筑物结构；不应影响建
筑物在设计使用年限内承受各种荷载的能力；不应破坏屋面防水
层和建筑物的附属设施；

（3）太阳能热水系统的安装过程中，产品和物件的存放、搬
运、吊装不应碰撞和损坏；半成品应妥善保护；

（4）太阳能热水系统基座应与建筑主体结构连接牢固；

（5）在屋面结构层上现场施工的基座完成后应做防水处理，
并应符合现行国家标准《屋面工程质量验收规范》GB 50207—
2012 的要求；

（6）支承太阳能热水系统的钢结构支架应与建筑物电气接地
系统做可靠连接。

（7）集热器安装倾角和定位应符合设计要求。安装倾角为
±3°；贮水箱应与底座固定牢固；贮水箱的内箱应做电气接地
处理；

（8）贮水箱应在保温前做检漏试验，合格后方能进行保温。

438. 太阳能热水系统管路及电气系统的监理要点有哪些？

（1）管路系统安装应依据现行国家标准《建筑给排水及采暖工程施工质量验收规范》GB 50242—2002 及《压缩机、风机、泵安装工程施工及验收规范》GB 50275—2010 的相关规定的要求实施监理；

（2）安装室外的水泵，应采取防雨保护措施。严寒地区和寒冷地区必须采取防冻措施；

（3）电缆线路施工应符合现行国家标准《电气装置安装工程电缆线路施工及验收规范》GB 50168—2006 的相关要求；

（4）所有电气设备和电气设备相连接的金属部件应做接地处理，并符合《电气装置安装工程接地装置施工及验收规范》GB 50169—2006 的规定。

439. 太阳能热水系统调试阶段监控要点有哪些？

（1）系统安装工程完成后，在投入使用前，必须进行系统调试。具备使用条件时，系统调试应在竣工验收阶段进行；

（2）系统调试应包括单机或部件调试和系统联动调试；

（3）系统联动调试包括如下内容：

1）调整水泵控制阀门；

2）调整电磁控制阀门，其调整数值符合设计要求；

3）温度、温差、水位、光照、时间等控制仪的控制区间或控制点应符合设计要求；

4）调整各个分支回路的调节阀，各回路流量应平衡；

5）调试辅助能源加强系统，应与太阳能加热系统相匹配；

（4）系统联动调试完成后，系统应连续运行 72h，设备及主要部门的联动必须协调，动作正确，无异常现象。

440. 太阳能热水系统的验收工作有哪些要求？

（1）太阳能热水系统验收，可分分项工程验收和竣工验收两个阶段进行；

（2）太阳能热水系统验收前，应对安装施工阶段的隐蔽工程资料进行认真的审查，并形成完整的资料；

（3）太阳能热水系统完工后，施工单位自行组织有关人员进行检验评定，并向建设单位提交竣工验收申请报告，然后由建设单位负责组织设计、施工、监理等单位联合进行竣工验收。

441. 民用建筑太阳能光伏系统安装工程监理要点有哪些？

（1）新建建筑光伏系统的安装施工应纳入建筑设备安装施工组织设计，并制定相应的安装施工方案和采取特殊安全措施。

（2）施工安装人员应采取防触电措施，并符合下列规定：

1）应穿绝缘鞋，戴低压绝缘手套，使用绝缘工具。

2）当光伏系统安装位置上空有架空电线时，应采取保护和隔离措施。

（3）安装光伏组件或方阵的支架应设置基座，基座应与主体结构连接牢固。

（4）光伏组件上应标有带电警告标识，光伏组件强度应满足设计强度要求。在烟雾、寒冷、积雪等地区安装光伏组件时，应与产品生产厂协商制定合理的安装施工和运营维护方案。

（5）光伏系统的电气系统安装应符合下列有关规范：

1）电气装置安装应符合《建筑电气工程施工质量验收规范》GB 50303—2002 的有关规定；

2）电缆线路施工应符合《电气装置安装工程电缆线路施工及验收规范》GB 50168—2006 的相关要求；

3）电气系统接地应符合《电气装置安装工程接地装置施工及验收规范》GB 50169—2006 的有关要求；

（6）建筑工程验收前应对光伏系统进行调试和检测。

第七章
建设工程安全生产管理的监理工作

第一节　建设工程施工安全生产基本常识

442. 法律、法规规定的监理安全生产管理职责是什么？

《建筑法》第 45 条规定："施工现场安全由建筑施工企业负责。"但根据《建设工程安全生产管理条例》第 4 条"建设单位、勘察单位、设计单位、施工单位、工程监理单位及其他与建设工程安全生产有关的单位，必须遵守安全生产法律、法规的规定，保证建设工程安全生产，依法承担建设工程安全生产责任。"第 14 条"工程监理单位应当审查施工组织设计中的安全技术措施或者专项施工方案是否符合工程建设强制性标准。工程监理单位在实施监理过程中，发现存在安全事故隐患的，应当要求施工单位整改；情况严重的，应当要求施工单位暂时停止施工，并及时报告建设单位。施工单位拒不整改或者不停止施工的，工程监理单位应当及时向有关主管部门报告。工程监理单位和监理工程师应当按照法律、法规和工程建设强制性标准实施监理，并对建设工程安全生产承担监理责任"。为此，监理单位还应履行建设工程安全生产管理的法定职责，这是法规赋予监理单位的社会责任。

443. 履行建设工程安全生产法定监理职责基本工作方法和手段有哪些？

（1）审查校验
对施工单位报送的安全生产管理文件和资料进行审查校验。

（2）巡视

监理通过日常对施工现场进行巡视，随时发现问题并及时按规定进行处置。

（3）检查

1）监理参加由施工单位组织的定期安全检查。

2）监理参加由总包施工单位组织（或由监理组织）的有针对性的安全专项检查。

（4）告知

监理对于需要与有关方进行协商、交流或提示、建议、要求时，可通过口头或工作联系单的形式，及时告知对方，以加强沟通。

（5）会议

1）监理例会。在定期召开的监理例会上，应汇报、分析、安排安全生产工作。

2）安全专题会议。施工现场发现安全问题，涉及较多单位，需要采取系统处理措施，可组织有关单位召开安全专题会议。

（6）指令

监理在施工现场发现安全隐患，可根据问题性质，及时向施工单位发出监理指令，主要是：

1）监理通知。签发《监理通知》，要求限期整改，并必须做出书面回复。

2）工程暂停令。发现紧急情况或重大安全隐患，总监可签发《工程暂停令》，要求局部或全部停工，限期整改，及时复查，合格后经批准方可复工。

（7）报告

1）施工现场发生安全事故，情况紧急时，监理可向上级主管部门直接报告。

2）施工单位拒不整改或拒不执行《工程暂停令》的，监理可向建设单位报告，必要时向上级主管部门报告。

3）针对现场安全生产状况，总监理工程师认为必要时，可编写专题报告，报建设单位或上级主管部门。

4）通过监理月报向建设单位定期报告安全生产情况。

（8）监理日志

对于施工现场安全生产状况、存在的安全问题及处理情况、监理进行的工作，应及时记入监理日志。

444. 建设工程安全管理的监理工作基本程序是什么？

建设工程安全管理的监理工作基本程序见图 7-1。

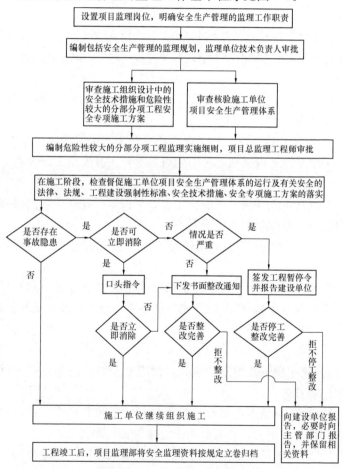

图 7-1 建设工程安全管理的监理工作基本程序

445. 安全技术措施及安全专项施工方案的报审程序是什么？

安全技术措施及安全专项施工方案的报审程序见图7-2。

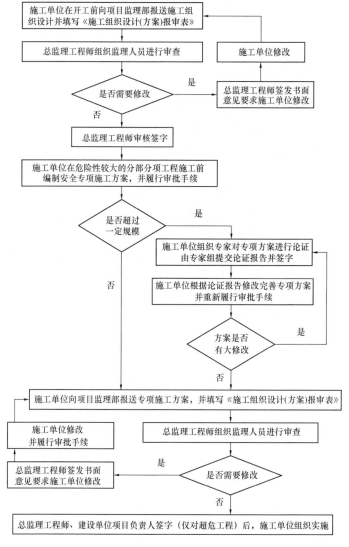

图7-2 安全技术措施及安全专项施工方案的报审程序

446. 安全生产管理的监理工作是什么？

（1）项目监理机构应根据法律法规、工程建设强制性标准，履行建设工程安全生产管理的监理职责，并将安全生产的监理工作内容、方法、措施纳入监理规划及监理实施细则。

（2）项目监理机构应审查施工单位现场安全生产规章制度的建立和实施情况，审查施工单位安全生产许可证及施工单位项目经理、专职安全生产管理人员和特种作业人员的资格，核查施工机械和设施的安全许可验收手续。

（3）项目监理机构应审查施工单位报审的施工组织设计中的安全技术措施及专项施工方案符合要求的，由总监理工程师签认后报建设单位。

专项方案审查应包括以下基本内容：

1）编审程序应符合相关规定；

2）安全技术措施应符合工程建设强制性标准。

（4）项目监理机构应审查达到一定规模危险性较大的分部分项工程的安全专项施工方案和安全计算书。对涉及深基坑、地下暗挖工程、高大模板支撑体系等的安全专项施工方案，还应检查施工单位组织的专家论证审查情况。

专项施工方案报审表应按《建设工程监理规范》GB/T 50319—2013 表 B. 0. 1 的要求填写。

（5）项目监理机构应要求施工单位按照已批准的专项施工方案组织施工，专项施工方案需要调整的，施工单位应按程序重新提交项目监理机构审查。

（6）项目监理机构应巡视检查危险性较大的分部分项工程安全专项施工方案实施情况，发现未按专项施工方案实施的，应签发监理通知，要求施工单位按照专项施工方案实施。

（7）项目监理机构在实施监理工程中，发现工程存在安全事故隐患的，应签发监理通知，要求施工单位整改；情况严重的，应签发工程暂停令，并及时报告建设单位；施工单位拒不整改或不停止施工的，应向主管部门报告。施工监理报告应按《建设工程监理规范》GB/T 50319—2013 表 A.0.4 的要求填写。

447. 如何识别危险源？注意事项有哪些？

危险源辨识是识别危险源的存在并确定其特性的过程。施工现场识别危险源的方法有专家调查法、安全检查表法、现场调查法、工作任务分析法、危险与可操作性研究、事件树分析、故障树分析等，其中现场调查法是主要采用的方法。

危险源识别注意事项：

（1）危险源的分布应包括施工现场内受到影响的全部人员、活动与场所，以及受到影响的毗邻社区等，也包括相关方（分包单位、供应单位、建设单位、监理单位等）的人员、活动与场所可能施加的影响；

（2）弄清危险源伤害的方式或途径；

（3）确认危险源伤害的范围；

（4）特别关注重大危险源，防止遗漏；

（5）对危险源保持高度警觉，持续进行动态识别；

（6）充分发挥施工现场所有人员对危险源识别的作用。

448. 事故等级如何划分？

国务院《生产安全事故报告和调查处理条例》第三条规定：根据生产安全事故造成的人员伤亡或者直接经济损失，事故一般分为：特别重大事故、重大事故、较大事故和一般事故。

（1）特别重大事故：是指造成 30 人以上死亡，或者 100 人以上重伤，或者 1 亿元以上直接经济损失的事故；

（2）重大事故：是指造成 10 人以上 30 人以下死亡，或者 50 人以上 100 人以下重伤，或者 5000 万元以上 1 亿元以下直接经济损失的事故；

（3）较大事故：是指造成 3 人以上 10 人以下死亡，或者 10 人以上 50 人以下重伤，或者 1000 万元以上 5000 万元以下的直接经济损失的事故；

（4）一般事故：是指造成 3 人以下死亡，或者 10 人以下重伤，或者 100 万元以上 1000 万元以下直接经济损失的事故。

本等级划分所称的"以上"包括本数，"以下"不包括本数。

449. 什么是建筑施工中的"七大伤害"？

（1）高处坠落。人员从临边、洞口，包括屋面边、楼板边、阳台边、预留洞口、电梯井口、楼梯口等处坠落；龙门架（井字架）物料提升机和塔吊在安装、拆除过程坠落；安装、拆除模板时坠落；结构和设备吊装时坠落。

（2）触电。经过或靠近施工现场的外电线路没有或缺少防护，在搭设脚手架、绑扎钢筋或起重吊装过程中，碰触这些线路造成触电；使用各类电气设备触电；因电线破皮、老化又无开关箱等触电。

（3）物体打击。人员受到同一垂直作业面的交叉作业中和通道口处坠落物体的打击。

（4）机械伤害。主要是垂直运输机械设备、吊装设备、各类桩机等对人的伤害。

（5）坍塌。主要是现浇混凝土梁、板的模板支撑失稳倒塌，基坑边坡失稳引起土石方坍塌，拆除工程中的坍塌，施工现场的围墙及在建工程屋面板质量低劣塌落。

（6）窒息中毒。

（7）火灾爆炸。

以上七类事故发生的主要部位就是建筑施工中的危险源。

450. 施工作业的"三宝"指什么？

"三宝"是指：安全帽、安全带、安全网。

451. 什么是施工现场的"四口"、"五临边"？

"四口"是指：在建工程的预留洞口、电梯井口、通道口、楼梯口；

"五临边"是指：在建工程的楼层临边、屋面临边、阳台临边、升降口临边、基坑临边。

第二节　施工准备阶段安全生产管理的监理工作

452. 监理细则（安全）的编制依据、主要内容和编制要求是什么？

编制依据：

（1）监理规划；

（2）工程建设强制性标准和设计文件；

（3）施工组织设计中的安全技术措施、专项施工方案和专家组评审意见。

主要内容：

（1）专业工程特点；

（2）监理工作流程；

（3）安全监理要点、检查方法和措施；

（4）监理人员工作安排及分工；

（5）检查记录表。

编制要求：

（1）安全监理实施细则应当根据实际情况及时进行修订、补充和完善；

（2）安全监理细则的编写人应当对项目监理部相关人员进行交底。

453. 审查施工组织设计安全生产方面的主要内容是什么？

（1）安全管理保证体系的组织机构，项目经理、专职安全生产管理人员的数量及安全生产管理培训合格证书；

（2）特种作业人员配备的人员数量及特种作业人员上岗证；

（3）施工安全生产责任制、安全管理规章制度、安全操作规程的制定情况；

（4）起重机械设备、施工机具和电器设备等施工设备是否符合规范要求；

（5）基坑、模板、脚手架工程、起重机械设备和整体提升脚手架拆装等专项施工方案是否符合规范要求；

（6）事故应急救援预案的制定情况；

（7）冬期、雨期等季节性施工方案的制定情况；

（8）施工总平面图是否合理，办公、宿舍、食堂等临时设施的设置以及施工现场场地、道路、排污、排水、防火措施是否符合有关安全技术标准规范和文明施工要求。

454. 哪些危险性较大的工程必须编写专项施工方案？

危险性较大的分部分项工程是指建筑工程在施工过程中存在的可能导致作业人员群死群伤或造成重大不良社会影响的分部、分项工程。

危险性较大分部、分项工程包括：

（1）基坑支护、降水工程

开挖深度超过 3m（含 3m）或虽未超过 3m 但地质条件和周边环境复杂的基坑（槽）支护、降水工程。

（2）土方开挖工程

开挖深度超过 3m（含 3m）的基坑（槽）的土方开挖工程。

（3）模板工程及支撑体系

1）各类工具式模板工程。包括大模板、滑模、爬模、飞模等工程。

2）混凝土模板支撑工程：搭设高度 5m 及以上；搭设跨度 10m 及以上；施工总荷载 $10kN/m^2$ 及以上；集中线荷载 $15kN/m$ 及以上；高度大于支撑水平投影宽度且相对独立无联系构件的混凝土模板支撑工程。

3）承重支撑体系。用于钢结构安装等满堂支撑体系。

（4）起重吊装及安装拆卸工程

1）采用非常规起重设备、方法，且单件起吊重量在10kN及以上的起重吊装工程。

2）采用起重机械进行安装的工程。

3）起重机械设备自身的安装、拆卸。

（5）脚手架工程

1）搭设高度24m及以上的落地式钢管脚手架工程。

2）附着式整体和分片提升脚手架工程。

3）悬挑式脚手架工程。

4）吊篮脚手架工程。

5）自制卸料平台、移动操作平台工程。

6）新型及异型脚手架工程。

（6）拆除、爆破工程

1）建筑物、构筑物拆除工程。

2）采用爆破拆除的工程。

（7）其他

1）建筑幕墙安装工程。

2）钢结构、网架和索膜结构安装工程。

3）人工挖扩孔桩工程。

4）地下暗挖、顶管及水下作业工程。

5）预应力工程。

6）采用新技术、新工艺、新材料、新设备及尚无相关技术标准的危险性较大的分部分项工程。

危险性较大的分部、分项工程，施工单位必须编制有针对性的专项施工方案。专项施工方案应由施工总包单位组织编写，施工单位技术部门组织本单位施工技术、安全、质量等部门的专业技术人员进行审核，审核合格后，施工单位技术负责人签字并报监理单位，由总监理工程师审核签字后方可实施。

455. 超过一定规模的危险性较大分部分项工程范围是什么？审批程序是什么？

超过一定规模的危险性较大的分部分项工程范围：

（1）深基坑工程

1）开挖深度超过 5m（含 5m）的基坑（槽）的土方开挖、支护、降水工程。

2）开挖深度虽未超过 5m，但地质条件、周围环境和地下管线复杂，或影响毗邻建筑（构筑）物安全的基坑（槽）的土方开挖、支护、降水工程。

（2）模板工程及支撑体系

1）工具式模板工程。包括滑模、爬模、飞模工程。

2）混凝土模板支撑工程：搭设高度 8m 及以上；搭设跨度 18m 及以上；施工总荷载 15kN/m² 及以上；集中线荷载 20kN/m 及以上。

3）承重支撑体系：用于钢结构安装等满堂支撑体系，承受单点集中荷载 700kg 以上。

（3）起重吊装及安装拆卸工程

1）采用非常规起重设备、方法，且单件起吊重量在 100kN 及以上的起重吊装工程。

2）起重量 300kN 及以上的起重设备安装工程；高度 200m 及以上内爬起重设备的拆除工程。

（4）脚手架工程

1）搭设高度 50m 及以上落地式钢管脚手架工程。

2）提升高度 150m 及以上附着式整体和分片提升脚手架工程。

3）架体高度 20m 及以上悬挑式脚手架工程。

（5）拆除、爆破工程

1）采用爆破拆除的工程。

2）码头、桥梁、高架、烟囱、水塔或拆除中容易引起有毒有害气（液）体或粉尘扩散、易燃易爆事故发生的特殊建筑物、构筑物的拆除工程。

3）可能影响行人、交通、电力设施、通信设施或其他建筑物、构筑物安全的拆除工程。

4）文物保护建筑、优秀历史建筑或历史文化风貌区控制范围的拆除工程。

（6）其他。

1）施工高度 50m 及以上的建筑幕墙安装工程。

2）跨度大于 36m 及以上的钢结构安装工程；跨度大于 60m 及以上的网架和索膜结构安装工程。

3）开挖深度超过 16m 的人工挖孔桩工程。

4）地下暗挖工程、顶管工程、水下作业工程。

5）采用新技术、新工艺、新材料、新设备及尚无相关技术标准的危险性较大的分部分项工程。

审批程序：

对于超过一定规模的危险性较大的分部分项工程的专项施工方案，应当由施工单位组织召开专家论证会。实行施工总承包的，由施工总承包单位组织召开专家论证会。专项方案经论证后，专家组应提交论证报告，对论证的内容提出明确意见，并在论证报告上签字。施工单位应根据论证报告修改完善专项施工方案，并经施工单位技术负责人、项目总监理工程师、建设单位项目负责人签字后，方可组织实施。

实行施工总承包的，应当由施工总承包单位、相关专业承包单位技术负责人签字。

专项方案经论证后需做重大修改的，施工单位应当按照论证报告修改，并重新组织专家进行论证。

456. 建筑工程开工的安全报建程序是什么？

《山西省建筑工程质量和建筑安全生产管理条例》第十四条规定：投资额在 30 万元以上或者建筑面积在 300m² 以上的建筑

工程，建设单位应当在领取施工许可证前，向工程项目所在市或者县（市、区）住房和城乡建设行政主管部门提出建筑工程质量、安全生产监督申请，住房和城乡建设行政主管部门应当自受理之日起十日内办理建筑工程质量、安全监督手续。

建设单位办理建筑工程质量、安全监督手续，应当提交建筑工程质量监督注册申报书、建筑工程安全监督注册申报书，并提供注册申报书中所要求的相关资料。

457. 建筑施工生产安全事故应急预案应包括哪些内容?

根据《建筑施工安全技术统一规范》GB 50870—2013 的规定，应急预案应包括下列内容:

（1）建筑施工中潜在的风险及其类别、危险程度;

（2）发生紧急情况时应急救援组织机构与人员职责分工、权限;

（3）应急救援设备、器材、物资的配置、选择、使用方法和调用程序;为保持其持续的适用性，对应急救援设备、器材、物资进行维护和定期检测的要求;

（4）应急救援技术措施的选择和采用;

（5）与企业内部相关职能部门以及外部（政府、消防、救援、医疗等）相关单位或部门的信息报告、联系方法;

（6）组织抢险急救、现场保护、人员撤离或疏散等活动的具体安排等。

458. 施工单位应制定哪些消防安全管理制度?

（1）消防安全教育与培训制度;

（2）可燃及易燃易爆危险品管理制度;

（3）用火、用电、用气管理制度;

（4）消防安全检查制度;

（5）应急预案演练制度。

第三节　施工阶段安全生产管理的监理工作

459. 有关基坑支护与降水工程现场监理包括哪些要点？

（1）审查施工单位编制的专项施工方案，重点审查方案是否完整可行。如施工平面布置详图（含周边环境状况），支护方案和降水方案是否合理（适合现场土层构造和地下水埋藏条件）等；

（2）结合工程特点和难度，采取的安全防护措施是否满足施工安全要求，如监测监控方案是否完整，应急预案是否具有针对性；

（3）支护结构和降水方法的计算和验算是否符合现行强制性标准；

（4）施工安全管理措施是否到位，如特种作业人员的资格、安全教育培训、过程验收手续、安全技术交底等。

460. 有关脚手架和模板支架原材的质量标准有哪些？

（1）脚手架支搭及所用的构件必须符合国家规范，脚手架钢管应采用现行国家标准《直缝电焊钢管》GB/T 13793 或《低压流体输送用焊接钢管》GB/T 3091 中规定的 Q235—A 级普通钢管。

钢管脚手架应用外径 48～51mm，壁厚 3～3.6mm，无严重锈蚀、弯曲、压扁或裂纹的钢管。脚手架每根钢管的最大质量不应大于 25.8kg，宜采用 ϕ48.3×3.6 钢管。

脚手架采用杉篙时，应采用小头有效直径不小于 80mm，无腐朽、折裂、枯节的杉篙，脚手架杆件不得钢木混搭。

（2）扣件式钢管脚手架应采用可锻铸铁制作的扣件，其材质应符合现行国家标准《钢管脚手架扣件》GB 15831 的规定。

（3）上碗扣、可调底座及可调托撑螺母应采用可锻铸铁或铸钢制造，其材料机械性能应符合现行国家标准《可锻铸铁件》GB 9440 中 KTH330—08 及《一般工程用铸造碳钢件》GB 11352 中 ZG 270—500 的有关规定。

下碗扣、横杆接头、斜杆接头应采用碳素铸钢制造，其材料机械性能应符合《一般工程用铸造碳钢件》GB 11352 中 ZG 230—450 的有关规定。

采用钢板热冲压整体成型的下碗扣，其钢板应符合《碳素结构钢》GB/T 700 中 Q235—A 级钢的规定，板材厚度不得小于 6mm，并经 600～650℃ 的时效处理。严禁利用废旧锈蚀钢板改制。

（4）悬挑脚手架的悬挑梁（架、桁架）及 U 形螺栓连接件，应符合现行国家标准《碳素结构钢》GB/T 700 中 Q235—A 级钢或《低合金高强度结构钢》GB/T 1591 的规定。

（5）钢丝绳应符合现行国家标准《钢丝绳》GB/T 8918 的规定。

（6）脚手板可采用钢、木、竹材料制作，每块质量不宜大于 30kg。

（7）安全网应符合国家标准《安全网》GB 5732 及《密目安全网》GB 16909 的规定。

461. 扣件式钢管脚手架的控制要点有哪些？

（1）24～50m 以下的脚手架，施工单位应编制专项施工方案，完善内部审批手续后，报监理审批。

（2）50m 以上的脚手架的专项施工方案，施工单位应组织专家论证，经修改完善后报监理审批。

（3）专项施工方案中，对立杆地基承载力、连接件和超过规范规定荷载或搭设规模的架体结构构件应进行设计计算，计算书应报监理审核。

（4）架体搭设材料、构配件进场应进行检查验收。

1）钢管、脚手板应符合规范规定；

2）扣件应有产品合格证，并应进行技术性能抽样复试，使用前应进行挑选，有裂缝、变形、螺栓滑扣的严禁使用。

（5）脚手架搭设过程应检查：

1）立杆地基、底座设置、杆件布置、剪刀撑、连接件、杆件、连接、防护措施等，应符合规范和专项施工方案的要求；

2）扣件螺栓拧紧扭力矩应在 $40\sim65\mathrm{N}\cdot\mathrm{m}$ 之间，应用扭矩扳手进行抽查。

（6）架体搭设应按规范规定分阶段进行检查验收。

（7）脚手架使用过程应注意检查：

1）架体构造及杆件不得随意拆改，特别是连接件、扫地杆、节点处纵、横向水平杆；

2）实际荷载不得超过设计规定，不得随意附加各类额外活荷载；

3）地基应无变化、无积水，底座无松动，立杆无悬空；

4）高度 24m 以上的双排、满堂脚手架、高度 20m 以上的满堂支撑架，其立杆沉降与垂直度应定期观测，偏差应符合规范规定；

5）扣件螺栓应无松动；

6）安全防护措施不得随意拆改。

462. 附着式升降脚手架的安全管理规定有哪些？

附着式升降脚手架的安全管理在《建筑施工工具式脚手架安全规范》JGJ 202—2010 中有明确规定。

（1）附着式升降脚手架必须是具有专业承包资质的单位自主研发、设计、制造，并经国务院建设行政主管部门组织鉴定（评估）或委托具有资格的单位进行认证，并在当地安监站进行登记备案，取得备案登记证书的产品。

（2）附着式脚手架必须由具备相应资质的专业队伍施工。总分包单位应签订专业承包合同，必须明确双方的安全生产责任，合同副本应报监理备查。

（3）专业施工单位应有资质证书，并取得安全生产许可证；专业技术人员、安全管理人员应有安全培训考核合格证；脚手架安装、升降、拆除等操作人员应有特种作业操作资格证。上述证件应报监理审核。

（4）脚手架设备进场时，总包单位应组织相关单位进行设备检查验收。设备应有鉴定或认证证书和备案证书；安全装置应齐全，并有型式检验报告。监理应审核上述证件的原件，留存复印件，应与实物相符。

（5）脚手架安装前，专业分包单位应编制安全专项施工方案，方案内容应符合《建筑施工工具式脚手架安全规范》JGJ 202—2010 的规定。方案超过 150m 的必须经过专家论证，方案完善相关审核、批准手续后，报监理审批。

（6）安装前，专业分包单位必须备好相关资料至少提前两个工作日告知当地安监站，上报资料应经监理审核。

（7）安装完成后，安装单位必须先行自检，并进行整机检测，然后由总包单位组织相关单位联合验收。

（8）验收合格后，专业分包单位持合格报告到当地安监站办理项目备案登记手续，取回登记证后，方可使用。

（9）附着式升降脚手架每次提升或下降前，应进行全面检查，符合要求后，方可操作。升降完成后，按规定进行联合检查验收。

463. 对高大模板支撑体系实施监控的主要内容是什么？

高大模板支撑体系是指建设工程施工现场混凝土构件模板支撑高度超过 8m，或搭设跨度超过 18m，或施工总荷载大于 15kN/m^2，或集中线荷载大于 20kN/m 的模板支撑系统。

（1）施工单位应依据国家现行相关标准、规范，由项目技术负责人组织相关专业技术人员，结合工程实际，编制高大模板支撑系统的专项施工方案。

（2）高大模板支撑系统专项施工方案，应先由施工单位技术部门组织本单位施工技术、安全、质量等部门的专业技术人员进行审核，经施工单位技术负责人签字后，再按照相关规定组织专家论证。

（3）施工单位根据专家组的论证报告，对专项施工方案进行修改完善，依次经施工单位技术负责人和监理审核签字后，报建设单位签字认可，方可组织实施。

（4）监理单位应编制安全监理实施细则。

（5）采用钢管扣件搭设高大模板支撑系统时，还应对扣件螺栓的紧固力矩进行抽查，抽查数量应符合《建筑施工扣件式钢管脚手架安全技术规范》JGJ 130—2010 的规定，对梁底扣件应进行 100％检查。

（6）高大模板支撑系统应在搭设完成后，由项目负责人组织验收，验收人员应包括施工单位和项目两级技术人员、项目安全、质量、施工人员、监理单位的总监和专业监理工程师。验收合格，经施工单位项目技术负责人及项目总监理工程师签字后，方可进入后续工序的施工。搭设前应向全体作业人员进行技术交底。

464. 大型设备的运输及吊装应注意哪些问题？

大型建筑安装设备的运输及吊装，要做到设备自身安全、建筑结构安全及施工人身安全。应注意如下事项：

（1）大型设备的吊装及运输，必须由施工单位编制专项施工方案，并经专业监理工程师审核；

（2）根据设计选定的设备自重及外形几何尺寸应符合现场的实际条件；

（3）设备运输及吊装所需预留安装孔及通道尺寸应满足运输及吊装需要；

（4）吊装点及拉绳锚固点的受力，应能确保安全；

（5）为确保设备运输及吊装安全而采取的建筑物结构临时加固措施，必须经原结构设计单位复核，确认其安全可靠；

（6）设备运输线路沿线建筑结构承载力能满足需要。

465. 洞口作业防护的工作内容有哪些？

（1）洞口防护设施做到定型化、工具化、固定严密：

1）边长在 10～25cm 的洞口用坚实的盖板盖设；

2）边长在 25～50cm 的洞口用竹木做盖板盖住洞口；

3）边长在 50～150cm 的洞口设置钢管连成网格，上铺竹笆或脚手板；

4）边长大于 150cm 洞口四周设防护栏杆，洞口设安全平网。

（2）低于 80cm 窗台、垃圾井道、管道井口、电梯井口等竖向洞口，如侧边落差大于 2m 的应加设 1.2m 高的防护栏。

（3）电梯井内每隔两层（≤10m）应设一道安全平网。

466. 临边作业防护的工作内容有哪些？

（1）防护栏杆由上下两道横杆及栏杆组成，横杆长度大于 2m 时，必须加设栏杆柱；

（2）防护栏杆须自上而下用安全网封闭，并在栏杆下边设高度不低于 18cm 的挡脚板；

（3）基坑四周栏杆柱可采用钢管打入地面 0.5～0.7m 深，离基坑边缘不小于 0.5m；

（4）临边外侧临街时除设防护栏杆外，敞口立面必须采取满挂密目安全网，作全封闭处理。

467. 交叉作业防护的工作内容有哪些？

（1）进行上下交叉立体作业时，不得在同一垂直方向上操作，否则应设安全防护层；

（2）结构施工自二层起，凡施工人员进出的通道口均应搭设安全防护棚；

（3）由于上方施工可能坠落物件或处于机械把杆回转半径范

围内的通道、临街道路必须搭设顶部能防止穿透的双层防护棚；

（4）拆除作业时要设安全警示标志，影响范围内不得有其他人员操作或停留；

（5）楼层边口、通道口、脚手架边缘等处严禁堆放任何拆除物。

468. 吊篮高处作业防护的工作内容有哪些？

吊篮高处作业防护的工作内容有：

（1）有施工方案，安拆人员持证上岗；

（2）吊篮所用索具和升降绳索应经过计算，安全系数不得小于 2；

（3）吊篮的挑梁锚固或配重等抗倾覆装置应可靠有效，满足 $M_{抗} \geqslant （1.2 \sim 1.5） M_{倾}$；

（4）操作人员系安全带，安全带不准挂在升降的钢丝绳上；

（5）吊篮内满铺脚手板，吊篮外侧和两端有安全防护设施（1.2m 高防护栏杆，18cm 高挡脚板，并有立网封闭）；

（6）两片吊篮连在一起作业时，升降应同步；

（7）配备制动器、行程限位、安全锁等，并检验合格；

（8）吊篮上宜设超载保护装置。

469. 悬空作业防护的工作内容有哪些？

悬空作业防护的工作内容有：

（1）悬空作业应有牢靠的立足点。所有索具、吊篮等设备应经过技术鉴定；

（2）悬空安装大模板、框架结构悬空大梁的钢筋绑扎和混凝土浇筑等作业应有操作平台；

（3）悬空进行外门窗作业，应系好安全带，其保险钩应挂在操作人员上方可靠的物件上。严禁操作人员站在窗台上作业。

470. 施工现场临时用电安全操作应注意什么?

施工现场临时用电必须执行《施工现场临时用电安全技术规范》JGJ 46—2005,操作应特别注意以下几条:

(1) 施工现场临时用电专用电源中性点直接接地的 220/380V 三相四线制低压电力系统,必须符合下列规定:

1) 采用三级配电系统。即总配电箱、分配电箱、开关箱三级配电方式;

2) 采用 TN-S 接零保护系统(通常称三相五线制);

3) 采用二级漏电保护系统。

(2) 采用 TN-S 接零保护系统时,电气设备的金属外壳必须与保护零线连接。保护零线的连接方法必须符合有关强制性条文的规定。

(3) 配电箱、开关箱的电源进线端严禁采用插头和插座做活动连接。

(4) 漏电保护装置的额定漏电动作电流和动作时间必须符合相关强制性标准的规定。

(5) 特殊场所应使用安全特低电压照明:

1) 比较潮湿或灯具离地面高度低于 2.5m 的场所照明,电源电压不应大于 36V;

2) 潮湿的场所照明,电源电压不应大于 24V;

3) 特别潮湿场所、金属容器内部照明,电源电压不应大于 12V。

(6) 使用发电机组做临时供电时,其连接必须符合有关强制性标准的规定。

(7) 现场检查配电箱、柜是否完好,是否上锁及专人管理。

(8) 检查用电设备是否完好,接线是否正确,有无漏电保护,是否做到"一箱一漏"、"一机一闸"。

(9) 检查电器操作人员是否持证上岗。

471. 施工现场电气设备防护应注意哪些方面?

（1）电气设备现场周围不得存放易燃易爆物、污染源和腐蚀介质，否则应予以清除或做防护处置，其防护等级必须与环境条件相适应；

（2）电气设备设置场所应能避免被物体打击和机械损伤，否则应做防护处置。

472. 项目监理机构对建筑起重机械安全监督管理应履行哪些职责?

（1）审核建筑起重机械特种设备制造许可证、产品合格证、制造监督检验证明、备案证明等文件；

（2）审核建筑起重机械安装单位和使用单位的资质证书、安全生产许可证和特种作业人员的特种作业操作资格证书；

（3）核查建筑起重机械安装、拆卸工程专项施工方案；

（4）监督安装单位执行建筑起重机械安装、拆卸工程专项施工方案情况；

（5）监督检查建筑起重机械的使用情况；

（6）发现存在生产安全事故隐患，应要求安装单位、使用单位限期整改，对拒不整改的，应及时向建设单位报告。

473. 龙门架提升机安全检查要点有哪些?

（1）安装拆卸人员资格；

（2）使用前的检查验收（吊篮出料口装联锁开启型安全门，进料口有防护棚，卸料平台两侧设护栏，架体三面设护网）；

（3）架体与建筑物连接牢固；

（4）安全防护设施的可靠性；

（5）大风和雨雪后的安全检查；

（6）安全装置的检查（停靠装置，断绳保护装置，超高限位装置，紧急停电开关和信号装置）。

474. 塔式起重机安全检查要点是什么？

施工现场使用塔式起重机必须符合《建筑施工塔式起重机安装、使用、拆卸安全技术规范》JGJ 196—2010 的规定。其安全检查要点是：

（1）塔式起重机安装、拆卸单位必须具有从事本项业务的资质，其安全管理人员必须持有安全生产考核合格证，起重司机、安拆人员、信号司索工必须具有特种作业操作资格证。以上证件（或复印件）应报监理审核、备查；

（2）塔式起重机必须具有特种设备制造许可证、产品合格证、制造监督检验证明和备案登记证明文件，监理应审查；

（3）塔机安装、拆卸前，应编制安装、拆卸专项施工方案，报监理审批；

（4）多台塔机在同一现场交叉作业时，施工单位应编制专项使用方案，其防碰撞安全措施必须符合规范规定；

（5）塔机基础及其地基承载力必须符合使用说明书的要求；并应满足《塔式起重机混凝土基础工程技术规范》JGJ/T 187—2009 的要求；

（6）对附着式塔机附着装置的设置，必须符合使用说明书的规定；当不能满足其要求时，应进行设计计算。对支承处建筑主体结构应进行验算；

（7）塔机安装前，对安装作业人员应进行安全技术交底；

（8）安装、拆卸前，安装单位办理登记手续；

（9）塔机安装装置必须齐全，必须按程序进行调试合格；

（10）安装完毕，安装单位应进行自检，填写自检报告；

（11）自检合格后，安装单位应委托有相应资质的检验检测机构进行检测，并出具检测报告；

（12）检测合格后，应由总承包单位组织相关各方和监理单位共同进行验收、签认验收表后，方可使用；

（13）塔吊验收合格后使用单位办理项目使用登记手续取得

登记证件（登记标志牌）挂在塔吊上；

（14）塔机使用过程的操作人员应具有特种作业操作资格证，使用前应进行安全技术交底，相关资料报监理备查；

（15）塔机使用过程中，应严格执行规定，严格遵守操作规程；

（16）塔机使用过程中，应定期检查主要部件和安全装置（每月不少于一次），随时检查安全防护设施，并做好记录。

475. 施工升降机的检查要点有哪些？

施工升降机的安装、使用、拆卸的安全管理要求与塔式起重机相同。施工现场安全检查应注意以下几点：

（1）施工升降机基础设置在地下室顶板等悬空结构上时，对支撑结构应进行承载力验算；

（2）安全装置必须齐全，必须安装超载保护装置和防坠安全器，防坠安全器的有效标定期为一年；

（3）原有附墙架不能满足施工现场要求时，应另行设计；

（4）现场安装、升降、拆卸、使用等操作人员必须持证上岗；

（5）加节完成后，必须按规定进行检查验收。风雨等恶劣天气后应进行安全检查；

（6）施工升降机每 3 个月应进行一次 1.25 倍额定载重量的超载试验，确保制动器性能安全可靠；

（7）施工升降机地面出入口及楼层出入口应做好安全防护。

476. 钢筋机具使用的安全注意事项是什么？

（1）切断机断料时，手与刀口距离不得少于 15cm，活动刀片前进时禁止送料。切长钢筋应专人扶住，切短钢筋需用套管或钳子夹料，不得用手直接送料；

（2）调直机：将钢筋装入压滚筒，手与滚筒应保持一定距离，机械运转中不得调整滚筒，严禁戴手套操作。钢筋调直到末端时，人员必须躲开，以防甩掉伤人。短于 2m 或直径大于 8mm 的钢筋调直，应低速加工；

（3）弯曲机：钢筋要贴紧挡板，注意放入插头的位置和回转方向。弯曲长钢筋应有专人扶住；

（4）对焊机应设在干燥地方，平稳牢固，有可靠接地装置，导线绝缘良好。操作时戴防护眼镜和手套，工作棚用防火材料搭设，配有灭火器材。对焊机断路器接触点、电极（铜头），应定期检查修整。冷却水管保持畅通，不得漏水和超过规定温度；

（5）电焊机外壳接地良好，其电源的装拆应由电工进行。设单独的开关，符合一机一闸一箱一漏的要求。焊钳与把线必须绝缘良好，连接牢固，更换焊条应戴手套，在潮湿地点工作，应站在木板上。把线、地线禁止与钢丝绳接触，所有地线接头连接牢固。清除焊渣，应戴防护眼镜，以防焊渣飞溅伤人。工作结束，切断焊机电源方可离开。

477. 施工单位在施工现场应如何配置专职安全生产管理人员？

总承包单位配备项目专职安全生产管理人员应当满足下列要求：

（1）建筑工程、装修工程按照建筑面积配备：

1）1 万 m² 以下的工程不少于 1 人；

2）1 万～5 万 m² 的工程不少于 2 人；

3）5 万 m² 及以上的工程不少于 3 人，且按专业配备专职安全生产管理人员。

（2）土木工程、线路管道、设备安装工程按照工程合同价配备：

1）5000 万元以下的工程不少于 1 人；

2）5000 万～1 亿元的工程不少于 2 人；

3）1 亿元以上的工程不少于 3 人，且按专业配备专职安全生产管理人员。

分包单位配备项目专职安全生产管理人员应当满足下列

要求:

(1) 专业承包单位应当配置至少 1 人,并根据所承担的分部分项工程的工程量和施工危险程度增加;

(2) 劳务分包单位施工人员在 50 人以下,应当配备 1 名专职安全生产管理人员;50~200 人,应当配备 2 名专职安全生产管理人员;200 人及以上,应当配备 3 名及以上专职安全生产管理人员,并根据所承担分部分项工程的危险程度增加,不得少于工程施工人员总人数的 5‰。

478. 施工企业安全生产管理"三类人员"是指什么?

依据建设部《关于印发〈建筑施工企业主要负责人、项目负责人和专职安全生产管理人员安全生产考核管理暂行规定〉的通知》(建质 [2004] 59 号) 和《山西省建筑施工企业主要负责人、项目负责人、专职安全生产管理人员安全生产考核管理实施细则》(晋建建字 [2004] 287 号),建筑施工企业安全生产管理"三类人员"是指:

(1) 建筑施工企业主要负责人(企业法定代表人、经理、企业分管安全生产工作的副经理);

(2) 建筑施工企业项目负责人(承担项目管理的项目经理);

(3) 建筑施工企业专职安全生产管理人员(企业安全管理机构及总公司、企业集团中安全处、公司中安全科负责人及其工作人员和施工现场专职安全员)。

山西省规定以上"三类人员"必须经省建设行政主管部门组织的安全生产培训考核,取得安全生产考核合格证后,方可担任相应的职务。

479. "建筑施工特种作业"主要包括哪些工种?

山西省关于印发《建筑施工特种作业人员管理规定实施细则》(晋建建字 [2009] 152 号) 中规定特种作业人员,是指在房屋建筑和市政工程施工活动中,从事可能对本人、他人及周围设备设施造成危害的作业人员。

特种作业人员包括：

（1）建筑电工；

（2）建筑架子工（普通脚手架）；

（3）建筑架子工（附着升降脚手架）；

（4）建筑起重信号司索工；

（5）建筑起重机械司机（塔式起重机）；

（6）建筑起重机械司机（施工升降机）；

（7）建筑起重机械司机（物料提升机）；

（8）建筑起重机械安装拆卸工（塔式起重机）；

（9）建筑起重机械安装拆卸工（施工升降机）；

（10）建筑起重机械安装拆卸工（物料提升机）；

（11）高处作业吊篮安装拆卸工。

特种作业人员应经省建设行政主管部门考核合格，取得《建筑施工特种作业操作资格证书》，方可上岗从事相应作业，有效期两年。

480. 施工现场有哪些临时用房和临时设施必须纳入施工总平面图中？

依据《建设工程施工现场消防安全技术规范》GB 50720—2011 中规定：

（1）施工现场的出入口、围墙、围挡；

（2）场内临时道路；

（3）给水管网或管路和配电线路敷设或架设的走向、高度；

（4）施工现场办公用房、宿舍、发电机房、变配电房、可燃材料库房、易燃易爆危险品库房、可燃材料堆场及其加工场、固定动火作业场等；

（5）临时消防车道、消防救援场地和消防水源。

481. 施工现场必须设置哪些临时消防设施?

　　施工现场应设置灭火器、临时消防给水系统和应急照明等临时消防设施。

　　临时消防设施应与在建工程的施工同步设置。房屋建筑工程中,临时消防设施的设置与在建工程主体结构施工进度的差距不应超过 3 层。

482. 对施工现场临时消防给水系统的基本(主要)要求是什么?

　　室外消防给水系统设置应符合下列规定:

　　(1)给水管网宜布置成环状;

　　(2)临时室外消防给水干管的管径,应根据施工现场临时消防用水量和干管内水流计算速度计算确定,且不应小于 DN100;

　　(3)室外消火栓应沿在建工程、临时用房和可燃材料堆场及其加工场均匀布置,与在建工程、临时用房和可燃材料堆场及其加工场的外边线的距离不应小于 5m;

　　(4)消火栓的间距不应大于 120m;

　　(5)消火栓的最大保护半径不应大于 150m。

　　在建工程临时室内消防竖管的设置应符合下列规定:

　　(1)消防竖管的设置位置应便于消防人员操作,其数量不应少于 2 根,当结构封顶时,应将消防竖管设置成环状;

　　(2)消防竖管的管径应根据在建工程临时消防用水量、竖管内水流计算速度计算确定,且不应小于 DN100。

483. 项目监理机构对施工现场消防、防火的检查有哪些内容和要求?

　　(1)检查消防、防火方案是否完善,应急预案是否经过施工单位审批,是否进行过演习;

　　(2)检查有关消防、防火的安全责任制和相应的制度是否完善;

（3）检查施工现场的消防设施是否齐全，消防通道是否通畅，消防器材是否布局合理；

（4）高度超过 24m 的建筑工程，是否安装临时消防竖管；

（5）检查是否有电、气焊作业时的用火证。从事油漆、防水施工等危险作业时是否有专人看护；

（6）检查易燃、易爆物品是否有专门库房隔离存放；

（7）检查现场使用的设备、器具是否符合防火要求；

（8）检查生活区用电是否符合防火规定。

484. 施工现场个人安全防护有哪些内容和要求？

所有进入施工现场的人员，其个人安全防护均应达到以下要求：着装符合要求，正确佩戴安全帽。安全帽应符合《安全帽》GB 2811—2007；凡在坠落高度基准面 2m 以上（含 2m），无法采取可靠防护措施的高处作业人员必须正确使用安全带，安全带必须符合《安全带》GB 6095—2009；进入现场时，应认真查看在施工程的洞口、临边安全防护是否齐全、牢固；在施工现场内行走要注意安全，不得攀登脚手架、井字架等。

第 八 章
施工质量验收及评优

第一节 工 程 质 量 验 收

485. 建筑工程施工质量验收应满足哪些要求？

（1）建筑工程施工质量应符合《建筑工程施工质量验收统一标准》GB 50300—2013 和相关专业验收规范的规定；

（2）建筑工程施工应符合工程勘察、设计文件的要求；

（3）参加工程施工质量验收的各方人员应具备规定的资格；

（4）工程质量的验收均应在施工单位自行检查评定合格的基础上进行；

（5）隐蔽工程在隐蔽前应由施工单位通知有关单位进行验收，并应形成验收文件；

（6）涉及结构安全的试块、试件以及有关材料，应按规定进行见证取样检测；

（7）检验批的质量应按主控项目和一般项目验收；

（8）对涉及结构安全和使用功能的重要分部工程应进行现场实体检测；

（9）承担见证取样检测及有关结构安全与功能检测的单位应具有相应资质；

（10）工程的观感质量应由验收人员通过现场检查，并应由检查人员共同评议确认。

486. 单位工程的验收包括哪些程序？

（1）承包单位自检合格后填报《单位工程竣工验收报审表》

（表 B. 0. 10）；

（2）监理工程师核查质量控制资料；

（3）总监理工程师组织竣工预验收；

（4）监理单位向建设单位提交工程质量评估报告；

（5）监理单位参加由建设单位组织的竣工验收，在单位工程验收记录上签字；

（6）总监理工程师签发《竣工移交证书》。

487. 施工质量不符合要求时如何处理？

应按下列规定进行处理：

（1）对已返工重做或更换器具、设备的检验批，重新进行验收；

（2）经有资质的检测单位检测鉴定，符合设计要求的检验批，应予以验收；

（3）经有资质的检测单位检测鉴定达不到设计要求、但经原设计单位核算认可，能够满足结构安全和使用功能的检验批，可予以验收；

（4）经返修或加固处理的分项、分部工程，虽已改变外形尺寸，但仍能满足安全使用要求，可按技术处理方案和协商文件进行验收。

（5）通过返修或加固处理仍不能满足安全使用要求的分部工程、单位（子单位）工程，严禁验收。

488. 单位工程竣工验收备案工作有何规定？

单位工程质量验收合格后，建设单位应自工程竣工验收合格之日起 15 日内，依照《房屋建筑工程和市政基础设施工程竣工验收备案管理暂行办法》，将工程竣工验收报告和有关文件报建设行政管理部门备案。

建设单位办理工程竣工验收备案应当提交下列文件：

（1）工程竣工验收备案表；

（2）工程竣工验收报告。竣工验收报告包括工程报建日期，施工许可证号，施工图设计文件审查意见，勘察、设计、施工、工程监理等单位分别签署的质量合格文件及验收人员签署的竣工验收原始文件，市政基础设施有关质量检测的功能性试验资料以及备案机关认为需要提供的有关资料；

（3）法律、行政法规规定应当由规划、公安消防、环保等部门出具的认可文件或者准许使用文件；

（4）施工单位签署的工程质量保修书；

（5）法规、规章规定必须提供的其他文件。

商品住宅还应当提交《住宅质量保修书》和《住宅使用说明书》。

489. 《建设工程监理规范》对工程质量评估报告有何规定？

工程竣工预验收合格后，项目监理机构应编写工程质量评估报告，并应经总监理工程师和工程监理单位技术负责人审核签字后报建设单位。

490. 工程质量评估报告应包括哪些内容？

工程质量评估报告应包括以下主要内容：

（1）工程概况；

（2）工程各参建单位；

（3）工程质量验收情况（主要描述主要建筑材料、地基基础工程质量情况、主体结构的质量情况、其他分部工程的质量情况等）；

（4）工程质量事故及其处理情况；

（5）竣工资料审查情况；

（6）工程质量评估结论。

491. 监理如何组织工程预验收？

工程项目达到竣工验收条件后，施工单位在自检合格的基础上，填写《单位工程竣工验收报审表》，将全部资料报送监理机构，申请竣工验收；监理机构根据施工单位报送的工程竣工报验申请，由总监理工程师组织专业监理工程师，依据有关法律、法规、工程建设强制性标准、设计文件及施工合同，对施工单位报送的竣工资料进行审查，并对工程质量进行全面检查。对检查中发现的问题要求施工单位及时整改，对需要进行功能试验的项目（包括单机试车和无负荷试车），应要求施工单位及时进行试验，并对重要项目进行监督、检查，必要时请建设单位和设计单位相关人员参加；监理工程师应认真审查试验报告单并要求施工单位搞好成品保护和现场清理。

监理机构对竣工资料及实物全面检查、验收合格后，由总监理工程师签署工程竣工报验单，并向建设单位提出工程质量评估报告。

492. 房建和市政工程项目竣工验收国家是如何规定的？

住房和城乡建设部 2013 年 12 月 2 日发布了《房屋建筑和市政基础设施工程竣工验收规定》（建质〔2013〕171 号），自发布之日起施行，原《房屋建筑工程和市政基础设施工程竣工验收暂行规定》（建建〔2000〕142 号）同时废止。该文规定：

工程竣工验收由建设单位负责组织实施。

工程符合下列要求方可进行竣工验收：

（1）完成工程设计和合同约定的各项内容。

（2）施工单位在工程完工后对工程质量进行了检查，确认工程质量符合有关法律、法规和工程建设强制性标准，符合设计文件及合同要求，并提出工程竣工报告。工程竣工报告应经项目经理和施工单位有关负责人审核签字。

（3）对于委托监理的工程项目，监理单位对工程进行了质量评估，具有完整的监理资料，并提出工程质量评估报告。工程质量评估报告应经总监理工程师和监理单位有关负责人审核签字。

（4）勘察、设计单位对勘察、设计文件及施工过程中由设计单位签署的设计变更通知书进行了检查，并提出质量检查报告。质量检查报告应经该项目勘察、设计负责人和勘察、设计单位有关负责人审核签字。

（5）有完整的技术档案和施工管理资料。

（6）有工程使用的主要建筑材料、建筑构配件和设备的进场试验报告，以及工程质量检测和功能性试验资料。

（7）建设单位已按合同约定支付工程款。

（8）有施工单位签署的工程质量保修书。

（9）对于住宅工程，进行分户验收并验收合格，建设单位按户出具《住宅工程质量分户验收表》。

（10）建设主管部门及工程质量监督机构责令整改的问题全部整改完毕。

（11）法律、法规规定的其他条件。

493. 房建和市政工程项目竣工验收的程序是什么？

（1）工程完工后，施工单位向建设单位提交工程竣工报告，申请工程竣工验收。实行监理的工程，工程竣工报告须经总监理工程师签署意见。

（2）建设单位收到工程竣工报告后，对符合竣工验收要求的工程，组织勘察、设计、施工、监理等单位组成验收组，制定验收方案。对于重大工程和技术复杂工程，根据需要可邀请有关专家参加验收组。

（3）建设单位应当在工程竣工验收 7 个工作日前将验收的时间、地点及验收组名单书面通知负责监督该工程的工程质量监督机构。

（4）建设单位组织工程竣工验收：

1）建设、勘察、设计、施工、监理单位分别汇报工程合同履约情况和在工程建设各个环节执行法律、法规和工程建设强制性标准的情况；

2）审阅建设、勘察、设计、施工、监理单位的工程档案资料；

3）实地查验工程质量；

4）对工程勘察、设计、施工、设备安装质量和各管理环节等方面作出全面评价，形成经验收组人员签署的工程竣工验收意见。

参与工程竣工验收的建设、勘察、设计、施工、监理等各方不能形成一致意见时，应当协商提出解决的方法，待意见一致后，重新组织工程竣工验收。

工程竣工验收合格后，建设单位应当及时提出工程竣工验收报告。工程竣工验收报告主要包括工程概况，建设单位执行基本建设程序情况，对工程勘察、设计、施工、监理等方面的评价，工程竣工验收时间、程序、内容和组织形式，工程竣工验收意见等内容。

494. 房建和市政工程竣工验收报告应附哪些文件？

（1）施工许可证。

（2）施工图设计文件审查意见。

（3）施工单位在工程完工后对工程质量进行了检查，确认工程质量符合有关法律、法规和工程建设强制性标准，符合设计文件及合同要求，并提出工程竣工报告。工程竣工报告应经项目经理和施工单位有关负责人审核签字。

（4）对于委托监理的工程项目，监理单位对工程进行了质量评估，具有完整的监理资料，并提出工程质量评估报告。工程质量评估报告应经总监理工程师和监理单位有关负责人的审核签字。

（5）勘察、设计单位对勘察、设计文件及施工过程中由设计单位签署的设计变更通知书进行了检查，并提出质量检查报告。质量检查报告应经该项目勘察、设计负责人和勘察、设计单位有关负责人审核签字。

（6）有施工单位签署的工程质量保修书。

（7）验收组人员签署的工程竣工验收意见。

（8）法规、规章规定的其他有关文件。

495. 什么是住宅工程分户质量验收？

依照《住宅工程质量分户验收管理办法》晋建建字【2006】450 号，住宅工程质量分户验收是指住宅工程竣工验收前，由建设单位组织施工单位、监理单位对每一户及单位工程公共部分进行的专门验收。并在分户验收合格后出具《住宅工程质量分户验收记录》。

已选定物业公司的，物业公司应当参加住宅工程质量分户验收工作。

496. 住宅工程分户质量验收包括哪些内容？

住宅工程分户质量验收在确保工程地基基础和主体结构安全可靠的基础上，以检查工程观感质量和使用功能质量为主，主要包括下列内容：

（1）建筑结构外观及尺寸偏差；

（2）门窗安装质量；

（3）地面、墙面和顶棚面层质量；

（4）防水工程质量；

（5）采暖系统安装质量；

（6）给水、排水系统安装质量；

（7）室内电气工程安装质量；

（8）节能工程质量。

497. 住宅工程分户质量验收有哪些程序？

（1）验收前根据房屋情况确定检查部位和数量，并在施工图纸上注明；

（2）按照国家有关规范要求，对要求验收的内容进行检查；

（3）填写检查记录，发现工程观感质量和使用功能不符合规范或设计文件要求的，书面责成施工单位整改并对整改情况进行复查；

（4）验收合格后，必须按户出具由建设单位项目负责人、总监理工程师和施工单位项目经理分别签字并加盖验收专用章的《住宅工程质量分户验收记录》。

验收不合格的，建设单位不得组织竣工验收。

住宅工程交付使用时，《住宅工程质量分户验收记录》应当作为《住宅质量保证书》的附件交付业主。

工程质量监督机构应在监督工程竣工验收过程中，审查《住宅工程质量分户验收记录》。

498. 监理如何参加竣工验收？

项目监理机构应参加由建设单位组织的竣工验收，对验收中提出的整改问题，应督促施工单位及时整改。工程质量符合要求的，总监理工程师应在工程竣工验收报告中签署意见。

第二节　工　程　质　量　评　优

499. 什么是优良工程？

优良工程是指建筑工程质量在满足相关标准规定和合同约定的合格基础上，经过评价，在结构安全、使用功能、环境保护等内在质量、外表实物质量及工程资料方面，达到《建筑工程施工质量评价标准》GB/T 50375—2006 规定的质量指标的建筑工程。

500. 什么是质量评价？

质量评价是指对工程实体具备的满足规定要求能力的程度所做的系统检查。对工程质量而言，评价可以是对有关建设活动、质量组织、体系、资料或承担工程人员的能力，以及工程实体质量所进行检验评定活动。

501. 进行工程质量优良评价的基础是什么?

对某项工程进行质量优良评价的先决条件是:

(1) 工程项目应实施质量目标管理,施工单位在工程开工前应制定质量目标,进行质量策划,编制创优计划,有具体的创优措施;

(2) 工程项目应推行科学管理,提高管理效率和水平,强化工序质量控制,明确质量控制重点;

(3) 工程项目应注重科技进步、环保和节能等先进技术的应用;

(4) 工程项目的质量优良评价,应在工程质量按《建筑工程施工质量验收统一标准》GB 50300—2013 及其配套的各专业工程质量验收规范验收合格的基础上进行。

502. 工程质量优良的基本评价方法是什么?

按单位工程评价工程质量,第一步,将单位工程按专业性质和建筑部位划分为地基及桩基工程、结构工程、屋面工程、装饰装修工程、安装工程五个部分。第二步,从施工现场质量保证条件、性能检测、质量记录、尺寸偏差及限值实测、观感质量等五项内容分别对每部分进行评价。第三步,对每项内容的具体检验项目按三个档次做出评定,给出标准分。最后按规定做出计算分析,进行综合评价。具体评价方法可查阅《建筑工程施工质量评价标准》GB/T 50375—2006。

503. 工程质量评优的工作程序有哪些规定?

(1) 工程质量优良评价应按工程结构和单位工程两个阶段分别进行评价,均应出具体评价报告。

(2) 工程评优首先由施工单位按规定自行检查评定,然后由监理或相关单位(或评价机构)验收评价。

(3) 工程结构评优应在地基及桩基工程、结构工程以及附属的地下防水工程完工，且主体工程质量验收合格的基础上进行。

（4）单位工程评优应在工程结构质量评价优良、经竣工验收合格后进行。工程结构质量评价达不到优良的，单位工程施工质量不能评为优良。

504. 工程结构、单位工程质量不得评优的情况有哪些？

有下列情况之一的不能评优：

（1）使用国家明令淘汰的建筑材料、建筑设备、耗能高的产品及民用建筑挥发性有害物含量超标的产品；

（2）地下工程渗漏超过规定、屋面防水有渗漏、超过标准的不均匀沉降、超过规定的结构裂缝、存在加固补强工程以及施工过程出现重大质量事故的；

（3）符合评价项目中设置的否决条件的。具体项目和标准查阅《建筑工程施工质量评价标准》GB/T 50375—2006。

第九章
监理资料管理

505. 什么是监理文件资料？

工程监理单位在履行建设工程监理合同过程中形成或获取的，以一定形式记录、保存的文件资料。

监理文件资料从形式上可分为文字、图表、数据、声像、电子文档等文件资料，从来源上可分为监理工作依据性、记录性、编审性等文件资料，需要归档的监理文件资料，按国家和项目所在省市的有关规定执行。

监理文件资料是实施监理过程的真实反映，既是监理工作成效的根本体现，也是工程质量、生产安全事故责任划分的重要依据。为此，项目监理机构应做到"责任明确，专人负责"。

506. 监理文件资料管理有哪些规定？

项目监理机构应建立完善的监理文件资料管理制度，宜设专人管理。

项目监理机构应及时、准确、完整地收集、整理、编制、传递监理文件资料。

项目监理机构宜采用计算机技术进行监理文件资料管理，实现监理文件资料管理的科学化、程序化、规范化。

507. 监理文件资料主要包括哪些内容？

（1）勘察设计文件、建设工程监理合同及其他合同文件。

（2）监理规划、监理实施细则。

（3）设计交底和图纸会审会议纪要。

（4）施工组织设计、（专项）施工方案、施工进度计划报审文件资料。

（5）分包单位资格报审文件资料。

（6）施工控制测量成果报验文件资料。

（7）总监理工程师任命书，工程开工令、暂停令、复工令、开工或复工报审文件资料。

（8）工程材料、设备、构配件报验文件资料。

（9）见证取样和平行检验文件资料。

（10）工程质量检查报验资料及工程有关验收资料。

（11）工程变更、费用索赔及工程延期文件资料。

（12）工程计量、工程款支付文件资料。

（13）监理通知单、工作联系单与监理报告。

（14）第一次工地会议、监理例会、专题会议等会议纪要。

（15）监理月报、监理日志、旁站记录。

（16）工程质量或生产安全事故处理文件资料。

（17）工程质量评估报告及竣工验收监理文件资料。

（18）监理工作总结。

508. 监理文件资料归档有何要求？

项目监理机构应及时整理、分类汇总监理文件资料，按规定组卷，形成监理档案；

工程监理单位应根据工程特点和有关规定，合理确定监理档案保存期限，并向有关部门移交监理档案。

509. 什么是建设工程文件档案资料？

建设工程文件是指在工程建设过程中形成的各种形式的信息记录，包括工程准备阶段文件、监理文件、施工文件、竣工图和竣工验收文件等，也可简称为工程文件。

建设工程档案是指在工程建设活动中直接形成的具有归档保存价值的文字、图表、声像等各种形式的历史记录，也可简称为工程档案。

建设工程文件和档案组成建设工程文件档案资料，包括规划文件资料、建设文件资料、施工技术资料、竣工图与竣工测量资料和竣工验收资料、声像资料等。

510. 建设工程文件档案资料有哪些特征？

（1）分散性和复杂性；

（2）继承性和时效性；

（3）全面性和真实性；

（4）随机性；

（5）多专业性和综合性。

511. 工程建设监理文件档案资料管理包括什么内容？

监理文件档案资料收发文与登记；监理文件档案资料传阅；监理文件档案资料分类存放；监理文件档案资料归档、借阅、更改与作废。

512. 工程建设文件档案资料管理中各方的职责是什么？

（1）建设单位职责

1）在工程招标及勘察、设计、监理、施工等单位签订协议、合同时，对工程文件的套数、费用、质量、移交时间等提出明确要求；

2）收集和整理工程准备阶段、竣工验收阶段形成的文件，并进行立卷归档；

3）负责组织、监督和检查，勘察、设计、施工、监理等单位工程文件的形成、积累和立卷归档；也可委托监理单位监督、检查工程文件的形成、积累和立卷归档；

4）收集和汇总勘察、设计、施工、监理等单位立卷归档的工程档案；

5）在组织工程竣工验收前，提请当地城建档案管理部门对工程档案进行预验收；未取得工程档案验收认可文件，不得组织工程竣工验收；

6）对列入城建档案管理部门接收范围的工程，工程竣工验收后 3 个月内，向当地城建档案管理部门移交一套符合规定的工程档案；

7）向参与工程建设的勘察设计、施工、监理等单位提供与建设工程有关的真实、准确、齐全的原始资料；

8）可委托承包单位、监理单位组织工程档案的编制工作、负责组织竣工图的绘制工作，也可委托承包单位、监理单位、设计单位完成，收费标准按所在地相关文件执行。

（2）监理单位职责

1）设专人负责监理资料的收集、整理和归档工作。在项目监理部，监理资料的管理应由总监理工程师负责，并指定专人具体实施。监理资料应在各阶段监理工作结束后及时整理归档；

2）监理资料必须及时整理、真实完整、分类有序。在设计阶段，对勘察、测绘、设计单位工程文件的形成、积累和立卷归档进行监督、检查；在施工阶段，对施工单位工程文件的形成、积累、立卷归档进行监督、检查；

3）可以按照委托监理合同的约定，接受建设单位的委托，监督、检查工程文件的形成、积累和立卷归档工作；

4）编制的监理文件套数、提交时间，应按照《建设工程文件归档整理规范》GB/T 50208—2001 和各地档案管理部门的要求，编制移交清单，双方签字、盖章后，及时移交建设单位，由建设单位收集和汇总。监理公司档案部门需要的档案，按照《建设工程监理规范》GB/T 50319—2013 的要求，由项目监理部提供。

（3）施工单位职责

1）实行技术负责人负责制，逐级建立、健全施工文件管理岗位责任制，配备专职档案管理员，负责施工资料的管理工作。工程项目的施工文件应设专职部门（专人）负责收集和整理；

2）建设工程项目实行总承包的，由总包单位负责收集、汇总各分包单位形成的工程档案。各分包单位应将本单位形成的工程文件整理、立卷后及时移交总包单位。建设工程项目由多个单位承包的，各承包单位负责收集、整理立卷其承包项目的工程文件，并及时向建设单位移交。各承包单位应确保归档文件的完整、准确、系统，能够全面反映工程建设活动的全过程。

（4）地方城建档案管理部门职责

1）负责接收和保管所辖范围应当永久和长期保存的工程档案和有关资料；

2）负责对城建档案工作进行业务指导，监督和检查有关城建档案法规的实施；

3）列入向本部门报送工程档案范围的工程项目，其竣工验收应有本部门参加并负责对移交的工程档案进行验收。

513. 工程建设档案移交包括哪些内容？

（1）列入城建档案馆（室）接收范围的工程，建设单位在工程竣工验收后 3 个月内，必须向城建档案馆（室）移交一套符合规定的工程档案；

（2）停建、缓建建设工程的档案，暂由建设单位保管；

（3）对改建、扩建和维修工程，建设单位应当组织设计、施工单位据实修改、补充和完善原工程档案。对改变的部位，应当重新编制工程档案，并在工程验收后 3 个月内向城建档案馆（室）移交；

（4）建设单位向城建档案馆（室）移交工程档案时，应办理移交手续，填写移交目录，双方签字、盖章后交接；

（5）施工单位、监理单位等有关单位应在工程竣工验收前将工程档案按合同或协议规定的时间、套数移交给建设单位，办理移交手续。

514. 监理文件的分类与保存应该如何划分?

根据《建筑工程资料管理规程》JGJ/T 185—2009,监理文件的分类与保存,见表 9-1。

监理文件的分类与保存　　　　　　　　　　　　　　表 9-1

工程资料类别		工程资料名称	工程资料来源	工程资料保存			
				施工单位	监理单位	建设单位	城建档案馆
B1类	监理管理资料	监理规划	监理单位		●	●	●
		监理实施细则	监理单位	○	●	●	●
		监理月报	监理单位		●	●	
		监理会议纪要	监理单位	○	●	●	
		监理工作日志	监理单位		●		
		监理工作总结	监理单位		●	●	●
		工作联系单	监理单位 施工单位	○	○		
		监理工程师通知单	监理单位	○	○		
		监理工程师通知回复单	施工单位	○	○		
		工程暂停令	监理单位	○	○	○	●
		工程复工报审表	施工单位	●	●	●	
B2类	进度控制资料	工程开工报审表	施工单位	●	●	●	
		施工进度计划报审表	施工单位	○	●		
B3类	质量控制资料	质量事故报告及处理资料	施工单位	●	●	●	●
		旁站监理记录	监理单位	○	●	●	
		见证取样和送检见证人员备案表	监理单位或建设单位	●	●	●	
		见证记录	监理单位	○	●	●	
		工程技术文件报审表	施工单位	○	○		
B4类	造价控制资料	工程款支付申请表	施工单位	○	○	●	
		工程款支付证书	监理单位	○	○	●	
		工程变更费用报审表	施工单位	○	○	●	
		费用索赔申请表	施工单位	○	○	●	
		费用索赔审批表	监理单位	○	○	●	

续表

工程资料类别		工程资料名称	工程资料来源	工程资料保存			
				施工单位	监理单位	建设单位	城建档案馆
B5类	合同管理资料	委托监理合同	监理单位		●	●	●
		工程延期申请表	施工单位	●	●	●	●
		工程延期审批表	监理单位	●	●	●	●
		分包单位资质报审表	施工单位	●	●	●	
B6类	竣工管理资料	单位（子单位）工程竣工预验收报验表	施工单位	●	●	●	
		单位（子单位）工程质量竣工验收记录	施工单位	●	●	●	●
		单位（子单位）工程质量控制资料核查记录	施工单位	●	●	●	●
		单位（子单位）工程安全和功能检验资料核查及主要功能抽查记录	施工单位	●	●	●	●
		单位（子单位）工程观感质量检查记录	施工单位	●	●	●	●
		工程质量评估报告	监理单位	●	●	●	●
		监理费用决算资料	监理单位		○	●	
		监理资料移交书	监理单位		●	●	
		B类其他资料					

注：表中工程资料名称与资料保存单位所对应的栏中"●"表示"归档保存"；
"○"表示"过程保存"，是否归档保存可自行确定。

515. 第一次工地会议应由谁主持？应有哪些内容？

由建设单位主持召开的第一次工地会议是建设单位、工程监理单位和施工单位对各自人员分工、开工准备以及监理例会的要求等问题进行沟通和协调的会议。

总监理工程师应介绍监理工作的目标、范围和内容、项目监理机构及人员职责分工、监理工作程序、方法和措施等。

第一次工地例会的内容：

（1）建设单位、施工单位和工程监理单位分别介绍各自驻现场的组织机构、人员及其分工；

（2）建设单位介绍工程开工准备情况；

（3）施工单位介绍施工准备情况；

（4）建设单位代表和总监理工程师对施工准备情况提出意见和要求；

（5）总监理工程师介绍监理规划的主要内容；

（6）研究确定各方在施工过程中参加监理例会的主要人员、召开监理例会的周期、地点及主要议题；

（7）其他有关事项。

516. 如何开好工程监理例会？

监理例会由总监理工程师按一定程序召开并主持，是研究施工中出现的计划、进度、质量及工程款支付等问题的工地会议。监理例会应当每周召开一次。

参加人员包括：项目总监理工程师（也可为总监理工程师代表）、其他有关监理人员、承包商项目经理及其他有关人员。需要时，还可邀请其他有关单位代表参加。

会议包括的主要内容：

（1）检查上次例会议定事项的落实情况，分析未完事项原因。

（2）检查分析工程项目进度计划完成情况，提出下一阶段进度目标及其落实措施。

（3）检查分析工程项目质量、施工安全管理状况，针对存在的问题提出改进措施。

（4）检查工程量核定及工程款支付情况。

（5）解决需要协调的有关事项。

（6）其他有关事宜。

517. 监理例会会议纪要包括哪些主要内容？

监理例会会议纪要由项目监理机构起草，经与会代表会签后分发给各有关单位。内容如下：

(1) 会议地点及时间；

(2) 出席者姓名、职务及他们代表的单位；

(3) 检查上次例会完成情况；

(4) 会议决定的事项；

(5) 会议决定事项的执行与落实要求。

518. 什么是监理月报？

监理月报是项目监理机构每月向建设单位提交的建设工程监理工作及建设工程实施情况分析总结报告。

519. 监理月报一般包括哪些主要内容？

(1) 本月工程实施情况。

(2) 本月监理工作情况。

(3) 本月施工中存在的问题及处理情况。

(4) 下月监理工作重点。

520. 监理工作总结一般包括哪些主要内容？

(1) 工程概况。

(2) 项目监理机构。

(3) 建设工程监理合同履行情况。

(4) 监理工作成效。

(5) 监理工作中发现的问题及其处理情况。

(6) 说明和建议。

521. 什么是监理日志？监理日志应包括的内容及如何形成这个文件？

依据《建设工程监理规范》GB/T 50319—2013 年 2.0.21条，监理日志是指项目监理机构每日对建设工程监理工作及施工进展情况所做的记录。监理日志不等同于监理日记。监理日记是每个监理人员的工作日记；监理日志是项目监理机构在实施建设过程中每日形成的工作记录文件。监理机构的工作记录为监理日志；监理人员的个人记录为监理日记。

依据《建设工程监理规范》GB/T 50319—2013 第 7.2.2 条的规定，监理日志应包括下列主要内容：

（1）天气和施工环境情况；

（2）当日施工进展情况；

（3）当日监理工作情况，包括旁站、巡视、见证取样、平行检验等情况；

（4）当日存在的问题及协调解决情况；

（5）其他有关情况。

监理日志由总监理工程师依据工作实际情况指定专业监理工程师负责记录。总监理工程师应定期审阅监理日志，全面了解监理工作情况。

522. 归档文件有哪些质量要求?

（1）归档的工程文件一般应为原件；

（2）工程文件的内容及深度必须符合国家有关工程勘察、设计、施工、监理等方面的技术规范、标准和规程；

（3）工程文件的内容必须真实、准确，与工程实际相符合；

（4）工程文件应采用耐久性强的书写材料，如碳素墨水、蓝黑墨水，不得使用易褪色的书写材料，如：红色墨水、纯蓝墨水、圆珠笔、复写纸、铅笔等；

（5）工程文件应字迹清楚，图样清晰，图表整洁，签字盖章手续完备；

（6）工程文件中文字材料幅面尺寸规格宜为 A4 幅面（297mm×210mm）。图纸宜采用国家标准图幅；

（7）工程文件的纸张应采用能够长期保存的韧力大、耐久性强的纸张。图纸一般采用蓝晒图，竣工图应是新蓝图。计算机出图必须清晰，不得使用计算机出图的复印件；

（8）所有竣工图均应加盖竣工图章；

（9）利用施工图改绘竣工图，必须标明变更修改依据；凡施工图结构、工艺、平面布置等有重大改变，或变更部分超过图面1/3的，应当重新绘制竣工图；

（10）不同幅面的工程图纸应按《技术制图复制图的折叠方法》GB/10609.3—89统一折叠成A4幅面（297mm×210mm），图标栏露在外面；

（11）工程档案资料的缩微制品，必须按国家缩微标准进行制作，主要技术指标（解像力、密度、海波残留量等）要符合国家标准，保证质量，以适应长期安全保管；

（12）工程档案资料的照片（含底片）及声像档案，要求图像清晰，声音清楚，文字说明或内容准确；

（13）工程文件应采用打印的形式并使用档案规定用笔，手工签字，在不能够使用原件时，应在复印件或抄件上加盖公章并注明原件保存处。

523. 归档文件有哪些组卷要求？

（1）立卷的原则和方法

立卷是指按照一定的原则和方法，将有保存价值的文件分门别类整理成案卷，亦称组卷。案卷是指由互有联系的若干文件组成的档案保管单位。

立卷的基本原则为：遵循工程文件的自然形成规律，保持卷内文件的有机联系，便于档案的保管和利用。一个建设工程由多个单位工程组成时，工程文件应按单位工程组卷。

立卷方法为：工程文件可按建设程序划分为工程准备阶段的文件、监理文件、施工文件、竣工图、竣工验收文件五部分；工程准备阶段文件可按建设程序、专业、形成单位等组卷；监理文件可按单位工程、分部工程、专业、阶段等组卷；施工文件可按单位工程、分部工程、专业、阶段等组卷；竣工图可按单位工程、专业等组卷；竣工验收文件按单位工程、专业等组卷。

立卷过程宜遵循以下要求：案卷不宜过厚，一般不超过 40mm。案卷内不应有重份文件；不同载体的文件一般应分别组卷。

（2）卷内文件的排列

文字材料按事项、专业顺序排列。同一事项的请示与批复、同一文件的印本与定稿、主体与附件不能分开，并按批复在前、请示在后，印本在前、定稿在后，主体在前、附件在后的顺序排列。图纸按专业排列，同专业图纸按图号顺序排列。既有文字材料又有图纸的案卷，文字材料排前，图纸排后。

524. 归档案卷的编目有哪些要求？

（1）编制卷内文件页号应符合下列规定：

1）卷内文件均按有书写内容的页面编号。每卷单独编号，页号从"1"开始；

2）页号编写位置：单页书写的文件在右下角；双面书写的文件，正面在右下角，背面在左下角。折叠后的图纸一律在右下角；

3）成套图纸或印刷成册的科技文件材料，自成一卷的，原目录可代替卷内目录，不必重新编写页码；

4）案卷封面、卷内目录、卷内备考表不编写页号。

（2）卷内目录的编制应符合下列规定：

1）卷内目录式样宜符合《建设工程文件归档整理规范》GB/T 50328—2001 中附录 B 的要求；

2）序号：以一份文件为单位，用阿拉伯数字从 1 依次标注；

3）责任者：填写文件的直接形成单位和个人。有多个责任者时，选择两个主要责任者，其余用"等"代替；

4）文件编号：填写工程文件原有的文号或图号；

5）文件题名：填写文件标题的全称；

6）日期：填写文件形成的日期；

7）页次：填写文件在卷内所排列的起始页号。最后一份文件填写起止页号；

8）卷内目录排列在卷内文件之前。

（3）卷内备考表的编制应符合下列规定：

1）卷内备考表的式样宜符合《建设工程文件归档整理规范》GB/T 50328—2001 中附录 C 的要求；

2）卷内备考表主要标明卷内文件的总页数、各类文件页数（照片张数），以及立卷单位对案卷情况的说明；

3）卷内备考表排列在卷内文件的尾页之后。

（4）案卷封面的编制应符合下列规定：

1）案卷封面印刷在卷盒、卷夹的正表面，也可采用内封面形式。案卷封面的式样宜符合《建设工程文件归档整理规范》GB/T 50328—2001 中附录 D 的要求；

2）案卷封面的内容应包括：档号、档案馆代号、案卷题名、编制单位、起止日期、密级、保管期限及"共几卷"、"第几卷"等字样；

3）档号应由分类号、项目号和案卷号组成。档号由档案保管单位填写；

4）档案馆代号应填写国家给定的本档案馆的编号。档案馆代号由档案馆填写；

5）案卷题名应简明、准确地提示卷内文件的内容。案卷题名应包括工程名称、专业名称、卷内文件的内容；

6）编制单位应填写案卷内文件的形成单位或主要责任者；

7）起止日期应填写案卷内全部文件形成的起止日期；

8）保管期限分为永久、长期、短期三种期限。各类文件的保管期限见现行《建设工程文件归档整理规范》GB/T 50328—2001 中附录 A 的要求。

永久是指工程档案需永久保存。

长期是指工程档案的保存期限等于该工程的使用寿命。

短期是指工程档案保存 20 年以下。同一案卷内有不同保管期限的文件，该案卷保管期限应从长；

9）密级分为绝密、机密、秘密三种。同一案卷内有不同密级的文件，应以高密级为本卷密级。

（5）卷内目录、卷内备考表、案卷内封面应采用 70g 以上白色书写纸制作，幅面统一采用 A4 幅面。

525. 工程建设档案资料验收包括哪些内容？

列入城建档案馆（室）档案接收范围的工程，建设单位在组织工程竣工验收前，应提请城建档案管理机构对工程档案进行预验收。建设单位未取得城建档案管理机构出具的认可文件，不得组织工程竣工验收。

城建档案管理机构在进行工程档案预验收时，应重点验收以下内容：

（1）工程档案齐全、系统、完整；

（2）工程档案的内容真实、准确地反映工程建设活动和工程实际状况；

（3）工程档案已整理立卷，立卷符合《建设工程文件归档整理规范》GB/T 50328—2001 的规定；

（4）竣工图绘制方法、图式及规格等符合专业技术要求，图面整洁，盖有竣工图章；

（5）文件的形成、来源符合实际，要求单位或个人签章的文件，其签章手续完备；

（6）文件材质、幅面、书写、绘图、用墨、托裱等符合要求。

附录一 《建设工程监理规范》

GB/T 50319－2013

目 录

1 总 则

1.0.1 为规范建设工程监理与相关服务行为，提高建设工程监理与相关服务水平，制定本规范。

【条文说明】 建设工程监理制度自 1988 年开始实施以来，对于实现建设工程质量、进度、投资目标控制和加强建设工程安全生产管理发挥了重要作用。随着我国建设工程投资管理体制改革的不断深化和工程监理单位服务范围的不断拓展，在工程勘察、设计、保修等阶段为建设单位提供的相关服务也越来越多，为进一步规范建设工程监理与相关服务行为，提高服务水平，在《建设工程监理规范》GB 50319—2000 基础上修订形成本规范。

1.0.2 本规范适用于新建、扩建、改建建设工程监理与相关服务活动。

【条文说明】 本规范适用于新建、扩建、改建的土木工程、建筑工程、线路管道工程、设备安装工程和装饰装修工程等的建设工程监理与相关服务活动。

1.0.3 实施建设工程监理前，建设单位应委托具有相应资质的工程监理单位，并以书面形式与工程监理单位订立建设工程监理合同，合同中应包括监理工作的范围、内容、服务期限和酬金，以及双方的义务、违约责任等相关条款。

在订立建设工程监理合同时，建设单位将勘察、设计、保修阶段等相关服务一并委托的，应在合同中明确相关服务的工作范围、内容、服务期限和酬金等相关条款。

【条文说明】 建设工程监理合同是工程监理单位实施建设工程监理与相关服务的主要依据之一，建设单位与工程监理单位应以书面形式订立建设工程监理合同。

1.0.4 工程开工前，建设单位应将工程监理单位的名称，监理的范围、内容和权限及总监理工程师的姓名书面通知施工单位。

1.0.5 在建设工程监理工作范围内,建设单位与施工单位之间涉及施工合同的联系活动,应通过工程监理单位进行。

【条文说明】 在监理工作范围内,为保证工程监理单位独立、公平地实施监理工作,避免出现不必要的合同纠纷,建设单位与施工单位之间涉及施工合同的联系活动,均应通过工程监理单位进行。

1.0.6 实施建设工程监理应遵循以下主要依据:

1 法律法规及工程建设标准;

2 建设工程勘察设计文件;

3 建设工程监理合同及其他合同文件。

【条文说明】 工程监理单位实施建设工程监理的主要依据包括三部分,即:①法律法规及工程建设标准,如:《中华人民共和国建筑法》、《建设工程质量管理条例》、《建设工程安全生产管理条例》等法律法规及相应的工程技术和管理标准,包括工程建设强制性标准,本规范也是实施建设工程监理的重要依据;②建设工程勘察设计文件,既是工程施工的重要依据,也是工程监理的主要依据;③建设工程监理合同是实施建设工程监理的直接依据,建设单位与其他相关单位签订的合同(如与施工单位签订的施工合同、与材料设备供应单位签订的材料设备采购合同等)也是实施建设工程监理的重要依据。

1.0.7 建设工程监理应实行总监理工程师负责制。

【条文说明】 总监理工程师负责制是指由总监理工程师全面负责建设工程监理实施工作。总监理工程师是工程监理单位法定代表人书面任命的项目监理机构负责人,是工程监理单位履行建设工程监理合同的全权代表。

1.0.8 建设工程监理宜实施信息化管理。

【条文说明】 工程监理单位不仅自身需实施信息化管理,还可根据建设工程监理合同的约定协助建设单位建立信息管理平台,促进建设工程各参与方基于信息平台协同工作。

1.0.9 工程监理单位应公平、独立、诚信、科学地开展建设工程监理与相关服务活动。

【条文说明】 工程监理单位在实施建设工程监理与相关服务时，要公平地处理工作中出现的问题，独立地进行判断和行使职权，科学地为建设单位提供专业化服务，既要维护建设单位的合法权益，也不能损害其他有关单位的合法权益。

1.0.10 建设工程监理与相关服务活动，除应符合本规范外，尚应符合国家现行有关标准的规定。

2 术 语

2.0.1 工程监理单位 Construction project management enterprise

依法成立并取得建设主管部门颁发的工程监理企业资质证书，从事建设工程监理与相关服务活动的服务机构。

【条文说明】 工程监理单位是受建设单位委托为其提供管理和技术服务的独立法人或经济组织。工程监理单位不同于生产经营单位，既不直接进行工程设计和施工生产，也不参与施工单位的利润分成。

2.0.2 建设工程监理 Construction project management

工程监理单位受建设单位委托，根据法律法规、工程建设标准、勘察设计文件及合同，在施工阶段对建设工程质量、造价、进度进行控制，对合同、信息进行管理，对工程建设相关方的关系进行协调，并履行建设工程安全生产管理法定职责的服务活动。

【条文说明】 建设工程监理是一项具有中国特色的工程建设管理制度。工程监理单位要依据法律法规、工程建设标准、勘察设计文件、建设工程监理合同及其他合同文件，代表建设单位在施工阶段对建设工程质量、进度、造价进行控制，对合同、信息进行管理，对工程建设相关方的关系进行协调，即"三控两管一协调"，同时还要依据《建设工程安全生产管理条例》等法规、政策，履行建设工程安全生产管理的法定职责。

2.0.3 相关服务 Related services

工程监理单位受建设单位委托，按照建设工程监理合同约定，在建设工程勘察、设计、保修等阶段提供的服务活动。

【条文说明】 工程监理单位根据建设工程监理合同约定，在工程勘察、设计、保修等阶段为建设单位提供的专业化服务均属于相关服务。

2.0.4 项目监理机构 Project management department

工程监理单位派驻工程负责履行建设工程监理合同的组织机构。

2.0.5 注册监理工程师 Registered project management engineer

取得国务院建设主管部门颁发的《中华人民共和国注册监理工程师注册执业证书》和执业印章,从事建设工程监理与相关服务等活动的人员。

【条文说明】 从事建设工程监理与相关服务等工程管理活动的人员取得注册监理工程师执业资格,应参加国务院人事和建设主管部门组织的全国统一考试或考核认定,获得《中华人民共和国监理工程师执业资格证书》,并经国务院建设主管部门注册,获得《中华人民共和国注册监理工程师注册执业证书》和执业印章。

2.0.6 总监理工程师 Chief project management engineer

由工程监理单位法定代表人书面任命,负责履行建设工程监理合同、主持项目监理机构工作的注册监理工程师。

【条文说明】 总监理工程师应由工程监理单位法定代表人书面任命。总监理工程师是项目监理机构的负责人,应由注册监理工程师担任。

2.0.7 总监理工程师代表 Representative of chief project management engineer

经工程监理单位法定代表人同意,由总监理工程师书面授权,代表总监理工程师行使其部分职责和权力,具有工程类注册执业资格或具有中级及以上专业技术职称、3年及以上工程实践经验并经监理业务培训的人员。

【条文说明】 总监理工程师应在总监理工程师代表的书面授权中,列明代为行使总监理工程师的具体职责和权力。总监理工程师代表可以由具有工程类执业资格的人员(如:注册监理工师、注册造价工程师、注册建造师、注册建筑师、注册工程师等）担任，也可由具有中级及以上专业技术职称、3 年及以上工程实践经验并经监理业务培训的人员担任。

2.0.8 专业监理工程师 Specialty project management engineer

由总监理工程师授权，负责实施某一专业或某一岗位的监理工作，有相应监理文件签发权，具有工程类注册执业资格或具有中级及以上专业技术职称、2 年及以上工程实践经验并经监理业务培训的人员。

【条文说明】 专业监理工程师是项目监理机构中按专业或岗位设置的专业监理人员。当工程规模较大时，在某一专业或岗位宜设置若干名专业监理工程师。专业监理工程师具有相应监理文件的签发权，该岗位可以由具有工程类注册执业资格的人员（如：注册监理工程师、注册造价工程师、注册建造师、注册建筑师、注册工程师等）担任，也可由具有中级及以上专业技术职称、2 年及以上工程实践经验的监理人员担任。建设工程涉及特殊行业（如爆破工程）的，从事此类工程的专业监理工程师还应符合国家对有关专业人员资格的规定。

2.0.9 监理员 Site supervisor

从事具体监理工作，具有中专及以上学历并经过监理业务培训的人员。

【条文说明】 监理员是从事具体监理工作的人员，不同于项目监理机构中其他行政辅助人员。监理员应具有中专及以上学历，并经过监理业务培训。

2.0.10 监理规划 Project management planning

项目监理机构全面开展建设工程监理工作的指导性文件。

【条文说明】 监理规划应针对建设工程实际情况编制。

2.0.11 监理实施细则 Detailed rules for project management

针对某一专业或某一方面建设工程监理工作的操作性文件。

【条文说明】 监理实施细则是根据有关规定、监理工作实际需要而编制的操作性文件，如深基坑工程监理实施细则。

2.0.12 工程计量 Engineering measuring

根据工程设计文件及施工合同约定，项目监理机构对施工单位申报的合格工程的工程量进行的核验。

【条文说明】 项目监理机构应依据建设单位提供的施工图纸、工程量清单、施工图预算或其他文件，核对施工单位实际完成的合格工程量，符合工程设计文件及施工合同约定的，予以计量。

2.0.13 旁站 Key works supervising

项目监理机构对工程的关键部位或关键工序的施工质量进行的监督活动。

【条文说明】 旁站是项目监理机构对关键部位和关键工序的施工质量实施建设工程监理的方式之一。

2.0.14 巡视 Patrol inspecting

项目监理机构对施工现场进行的定期或不定期的检查活动。

【条文说明】 巡视是项目监理机构对工程实施建设工程监理的方式之一，是监理人员针对施工现场进行的检查。

2.0.15 平行检验 Parallel testing

项目监理机构在施工单位自检的同时，按有关规定、建设工程监理合同约定对同一检验项目进行的检测试验活动。

【条文说明】 工程类别不同，平行检验的范围和内容不同。项目监理机构应依据有关规定和建设工程监理合同约定进行平行检验。

2.0.16 见证取样 Sampling witness

项目监理机构对施工单位进行的涉及结构安全的试块、试件及工程材料现场取样、封样、送检工作的监督活动。

【条文说明】 施工单位需要在项目监理机构监督下，对涉及结构安全的试块、试件及工程材料，按规定进行现场取样、封样，并送至具备相应资质的检测单位进行检测。

2.0.17 工程延期 Construction duration extension

由于非施工单位原因造成合同工期延长的时间。

2.0.18 工期延误 Delay of construction period

由于施工单位自身原因造成施工期延长的时间。

【2.0.17、2.0.18 条文说明】 工程延期、工期延误的责任承担者不同，工程延期是由于非施工单位原因造成的，如建设单位原因、不可抗力等，施工单位不承担责任；而工期延误是由于施工单位自身原因造成的，需要施工单位采取赶工措施加快施工进度，如果不能按合同工期完成工程施工，施工单位还需根据施工合同约定承担误期责任。

2.0.19 工程临时延期批准 approval of construction duration temporary extension

发生非施工单位原因造成的持续性影响工期事件时所作出的临时延长合同工期的批准。

2.0.20 工程最终延期批准 approval of construction duration final extension

发生非施工单位原因造成的持续性影响工期事件时所作出的最终延长合同工期的批准。

【条文说明】 工程临时延期批准是施工过程中的临时性决定，工程最终延期批准是关于工程延期事件的最终决定，总监理工程师、建设单位批准的工程最终延期时间与原合同工期之和将成为新的合同工期。

2.0.21 监理日志 Daily record of project management

项目监理机构每日对建设工程监理工作及施工进展情况所做的记录。

【条文说明】 监理日志是项目监理机构在实施建设工程监理过程中每日形成的文件，由总监理工程师根据工程实际情况指定专业监理工程师负责记录。监理日志不等同于监理日记。监理日记是每个监理人员的工作日记。

2.0.22 监理月报 Monthly report of project management

项目监理机构每月向建设单位提交的建设工程监理工作及建设工程实施情况等分析总结报告。

【条文说明】 监理月报是记录、分析总结项目监理机构监理工作及工程实施情况的文档资料,既能反映建设工程监理工作及建设工程实施情况,也能确保建设工程监理工作可追溯。

2.0.23 设备监造 Supervision of equipment manufacturing

项目监理机构按照建设工程监理合同和设备采购合同约定,对设备制造过程进行的监督检查活动。

【条文说明】 建设工程中所需设备需要按设备采购合同单独制造的,项目监理机构应依据建设工程监理合同和设备采购合同对设备制造过程进行监督管理活动。

2.0.24 监理文件资料 Project document & data

工程监理单位在履行建设工程监理合同过程中形成或获取的,以一定形式记录、保存的文件资料。

【条文说明】 监理文件资料从形式上可分为文字、图表、数据、声像、电子文档等文件资料,从来源上可分为监理工作依据性、记录性、编审性等文件资料,需要归档的监理文件资料,按照国家有关规定执行。

3 项目监理机构及其设施

3.1 一 般 规 定

3.1.1 工程监理单位实施监理时，应在施工现场派驻项目监理机构。项目监理机构的组织形式和规模，可根据建设工程监理合同约定的服务内容、服务期限，以及工程特点、规模、技术复杂程度、环境等因素确定。

【**条文说明**】 项目监理机构的建立应遵循适应、精简、高效的原则，要有利于建设工程监理目标控制和合同管理，要有利于建设工程监理职责的划分和监理人员的分工协作，要有利于建设工程监理的科学决策和信息沟通。

3.1.2 项目监理机构的监理人员应由总监理工程师、专业监理工程师和监理员组成，且专业配套、数量应满足建设工程监理工作需要，必要时可设总监理工程师代表。

【**条文说明**】 项目监理机构的监理人员宜由一名总监理工程师、若干名专业监理工程师和监理员组成，且专业配套、数量应满足监理工作和建设工程监理合同对监理工作深度及建设工程监理目标控制的要求。

下列情形项目监理机构可设总监理工程师代表：

（1）工程规模较大、专业较复杂，总监理工程师难以处理多个专业工程时，可按专业设总监理工程师代表。

（2）一个建设工程监理合同中包含多个相对独立的施工合同，可按施工合同段设总监理工程师代表。

（3）工程规模较大、地域比较分散，可按工程地域设总监理工程师代表。

除总监理工程师、专业监理工程师和监理员外，项目监理机构还可根据监理工作需要，配备文秘、翻译、司机和其他行政辅助人员。

项目监理机构应根据建设工程不同阶段的需要配备数量和专业满足要求的监理人员，有序安排相关监理人员进退场。

3.1.3 工程监理单位在建设工程监理合同签订后，应及时将项目监理机构的组织形式、人员构成及对总监理工程师的任命书面通知建设单位。

总监理工程师任命书应按本规范表 A.0.1 的要求填写。

3.1.4 工程监理单位调换总监理工程师时，应征得建设单位书面同意；调换专业监理工程师时，总监理工程师应书面通知建设单位。

【条文说明】 工程监理单位更换、调整项目监理机构监理人员，应做好交接工作，保持建设工程监理工作的连续性。

3.1.5 一名注册监理工程师可担任一项建设工程监理合同的总监理工程师。当需要同时担任多项建设工程监理合同的总监理工程师时，应经建设单位书面同意，且最多不得超过三项。

【条文说明】 考虑到工程规模及复杂程度，一名注册监理工程师可以同时担任多个项目的总监理工程师，同时担任总监理工程师工作的项目不得超过三项。

3.1.6 施工现场监理工作全部完成或建设工程监理合同终止时，项目监理机构可撤离施工现场。

【条文说明】 项目监理机构撤离施工现场前，应由工程监理单位书面通知建设单位，并办理相关移交手续。

3.2 监理人员职责

3.2.1 总监理工程师应履行下列职责：

1 确定项目监理机构人员及其岗位职责。

2 组织编制监理规划，审批监理实施细则。

3 根据工程进展及监理工作情况调配监理人员，检查监理人员工作。

4 组织召开监理例会。

5 组织审核分包单位资格。

6 组织审查施工组织设计、（专项）施工方案。

7 审查工程开复工报审表，签发工程开工令、暂停令和复工令。

8 组织检查施工单位现场质量、安全生产管理体系的建立及运行情况。

9 组织审核施工单位的付款申请，签发工程款支付证书，组织审核竣工结算。

10 组织审查和处理工程变更。

11 调解建设单位与施工单位的合同争议，处理工程索赔。

12 组织验收分部工程，组织审查单位工程质量检验资料。

13 审查施工单位的竣工申请，组织工程竣工预验收，组织编写工程质量评估报告，参与工程竣工验收。

14 参与或配合工程质量安全事故的调查和处理。

15 组织编写监理月报、监理工作总结，组织整理监理文件资料。

3.2.2 总监理工程师不得将下列工作委托给总监理工程师代表：

1 组织编制监理规划，审批监理实施细则。

2 根据工程进展及监理工作情况调配监理人员。

3 组织审查施工组织设计、（专项）施工方案。

4 签发工程开工令、暂停令和复工令。

5 签发工程款支付证书，组织审核竣工结算。

6 调解建设单位与施工单位的合同争议，处理工程索赔。

7 审查施工单位的竣工申请，组织工程竣工预验收，组织编写工程质量评估报告，参与工程竣工验收。

8 参与或配合工程质量安全事故的调查和处理。

【条文说明】 总监理工程师作为项目监理机构负责人，监理工作中的重要职责不得委托给总监理工程师代表。

3.2.3 专业监理工程师应履行下列职责：

1 参与编制监理规划，负责编制监理实施细则。

2 审查施工单位提交的涉及本专业的报审文件,并向总监理工程师报告。

3 参与审核分包单位资格。

4 指导、检查监理员工作,定期向总监理工程师报告本专业监理工作实施情况。

5 检查进场的工程材料、构配件、设备的质量。

6 验收检验批、隐蔽工程、分项工程,参与验收分部工程。

7 处置发现的质量问题和安全事故隐患。

8 进行工程计量。

9 参与工程变更的审查和处理。

10 组织编写监理日志,参与编写监理月报。

11 收集、汇总、参与整理监理文件资料。

12 参与工程竣工预验收和竣工验收。

【**条文说明**】 专业监理工程师职责为其基本职责,在建设工程监理实施过程中,项目监理机构还应针对建设工程实际情况,明确各岗位专业监理工程师的职责分工,制定具体监理工作计划,并根据实施情况进行必要的调整。

3.2.4 监理员应履行下列职责:

1 检查施工单位投入工程的人力、主要设备的使用及运行状况。

2 进行见证取样。

3 复核工程计量有关数据。

4 检查工序施工结果。

5 发现施工作业中的问题,及时指出并向专业监理工程师报告。

【**条文说明**】 监理员职责为其基本职责,在建设工程监理实施过程中,项目监理机构还应针对建设工程实际情况,明确各岗位监理员的职责分工。

3.3 监 理 设 施

3.3.1 建设单位应按建设工程监理合同约定,提供监理工作需要的办公、交通、通信、生活等设施。

项目监理机构宜妥善使用和保管建设单位提供的设施,并应按建设工程监理合同约定的时间移交建设单位。

【条文说明】 对于建设单位提供的设施,项目监理机构应登记造册,建设工程监理工作结束或建设工程监理合同终止后归还建设单位。

3.3.2 工程监理单位宜按建设工程监理合同约定,配备满足监理工作需要的检测设备和工器具。

4 监理规划及监理实施细则

4.1 一 般 规 定

4.1.1 监理规划应结合工程实际情况，明确项目监理机构的工作目标，确定具体的监理工作制度、内容、程序、方法和措施。

【条文说明】 监理规划是在项目监理机构详细调查和充分研究建设工程的目标、技术、管理、环境以及工程参建各方等情况后制定的指导建设工程监理工作的实施方案，监理规划应起到指导项目监理机构实施建设工程监理工作的作用，因此，监理规划中应有明确、具体、切合工程实际的监理工作内容、程序、方法和措施，并制定完善的监理工作制度。

监理规划作为工程监理单位的技术文件，应经过工程监理单位技术负责人的审核批准，并在工程监理单位存档。

4.1.2 监理实施细则应符合监理规划的要求，并应具有可操作性。

【条文说明】 监理实施细则是指导项目监理机构具体开展专项监理工作的操作性文件，应体现项目监理机构对于建设工程在专业技术、目标控制方面的工作要点、方法和措施，做到详细、具体、明确。

4.2 监 理 规 划

4.2.1 监理规划可在签订建设工程监理合同及收到工程设计文件后由总监理工程师组织编制，并应在召开第一次工地会议前报送建设单位。

【条文说明】 监理规划应针对建设工程实际情况进行编制，应在签订建设工程监理合同及收到工程设计文件后开始编制。此外，还应结合施工组织设计、施工图审查意见等文件资料进行编制。一个监理项目应编制一个监理规划。

监理规划应在第一次工地会议召开之前完成工程监理单位内部审核后报送建设单位。

4.2.2 监理规划编审应遵循下列程序：

1 总监理工程师组织专业监理工程师编制。

2 总监理工程师签字后由工程监理单位技术负责人审批。

4.2.3 监理规划应包括下列主要内容：

1 工程概况。

2 监理工作的范围、内容、目标。

3 监理工作依据。

4 监理组织形式、人员配备及进退场计划、监理人员岗位职责。

5 监理工作制度。

6 工程质量控制。

7 工程造价控制。

8 工程进度控制。

9 安全生产管理的监理工作。

10 合同与信息管理。

11 组织协调。

12 监理工作设施。

【条文说明】 建设单位在委托建设工程监理时一并委托相关服务的，可将相关服务工作计划纳入监理规划。

4.2.4 在实施建设工程监理过程中，实际情况或条件发生变化而需要调整监理规划时，应由总监理工程师组织专业监理工程师修改，并应经工程监理单位技术负责人批准后报建设单位。

【条文说明】 在监理工作实施过程中，建设工程的实施可能会发生较大变化，如设计方案重大修改、施工方式发生变化、工期和质量要求发生重大变化，或者当原监理规划所确定的程序、方法、措施和制度等需要做重大调整时，总监理工程师应及时组织专业监理工程师修改监理规划，并按原报审程序审核批准后报建设单位。

4.3 监理实施细则

4.3.1 对专业性较强、危险性较大的分部分项工程，项目监理机构应编制监理实施细则。

【条文说明】 项目监理机构应结合工程特点、施工环境、施工工艺等编制监理实施细则，明确监理工作要点、监理工作流程和监理工作方法及措施，达到规范和指导监理工作的目的。

对工程规模较小、技术较简单且有成熟管理经验和措施的，可不必编制监理实施细则。

4.3.2 监理实施细则应在相应工程施工开始前由专业监理工程师编制，并应报总监理工程师审批。

【条文说明】 监理实施细则可随工程进展编制，但应在相应工程开始施工前完成，并经总监理工程师审批后实施。

4.3.3 监理实施细则的编制应依据下列资料：

1 监理规划。

2 工程建设标准、工程设计文件。

3 施工组织设计、（专项）施工方案。

4.3.4 监理实施细则应包括下列主要内容：

1 专业工程特点。

2 监理工作流程。

3 监理工作要点。

4 监理工作方法及措施。

【条文说明】 监理实施细则可根据建设工程实际情况及项目监理机构工作需要增加其他内容。

4.3.5 在实施建设工程监理过程中，监理实施细则可根据实际情况进行补充、修改，并应经总监理工程师批准后实施。

【条文说明】 当工程发生变化导致原监理实施细则所确定的工作流程、方法和措施需要调整时，专业监理工程师应对监理实施细则进行补充、修改。

5 工程质量、造价、进度控制及安全生产管理的监理工作

5.1 一 般 规 定

5.1.1 项目监理机构应根据建设工程监理合同约定，遵循动态控制原理，坚持预防为主的原则，制定和实施相应的监理措施，采用旁站、巡视和平行检验等方式对建设工程实施监理。

【条文说明】 项目监理机构应根据建设工程监理合同约定，分析影响工程质量、造价、进度控制和安全生产管理的因素及影响程度，有针对性地制定和实施相应的组织技术措施。

5.1.2 监理人员应熟悉工程设计文件，并应参加建设单位主持的图纸会审和设计交底会议，会议纪要应由总监理工程师签认。

【条文说明】 总监理工程师组织监理人员熟悉工程设计文件是项目监理机构实施事前控制的一项重要工作，其目的是通过熟悉工程设计文件，了解工程设计特点、工程关键部位的质量要求，便于项目监理机构按工程设计文件的要求实施监理。有关监理人员应参加图纸会审和设计交底会议，熟悉如下内容：

1 设计主导思想、设计构思、采用的设计规范、各专业设计说明等。

2 工程设计文件对主要工程材料、构配件和设备的要求，对所采用的新材料、新工艺、新技术、新设备的要求，对施工技术的要求以及涉及工程质量、施工安全应特别注意的事项等。

3 设计单位对建设单位、施工单位和工程监理单位提出的意见和建议的答复。

项目监理机构如发现工程设计文件中存在不符合建设工程质量标准或施工合同约定的质量要求时，应通过建设单位向设计单位提出书面意见或建议。

图纸会审和设计交底会议纪要应由建设单位、设计单位、施工单位的代表和总监理工程师共同签认。

5.1.3 工程开工前，监理人员应参加由建设单位主持召开的第一次工地会议，会议纪要应由项目监理机构负责整理，与会各方代表应会签。

【条文说明】 由建设单位主持召开的第一次工地会议是建设单位、工程监理单位和施工单位对各自人员及分工、开工准备、监理例会的要求等情况进行沟通和协调的会议。总监理工程师应介绍监理工作的目标、范围和内容、项目监理机构及人员职责分工、监理工作程序、方法和措施等。

第一次工地会议应包括以下主要内容：

1　建设单位、施工单位和工程监理单位分别介绍各自驻现场的组织机构、人员及分工。

2　建设单位介绍工程开工准备情况。

3　施工单位介绍施工准备情况。

4　建设单位代表和总监理工程师对施工准备情况提出意见和要求。

5　总监理工程师介绍监理规划的主要内容。

6　研究确定各方在施工过程中参加监理例会的主要人员，召开监理例会的周期、地点及主要议题。

7　其他有关事项。

5.1.4 项目监理机构应定期召开监理例会，并组织有关单位研究解决与监理相关的问题。项目监理机构可根据工程需要，主持或参加专题会议，解决监理工作范围内工程专项问题。

监理例会以及由项目监理机构主持召开的专题会议的会议纪要，应由项目监理机构负责整理，与会各方代表应会签。

【条文说明】 监理例会由总监理工程师或其授权的专业监理工程师主持。专题会议是由总监理工程师或其授权的专业监理工程师主持或参加的，为解决监理过程中的工程专项问题而不定期召开的会议。专题会议纪要的内容包括会议主要议题、会议内容、与会单位、参加人员及召开时间等。

监理例会应包括以下主要内容：

1 检查上次例会议定事项的落实情况，分析未完事项原因。

2 检查分析工程项目进度计划完成情况，提出下一阶段进度目标及其落实措施。

3 检查分析工程项目质量、施工安全管理状况，针对存在的问题提出改进措施。

4 检查工程量核定及工程款支付情况。

5 解决需要协调的有关事项。

6 其他有关事宜。

5.1.5 项目监理机构应协调工程建设相关方的关系。项目监理机构与工程建设相关方之间的工作联系，除另有规定外宜采用工作联系单形式进行。

工作联系单应按本规范表 C.0.1 的要求填写。

5.1.6 项目监理机构应审查施工单位报审的施工组织设计，符合要求时，应由总监理工程师签认后报建设单位。项目监理机构应要求施工单位按已批准的施工组织设计组织施工。施工组织设计需要调整时，项目监理机构应按程序重新审查。

施工组织设计审查应包括下列基本内容：

1 编审程序应符合相关规定。

2 施工进度、施工方案及工程质量保证措施应符合施工合同要求。

3 资金、劳动力、材料、设备等资源供应计划应满足工程施工需要。

4 安全技术措施应符合工程建设强制性标准。

5 施工总平面布置应科学合理。

【条文说明】 施工组织设计的报审应遵循下列程序及要求：

1 施工单位编制的施工组织设计经施工单位技术负责人审核签认后，与施工组织设计报审表一并报送项目监理机构。

2 总监理工程师应及时组织专业监理工程师进行审查，需要修改的，由总监理工程师签发书面意见，退回修改；符合要求的，由总监理工程师签认。

3 已签认的施工组织设计由项目监理机构报送建设单位。

项目监理机构还应审查施工组织设计中的生产安全事故应急预案，重点审查应急组织体系、相关人员职责、预警预防制度、应急救援措施。

5.1.7 施工组织设计或（专项）施工方案报审表，应按本规范表 B.0.1 的要求填写。

5.1.8 总监理工程师应组织专业监理工程师审查施工单位报送的开工报审表及相关资料；同时具备下列条件时，应由总监理工程师签署审核意见，并应报建设单位批准后，总监理工程师签发工程开工令：

1 设计交底和图纸会审已完成。

2 施工组织设计已由总监理工程师签认。

3 施工单位现场质量、安全生产管理体系已建立，管理及施工人员已到位，施工机械具备使用条件，主要工程材料已落实。

4 进场道路及水、电、通信等已满足开工要求。

【条文说明】 总监理工程师应在开工日期 7 天前向施工单位发出工程开工令。工期自总监理工程师发出的工程开工令中载明的开工日期起计算。施工单位应在开工日期后尽快施工。

5.1.9 工程开工报审表应按本规范表 B.0.2 的要求填写。工程开工令应按本规范表 A.0.2 的要求填写。

5.1.10 分包工程开工前，项目监理机构应审核施工单位报送的分包单位资格报审表，专业监理工程师提出审查意见后，应由总监理工程师审核签认。

分包单位资格审核应包括下列基本内容：

1 营业执照、企业资质等级证书。

2 安全生产许可文件。

3 类似工程业绩。

4 专职管理人员和特种作业人员的资格。

5.1.11 分包单位资格报审表应按本规范表 B.0.4 的要求填写。

5.1.12 项目监理机构宜根据工程特点、施工合同、工程设计文件及经过批准的施工组织设计对工程风险进行分析，并宜提出工程质量、造价、进度目标控制及安全生产管理的防范性对策。

【条文说明】 项目监理机构进行风险分析时，主要是找出工程目标控制和安全生产管理的重点、难点以及最易发生事故、索赔事件的原因和部位，加强对施工合同的管理，制定防范性对策。

5.2　工程质量控制

5.2.1　工程开工前，项目监理机构应审查施工单位现场的质量管理组织机构、管理制度及专职管理人员和特种作业人员的资格。

5.2.2　总监理工程师应组织专业监理工程师审查施工单位报审的施工方案，符合要求后应予以签认。

施工方案审查应包括下列基本内容：

1　编审程序应符合相关规定。

2　工程质量保证措施应符合有关标准。

5.2.3　施工方案报审表应按本规范表 B.0.1 的要求填写。

5.2.4　专业监理工程师应审查施工单位报送的新材料、新工艺、新技术、新设备的质量认证材料和相关验收标准的适用性，必要时，应要求施工单位组织专题论证，审查合格后报总监理工程师签认。

【条文说明】 新材料、新工艺、新技术、新设备的应用应符合国家相关规定。专业监理工程师审查时，可根据具体情况要求施工单位提供相应的检验、检测、试验、鉴定或评估报告及相应的验收标准。项目监理机构认为有必要进行专题论证时，施工单位应组织专题论证会。

5.2.5 专业监理工程师应检查、复核施工单位报送的施工控制测量成果及保护措施，签署意见。专业监理工程师应对施工单位在施工过程中报送的施工测量放线成果进行查验。

施工控制测量成果及保护措施的检查、复核，应包括下列内容：

1 施工单位测量人员的资格证书及测量设备检定证书。

2 施工平面控制网、高程控制网和临时水准点的测量成果及控制桩的保护措施。

【条文说明】 专业监理工程师应审核施工单位的测量依据、测量人员资格和测量成果是否符合规范及标准要求，符合要求的，由专业监理工程师予以签认。

5.2.6 施工控制测量成果报验表应按本规范表 B.0.5 的要求填写。

5.2.7 专业监理工程师应检查施工单位为本工程提供服务的试验室。

试验室的检查应包括下列内容：

1 试验室的资质等级及试验范围。

2 法定计量部门对试验设备出具的计量检定证明。

3 试验室管理制度。

4 试验人员资格证书。

【条文说明】 施工单位为本工程提供服务的试验室是指施工单位自有试验室或委托的试验室。

5.2.8 施工单位的试验室报审表应按本规范表 B.0.7 的要求填写。

5.2.9 项目监理机构应审查施工单位报送的用于工程的材料、构配件、设备的质量证明文件，并应按有关规定、建设工程监理合同约定，对用于工程的材料进行见证取样、平行检验。

项目监理机构对已进场经检验不合格的工程材料、构配件、设备，应要求施工单位限期将其撤出施工现场。

工程材料、构配件、设备报审表应按本规范表 B.0.6 的要求填写。

【条文说明】 用于工程的材料、构配件、设备的质量证明文件包括出厂合格证、质量检验报告、性能检测报告以及施工单位的质量抽检报告等。工程监理单位与建设单位应在建设工程监理合同中事先约定平行检验的项目、数量、频率、费用等内容。

5.2.10 专业监理工程师应审查施工单位定期提交影响工程质量的计量设备的检查和检定报告。

【条文说明】 计量设备是指施工中使用的衡器、量具、计量装置等设备。施工单位应按有关规定定期对计量设备进行检查、检定，确保计量设备的精确性和可靠性。

5.2.11 项目监理机构应根据工程特点和施工单位报送的施工组织设计，确定旁站的关键部位、关键工序，安排监理人员进行旁站，并应及时记录旁站情况。

旁站记录应按本规范表 A.0.6 的要求填写。

【条文说明】 项目监理机构应将影响工程主体结构安全的、完工后无法检测其质量的或返工会造成较大损失的部位及其施工过程作为旁站的关键部位、关键工序。

5.2.12 项目监理机构应安排监理人员对工程施工质量进行巡视。巡视应包括下列主要内容：

1 施工单位是否按工程设计文件、工程建设标准和批准的施工组织设计、（专项）施工方案施工。

2 使用的工程材料、构配件和设备是否合格。

3 施工现场管理人员，特别是施工质量管理人员是否到位。

4 特种作业人员是否持证上岗。

5.2.13 项目监理机构应根据工程特点、专业要求，以及建设工程监理合同约定，对施工质量进行平行检验。

【条文说明】 项目监理机构对施工质量进行的平行检验，应符合工程特点、专业要求及行业主管部门的有关规定，并符合建设工程监理合同的约定。

5.2.14 项目监理机构应对施工单位报验的隐蔽工程、检验批、分项工程和分部工程进行验收，对验收合格的应给予签认；对验收不合格的应拒绝签认，同时应要求施工单位在指定的时间内整改并重新报验。

对已同意覆盖的工程隐蔽部位质量有疑问的，或发现施工单位私自覆盖工程隐蔽部位的，项目监理机构应要求施工单位对该隐蔽部位进行钻孔探测、剥离或其他方法进行重新检验。

隐蔽工程、检验批、分项工程报验表应按本规范表 B.0.7 的要求填写。分部工程报验表应按本规范表 B.0.8 的要求填写。

【条文说明】 项目监理机构应按规定对施工单位自检合格后报验的隐蔽工程、检验批、分项工程和分部工程及相关文件和资料进行审查和验收，符合要求的，签署验收意见。检验批的报验按有关专业工程施工验收标准规定的程序执行。

项目监理机构可要求施工单位对已覆盖的工程隐蔽部位进行钻孔探测、剥离或其他方法重新检验，经检验证明工程质量符合合同要求的，建设单位应承担由此增加的费用和（或）工期延误，并支付施工单位合理利润；经检验证明工程质量不符合合同要求的，施工单位应承担由此增加的费用和（或）工期延误。

5.2.15 项目监理机构发现施工存在质量问题的，或施工单位采用不适当的施工工艺，或施工不当造成工程质量不合格的，应及时签发监理通知单，要求施工单位整改。整改完毕后，项目监理机构应根据施工单位报送的监理通知回复单对整改情况进行复查，提出复查意见。

监理通知单应按本规范表 A.0.3 的要求填写，监理通知回复单应按本规范表 B.0.9 的要求填写。

5.2.16 对需要返工处理或加固补强的质量缺陷，项目监理机构应要求施工单位报送经设计等相关单位认可的处理方案，并应对质量缺陷的处理过程进行跟踪检查，同时应对处理结果进行验收。

5.2.17 对需要返工处理或加固补强的质量事故，项目监理机构应要求施工单位报送质量事故调查报告和经设计等相关单位认可的处理方案，并应对质量事故的处理过程进行跟踪检查，同时应对处理结果进行验收。

项目监理机构应及时向建设单位提交质量事故书面报告，并应将完整的质量事故处理记录整理归档。

【条文说明】 项目监理机构向建设单位提交的质量事故书面报告应包括下列主要内容：

1 工程及各参建单位名称。

2 质量事故发生的时间、地点、工程部位。

3 事故发生的简要经过、造成工程损伤状况、伤亡人数和直接经济损失的初步估计。

4 事故发生原因的初步判断。

5 事故发生后采取的措施及处理方案。

6 事故处理的过程及结果。

5.2.18 项目监理机构应审查施工单位提交的单位工程竣工验收报审表及竣工资料，组织工程竣工预验收。存在问题的，应要求施工单位及时整改；合格的，总监理工程师应签认单位工程竣工验收报审表。

单位工程竣工验收报审表应按本规范表 B.0.10 的要求填写。

【条文说明】 项目监理机构收到工程竣工验收报审表后，总监理工程师应组织专业监理工程师对工程实体质量情况及竣工资料进行全面检查，需要进行功能试验（包括单机试车和无负荷试车）的，项目监理机构应审查试验报告单。

项目监理机构应督促施工单位做好成品保护和现场清理。

5.2.19 工程竣工预验收合格后，项目监理机构应编写工程质量评估报告，并应经总监理工程师和工程监理单位技术负责人审核签字后报建设单位。

【条文说明】 工程质量评估报告应包括以下主要内容：

1 工程概况。

2 工程各参建单位。

3　工程质量验收情况。

4　工程质量事故及其处理情况。

5　竣工资料审查情况。

6　工程质量评估结论。

5.2.20　项目监理机构应参加由建设单位组织的竣工验收，对验收中提出的整改问题，应督促施工单位及时整改。工程质量符合要求的，总监理工程师应在工程竣工验收报告中签署意见。

5.3　工程造价控制

5.3.1　项目监理机构应按下列程序进行工程计量和付款签证：

1　专业监理工程师对施工单位在工程款支付报审表中提交的工程量和支付金额进行复核，确定实际完成的工程量，提出到期应支付给施工单位的金额，并提出相应的支持性材料。

2　总监理工程师对专业监理工程师的审查意见进行审核，签认后报建设单位审批。

3　总监理工程师根据建设单位的审批意见，向施工单位签发工程款支付证书。

【条文说明】　项目监理机构应及时审查施工单位提交的工程款支付申请，进行工程计量，并与建设单位、施工单位沟通协商一致后，由总监理工程师签发工程款支付证书。其中，项目监理机构对施工单位提交的进度付款申请应审核以下内容：

1　截至本次付款周期末已实施工程的合同价款。

2　增加和扣减的变更金额。

3　增加和扣减的索赔金额。

4　支付的预付款和扣减的返还预付款。

5　扣减的质量保证金。

6　根据合同应增加和扣减的其他金额。

项目监理机构应从第一个付款周期开始，在施工单位的进度付款中，按专用合同条款的约定扣留质量保证金，直至扣留的质量保证金总额达到专用合同条款约定的金额或比例为止。质量保证金的计算额度不包括预付款的支付、扣回以及价格调整的金额。

5.3.2 工程款支付报审表应按本规范表 B.0.11 的要求填写，工程款支付证书应按本规范表 A.0.8 的要求填写。

5.3.3 项目监理机构应编制月完成工程量统计表，对实际完成量与计划完成量进行比较分析，发现偏差的，应提出调整建议，并应在监理月报中向建设单位报告。

5.3.4 项目监理机构应按下列程序进行竣工结算款审核：

1 专业监理工程师审查施工单位提交的竣工结算款支付申请，提出审查意见。

2 总监理工程师对专业监理工程师的审查意见进行审核，签认后报建设单位审批，同时抄送施工单位，并就工程竣工结算事宜与建设单位、施工单位协商；达成一致意见的，根据建设单位审批意见向施工单位签发竣工结算款支付证书；不能达成一致意见的，应按施工合同约定处理。

【条文说明】 项目监理机构应按有关工程结算规定及施工合同约定对竣工结算进行审核。

5.3.5 工程竣工结算款支付报审表应按本规范表 B.0.11 的要求填写，竣工结算款支付证书应按本规范表 A.0.8 的要求填写。

5.4 工程进度控制

5.4.1 项目监理机构应审查施工单位报审的施工总进度计划和阶段性施工进度计划，提出审查意见，并应由总监理工程师审核后报建设单位。

施工进度计划审查应包括下列基本内容：

1 施工进度计划应符合施工合同中工期的约定。

2 施工进度计划中主要工程项目无遗漏，应满足分批投入试运、分批动用的需要，阶段性施工进度计划应满足总进度控制目标的要求。

3 施工顺序的安排应符合施工工艺要求。

4　施工人员、工程材料、施工机械等资源供应计划应满足施工进度计划的需要。

5　施工进度计划应符合建设单位提供的资金、施工图纸、施工场地、物资等施工条件。

【条文说明】　项目监理机构审查阶段性施工进度计划时，应注重阶段性施工进度计划与总进度计划目标的一致性。

5.4.2　施工进度计划报审表应按本规范表 B.0.12 的要求填写。

5.4.3　项目监理机构应检查施工进度计划的实施情况，发现实际进度严重滞后于计划进度且影响合同工期时，应签发监理通知单，要求施工单位采取调整措施加快施工进度。总监理工程师应向建设单位报告工期延误风险。

【条文说明】　在施工进度计划实施过程中，项目监理机构应检查和记录实际进度情况，发生施工进度计划调整的，应报项目监理机构审查，并经建设单位同意后实施。发现实际进度严重滞后于计划进度且影响合同工期时，项目监理机构应签发监理通知单、召开专题会议，督促施工单位按批准的施工进度计划实施。

5.4.4　项目监理机构应比较分析工程施工实际进度与计划进度，预测实际进度对工程总工期的影响，并应在监理月报中向建设单位报告工程实际进展情况。

5.5　安全生产管理的监理工作

5.5.1　项目监理机构应根据法律法规、工程建设强制性标准，履行建设工程安全生产管理的监理职责，并应将安全生产管理的监理工作内容、方法和措施纳入监理规划及监理实施细则。

5.5.2　项目监理机构应审查施工单位现场安全生产规章制度的建立和实施情况，并应审查施工单位安全生产许可证及施工单位项目经理、专职安全生产管理人员和特种作业人员的资格，同时应核查施工机械和设施的安全许可验收手续。

【条文说明】　项目监理机构应重点审查施工单位安全生产许可证及施工单位项目经理资格证、专职安全生产管理人员上岗证和特种作业人员操作证年检合格与否，核查施工机械和设施的安全许可验收手续。

5.5.3 项目监理机构应审查施工单位报审的专项施工方案，符合要求的，应由总监理工程师签认后报建设单位。超过一定规模的危险性较大的分部分项工程的专项施工方案，应检查施工单位组织专家进行论证、审查的情况，以及是否附具安全验算结果。项目监理机构应要求施工单位按已批准的专项施工方案组织施工。专项施工方案需要调整时，施工单位应按程序重新提交项目监理机构审查。

专项施工方案审查应包括下列基本内容：

1 编审程序应符合相关规定。

2 安全技术措施应符合工程建设强制性标准。

5.5.4 专项施工方案报审表应按本规范表 B.0.1 的要求填写。

5.5.5 项目监理机构应巡视检查危险性较大的分部分项工程专项施工方案实施情况。发现未按专项施工方案实施时，应签发监理通知单，要求施工单位按专项施工方案实施。

5.5.6 项目监理机构在实施监理过程中，发现工程存在安全事故隐患时，应签发监理通知单，要求施工单位整改；情况严重时，应签发工程暂停令，并应及时报告建设单位。施工单位拒不整改或不停止施工时，项目监理机构应及时向有关主管部门报送监理报告。

监理报告应按本规范表 A.0.4 的要求填写。

【条文说明】 紧急情况下，项目监理机构通过电话、传真或者电子邮件向有关主管报告的，事后应形成监理报告。

6 工程变更、索赔及施工合同争议

6.1 一 般 规 定

6.1.1 项目监理机构应依据建设工程监理合同约定进行施工合同管理,处理工程暂停及复工、工程变更、索赔及施工合同争议、解除等事宜。

6.1.2 施工合同终止时,项目监理机构应协助建设单位按施工合同约定处理施工合同终止的有关事宜。

6.2 工程暂停及复工

6.2.1 总监理工程师在签发工程暂停令时,可根据停工原因的影响范围和影响程度,确定停工范围,并应按施工合同和建设工程监理合同的约定签发工程暂停令。

6.2.2 项目监理机构发现下列情况之一时,总监理工程师应及时签发工程暂停令:

    1 建设单位要求暂停施工且工程需要暂停施工的。

    2 施工单位未经批准擅自施工或拒绝项目监理机构管理的。

    3 施工单位未按审查通过的工程设计文件施工的。

    4 施工单位违反工程建设强制性标准的。

    5 施工存在重大质量、安全事故隐患或发生质量、安全事故的。

【条文说明】 总监理工程师签发工程暂停令,应事先征得建设单位同意。在紧急情况下,未能事先征得建设单位同意的,应在事后及时向建设单位书面报告。施工单位未按要求停工或复工的,项目监理机构应及时报告建设单位。

    发生情况1时,建设单位要求停工,总监理工程师经过独立判断,认为有必要暂停施工的,可签发工程暂停令;认为没有必要暂停施工的，不应签发工程暂停令。

发生情况 2 时，施工单位擅自施工的，总监理工程师应及时签发工程暂停令；施工单位拒绝执行项目监理机构的要求和指令时，总监理工程师应视情况签发工程暂停令。

发生情况 3、4、5 时，总监理工程师均应及时签发工程暂停令。

6.2.3 总监理工程师签发工程暂停令应事先征得建设单位同意，在紧急情况下未能事先报告时，应在事后及时向建设单位作出书面报告。

工程暂停令应按本规范附录 A.0.5 的要求填写。

6.2.4 暂停施工事件发生时，项目监理机构应如实记录所发生的情况。

6.2.5 总监理工程师应会同有关各方按施工合同约定，处理因工程暂停引起的与工期、费用有关的问题。

6.2.6 因施工单位原因暂停施工时，项目监理机构应检查、验收施工单位的停工整改过程、结果。

6.2.7 当暂停施工原因消失、具备复工条件时，施工单位提出复工申请的，项目监理机构应审查施工单位报送的复工报审表及有关材料，符合要求后，总监理工程师应及时签署审查意见，并应报建设单位批准后签发工程复工令；施工单位未提出复工申请的，总监理工程师应根据工程实际情况指令施工单位恢复施工。

工程复工报审表应按本规范表 B.0.3 的要求填写，工程复工令应按本规范表 A.0.7 的要求填写。

【条文说明】 总监理工程师签发工程复工令，应事先征得建设单位同意。

6.3 工 程 变 更

6.3.1 项目监理机构可按下列程序处理施工单位的工程变更：

1 总监理工程师组织专业监理工程师审查施工单位提出的工程变更申请，提出审查意见。对涉及工程设计文件修改的工程变更，应由建设单位转交原设计单位修改工程设计文件。必要时，项目监理机构应建议建设单位组织设计、施工等单位召开论证工程设计文件的修改方案的专题会议。

2　总监理工程师组织专业监理工程师对工程变更费用及工期影响作出评估。

3　总监理工程师组织建设单位、施工单位等共同协商确定工程变更费用及工期变化，会签工程变更单。

4　项目监理机构根据批准的工程变更文件监督施工单位实施工程变更。

【条文说明】　发生工程变更，应经过建设单位、设计单位、施工单位和工程监理单位的签认，并通过总监理工程师下达变更指令后，施工单位方可进行施工。

工程变更需要修改工程设计文件，涉及消防、人防、环保、节能、结构等内容的，应按规定经有关部门重新审查。

6.3.2　工程变更单应按本规范表 C.0.2 的要求填写。

6.3.3　项目监理机构可在工程变更实施前与建设单位、施工单位等协商确定工程变更的计价原则、计价方法或价款。

【条文说明】　工程变更价款确定的原则如下：

1　合同中已有适用于变更工程的价格，按合同已有的价格计算、变更合同价款。

2　合同中有类似于变更工程的价格，可参照类似价格变更合同价款。

3　合同中没有适用或类似于变更工程的价格，总监理工程师应与建设单位、施工单位就工程变更价款进行充分协商达成一致；如双方达不成一致，由总监理工程师按照成本加利润的原则确定工程变更的合理单价或价款，如有异议，按施工合同约定的争议程序处理。

6.3.4　建设单位与施工单位未能就工程变更费用达成协议时，项目监理机构可提出一个暂定价格并经建设单位同意，作为临时支付工程款的依据。工程变更款项最终结算时，应以建设单位与施工单位达成的协议为依据。

6.3.5　项目监理机构可对建设单位要求的工程变更提出评估意见，并应督促施工单位按会签后的工程变更单组织施工。

【条文说明】　项目监理机构评估后确实需要变更的，建设单位应要求原设计单位编制工程变更文件。

6.4　费用索赔

6.4.1　项目监理机构应及时收集、整理有关工程费用的原始资料，为处理费用索赔提供证据。

【条文说明】　涉及工程费用索赔的有关施工和监理文件资料包括：施工合同、采购合同、工程变更单、施工组织设计、专项施工方案、施工进度计划、建设单位和施工单位的有关文件、会议纪要、监理记录、监理工作联系单、监理通知单、监理月报及相关监理文件资料等。

6.4.2　项目监理机构处理费用索赔的主要依据应包括下列内容

　　1　法律法规。

　　2　勘察设计文件、施工合同文件。

　　3　工程建设标准。

　　4　索赔事件的证据。

【条文说明】　处理索赔时，应遵循"谁索赔，谁举证"原则，并注意证据的有效性。

6.4.3　项目监理机构可按下列程序处理施工单位提出的费用索赔

　　1　受理施工单位在施工合同约定的期限内提交的费用索赔意向通知书。

　　2　收集与索赔有关的资料。

　　3　受理施工单位在施工合同约定的期限内提交的费用索赔报审表。

　　4　审查费用索赔报审表。需要施工单位进一步提交详细资料时，应在施工合同约定的期限内发出通知。

5 与建设单位和施工单位协商一致后，在施工合同约定的期限内签发费用索赔报审表，并报建设单位。

【条文说明】 总监理工程师在签发索赔报审表时，可附一份索赔审查报告。索赔审查报告内容包括受理索赔的日期、索赔要求、索赔过程，确认的索赔理由及合同依据，批准的索赔额及其计算方法等。

6.4.4 费用索赔意向通知书应按本规范表C.0.3的要求填写；费用索赔报审表应按本规范表B.0.13的要求填写。

6.4.5 项目监理机构批准施工单位费用索赔应同时满足下列条件：

1 施工单位在施工合同约定的期限内提出费用索赔。

2 索赔事件是因非施工单位原因造成，且符合施工合同约定。

3 索赔事件造成施工单位直接经济损失。

6.4.6 当施工单位的费用索赔要求与工程延期要求相关联时，项目监理机构可提出费用索赔和工程延期的综合处理意见，并应与建设单位和施工单位协商。

6.4.7 因施工单位原因造成建设单位损失，建设单位提出索赔时，项目监理机构应与建设单位和施工单位协商处理。

6.5 工程延期及工期延误

6.5.1 施工单位提出工程延期要求符合施工合同约定时，项目监理机构应予以受理。

【条文说明】 项目监理机构在受理施工单位提出的工程延期要求后应收集相关资料，并及时处理。

6.5.2 当影响工期事件具有持续性时，项目监理机构应对施工单位提交的阶段性工程临时延期报审表进行审查，并应签署工程临时延期审核意见后报建设单位。

当影响工期事件结束后，项目监理机构应对施工单位提交的工程最终延期报审表进行审查，并应签署工程最终延期审核意见后报建设单位。

工程临时延期报审表和工程最终延期报审表应按本规范表B. 0. 14 的要求填写。

6.5.3 项目监理机构在批准工程临时延期、工程最终延期前，均应与建设单位和施工单位协商。

【条文说明】 当建设单位与施工单位就工程延期事宜协商达不成一致意见时，项目监理机构应提出评估意见。

6.5.4 项目监理机构批准工程延期应同时满足下列条件：

1 施工单位在施工合同约定的期限内提出工程延期。

2 因非施工单位原因造成施工进度滞后。

3 施工进度滞后影响到施工合同约定的工期。

6.5.5 施工单位因工程延期提出费用索赔时，项目监理机构可按施工合同约定进行处理。

6.5.6 发生工期延误时，项目监理机构应按施工合同约定进行处理。

6.6 施工合同争议

6.6.1 项目监理机构处理施工合同争议时应进行下列工作：

1 了解合同争议情况。

2 及时与合同争议双方进行磋商。

3 提出处理方案后，由总监理工程师进行协调。

4 当双方未能达成一致时，总监理工程师应提出处理合同争议的意见。

【条文说明】 项目监理机构可要求争议双方出具相关证据。总监理工程师应遵守客观、公平的原则，提出合同争议的处理意见。

6.6.2 项目监理机构在施工合同争议处理过程中，对未达到施工合同约定的暂停履行合同条件的，应要求施工合同双方继续履行合同。

6.6.3 在施工合同争议的仲裁或诉讼过程中，项目监理机构应按仲裁机关或法院要求提供与争议有关的证据。

6.7 施工合同解除

6.7.1 因建设单位原因导致施工合同解除时，项目监理机构应按施工合同约定与建设单位和施工单位从下列款项中协商确定施工单位应得款项，并应签发工程款支付证书：

1 施工单位按施工合同约定已完成的工作应得款项。

2 施工单位按批准的采购计划订购工程材料、构配件、设备的款项。

3 施工单位撤离施工设备至原基地或其他目的地的合理费用。

4 施工单位人员的合理遣返费用。

5 施工单位合理的利润补偿。

6 施工合同约定的建设单位应支付的违约金。

6.7.2 因施工单位原因导致施工合同解除时，项目监理机构应按施工合同约定，从下列款项中确定施工单位应得款项或偿还建设单位的款项，并应与建设单位和施工单位协商后，书面提交施工单位应得款项或偿还建设单位款项的证明：

1 施工单位已按施工合同约定实际完成的工作应得款项和已给付的款项。

2 施工单位已提供的材料、构配件、设备和临时工程等的价值。

3 对已完工程进行检查和验收、移交工程资料、修复已完工程质量缺陷等所需的费用。

4 施工合同约定的施工单位应支付的违约金。

6.7.3 因非建设单位、施工单位原因导致施工合同解除时，项目监理机构应按施工合同约定处理合同解除后的有关事宜。

7 监理文件资料管理

7.1 一般规定

7.1.1 项目监理机构应建立完善监理文件资料管理制度，宜设专人管理监理文件资料。

【条文说明】 监理文件资料是实施监理过程的真实反映，既是监理工作成效的根本体现，也是工程质量、生产安全事故责任划分的重要依据，项目监理机构应做到"明确责任，专人负责"。

7.1.2 项目监理机构应及时、准确、完整地收集、整理、编制、传递监理文件资料。

【条文说明】 监理人员应及时分类整理自己负责的文件资料，并移交由总监理工程师指定的专人进行管理，监理文件资料应准确、完整。

7.1.3 项目监理机构宜采用信息技术进行监理文件资料管理。

7.2 监理文件资料内容

7.2.1 监理文件资料应包括下列主要内容：

1 勘察设计文件、建设工程监理合同及其他合同文件。

2 监理规划、监理实施细则。

3 设计交底和图纸会审会议纪要。

4 施工组织设计、（专项）施工方案、施工进度计划报审文件资料。

5 分包单位资格报审文件资料。

6 施工控制测量成果报验文件资料。

7 总监理工程师任命书，工程开工令、暂停令、复工令，工程开工或复工报审文件资料。

8 工程材料、构配件、设备报验文件资料。

9 见证取样和平行检验文件资料。

10 工程质量检查报验资料及工程有关验收资料。

11 工程变更、费用索赔及工程延期文件资料。

12 工程计量、工程款支付文件资料。

13 监理通知单、工作联系单与监理报告。

14 第一次工地会议、监理例会、专题会议等会议纪要。

15 监理月报、监理日志、旁站记录。

16 工程质量或生产安全事故处理文件资料。

17 工程质量评估报告及竣工验收监理文件资料。

18 监理工作总结。

【条文说明】 合同文件、勘察设计文件是建设单位提供的监理工作依据。

项目监理机构收集归档的监理文件资料应为原件,若为复印件,应加盖报送单位印章,并由经手人签字、注明日期。

监理文件资料涉及的有关表格应采用本规范统一表式,签字盖章手续完备。

7.2.2 监理日志应包括下列主要内容:

1 天气和施工环境情况。

2 当日施工进展情况。

3 当日监理工作情况,包括旁站、巡视、见证取样、平行检验等情况。

4 当日存在的问题及处理情况。

5 其他有关事项。

【条文说明】 总监理工程师应定期审阅监理日志,全面了解监理工作情况。

7.2.3 监理月报应包括下列主要内容:

1 本月工程实施情况。

2 本月监理工作情况。

3 本月施工中存在的问题及处理情况。

4 下月监理工作重点。

【条文说明】 监理月报是项目监理机构定期编制并向建设单位和工程监理单位提交的重要文件。

监理月报应包括以下具体内容：

（1）本月工程实施概况：

1）工程进展情况，实际进度与计划进度的比较，施工单位人、机、料进场及使用情况，本期在施部位的工程照片。

2）工程质量情况，分项分部工程验收情况，工程材料、设备、构配件进场检验情况，主要施工试验情况，本月工程质量分析。

3）施工单位安全生产管理工作评述。

4）已完工程量与已付工程款的统计及说明。

（2）本月监理工作情况：

1）工程进度控制方面的工作情况。

2）工程质量控制方面的工作情况。

3）安全生产管理方面的工作情况。

4）工程计量与工程款支付方面的工作情况。

5）合同其他事项的管理工作情况。

6）监理工作统计及工作照片。

（3）本月施工中存在的问题及处理情况：

1）工程进度控制方面的主要问题分析及处理情况。

2）工程质量控制方面的主要问题分析及处理情况。

3）施工单位安全生产管理方面的主要问题分析及处理情况。

4）工程计量与工程款支付方面的主要问题分析及处理情况。

5）合同其他事项管理方面的主要问题分析及处理情况。

（4）下月监理工作重点：

1）在工程管理方面的监理工作重点。

2）在项目监理机构内部管理方面的工作重点。

7.2.4 监理工作总结应包括下列主要内容：

1 工程概况。

2 项目监理机构。

3 建设工程监理合同履行情况。

4 监理工作成效。

5 监理工作中发现的问题及其处理情况。

6 说明和建议。

【条文说明】 监理工作总结经总监理工程师签字后报工程监理单位。

7.3 监理文件资料归档

7.3.1 项目监理机构应及时整理、分类汇总监理文件资料,并应按规定组卷,形成监理档案。

【条文说明】 监理文件资料的组卷及归档应符合相关规定。

7.3.2 工程监理单位应根据工程特点和有关规定,保存监理档案,并应向有关单位、部门移交需要存档的监理文件资料。

【条文说明】 工程监理单位应按合同约定向建设单位移交监理档案。工程监理单位自行保存的监理档案保存期可分为永久、长期、短期三种。

8 设备采购与设备监造

8.1 一般规定

8.1.1 项目监理机构应根据建设工程监理合同约定的设备采购与设备监造工作内容配备监理人员，并明确岗位职责。

8.1.2 项目监理机构应编制设备采购与设备监造工作计划，并应协助建设单位编制设备采购与设备监造方案。

8.2 设备采购

8.2.1 采用招标方式进行设备采购时，项目监理机构应协助建设单位按有关规定组织设备采购招标。采用其他方式进行设备采购时，项目监理机构应协助建设单位进行询价。

8.2.2 项目监理机构应协助建设单位进行设备采购合同谈判，并应协助签订设备采购合同。

【8.2.1、8.2.2 条文说明】 建设单位委托设备采购服务的，项目监理机构的主要工作内容是协助建设单位编制设备采购方案、择优选择设备供应单位和签订设备采购合同。

总监理工程师应组织设备专业监理人员，依据建设工程监理合同制订设备采购工作的程序和措施。

8.2.3 设备采购文件资料应包括下列主要内容：

1 建设工程监理合同及设备采购合同。

2 设备采购招投标文件。

3 工程设计文件和图纸。

4 市场调查、考察报告。

5 设备采购方案。

6 设备采购工作总结。

【条文说明】 设备采购工作完成后，由总监理工程师按要求负责整理汇总设备采购文件资料,并提交建设单位和本单位归档。

8.3 设 备 监 造

8.3.1 项目监理机构应检查设备制造单位的质量管理体系,并应审查设备制造单位报送的设备制造生产计划和工艺方案。

【条文说明】 专业监理工程师应对设备制造单位的质量管理体系建立和运行情况进行检查,审查设备制造生产计划和工艺方案。审查合格并经总监理工程师批准后方可实施。

8.3.2 项目监理机构应审查设备制造的检验计划和检验要求,并应确认各阶段的检验时间、内容、方法、标准,以及检测手段、检测设备和仪器。

8.3.3 专业监理工程师应审查设备制造的原材料、外购配套件、元器件、标准件,以及坯料的质量证明文件及检验报告,并应审查设备制造单位提交的报验资料,符合规定时应予以签认。

【条文说明】 专业监理工程师在审查质量证明文件及检验报告时,应审查文件及报告的质量证明内容、日期和检验结果是否符合设计要求和合同约定,审查原材料进货、制造加工、组装、中间产品试验、强度试验、严密性试验、整机性能试验、包装直至完成出厂并具备装运条件的检验计划与检验要求,此外,应对检验的时间、内容、方法、标准以及检测手段、检测设备和仪器等进行审查。

8.3.4 项目监理机构应对设备制造过程进行监督和检查,对主要及关键零部件的制造工序应进行抽检。

【条文说明】 项目监理机构对设备制造过程的监督检查应包括以下主要内容:零件制造是否按工艺规程的规定进行,零件制造是否经检验合格后才转入下一道工序,主要及关键零件的材质和加工工序是否符合图纸、工艺的规定,零件制造的进度是否符合生产计划的要求。

8.3.5 项目监理机构应要求设备制造单位按批准的检验计划和

检验要求进行设备制造过程的检验工作，并应做好检验记录。项目监理机构应对检验结果进行审核，认为不符合质量要求时，应要求设备制造单位进行整改、返修或返工。当发生质量失控或重大质量事故时，应由总监理工程师签发暂停令，提出处理意见，并应及时报告建设单位。

【条文说明】 总监理工程师签发暂停制造指令时，应同时提出如下处理意见：

（1）要求设备制造单位进行原因分析。

（2）要求设备制造单位提出整改措施并进行整改。

（3）确定复工条件。

8.3.6 项目监理机构应检查和监督设备的装配过程。

【条文说明】 在设备装配过程中，专业监理工程师应检查配合面的配合质量、零部件的定位质量及连接质量、运动件的运动精度等装配质量是否符合设计及标准要求。

8.3.7 在设备制造过程中如需要对设备的原设计进行变更时，项目监理机构应审查设计变更，并应协调处理因变更引起的费用和工期调整，同时应报建设单位批准。

【条文说明】 在对原设计进行变更时，专业监理工程师应进行审核，并督促办理相应的设计变更手续和移交修改函件或技术文件等。对可能引起的费用增减和制造工期的变化按设备制造合同约定协商确定。

8.3.8 项目监理机构应参加设备整机性能检测、调试和出厂验收，符合要求后应予以签认。

【条文说明】 项目监理机构签认时，应要求设备制造单位提供相应的设备整机性能检测报告、调试报告和出厂验收书面证明资料。

8.3.9 在设备运往现场前，项目监理机构应检查设备制造单位对待运设备采取的防护和包装措施，并应检查是否符合运输、装卸、储存、安装的要求，以及随机文件、装箱单和附件是否齐全。

【条文说明】 检查防护和包装措施应考虑：运输、装卸、储存、安装的要求，主要应包括：防潮湿、防雨淋、防日晒、防振动、防高温、防低温、防泄漏、防锈蚀、须屏蔽及放置形式等内容。

8.3.10 设备运到现场后，项目监理机构应参加设备制造单位按合同约定与接收单位的交接工作。

【条文说明】 设备交接工作一般包括开箱清点、设备和资料检查与验收、移交等内容。

8.3.11 专业监理工程师应按设备制造合同的约定审查设备制造单位提交的付款申请，提出审查意见，并应由总监理工程师审核后签发支付证书。

【条文说明】 专业监理工程师可在制造单位备料阶段、加工阶段、完工交付阶段控制费用支出，或按设备制造合同的约定审核进度付款，由总监理工程师审核后签发支付证书。

8.3.12 专业监理工程师应审查设备制造单位提出的索赔文件，提出意见后报总监理工程师，并应由总监理工程师与建设单位、设备制造单位协商一致后签署意见。

8.3.13 专业监理工程师应审查设备制造单位报送的设备制造结算文件，提出审查意见，并应由总监理工程师签署意见后报建设单位。

【条文说明】 结算工作应依据设备制造合同的约定进行。

8.3.14 设备监造文件资料应包括下列主要内容：

1 建设工程监理合同及设备采购合同。

2 设备监造工作计划。

3 设备制造工艺方案报审资料。

4 设备制造的检验计划和检验要求。

5 分包单位资格报审资料。

6 原材料、零配件的检验报告。

7 工程暂停令、开工或复工报审资料。

8 检验记录及试验报告。

9 变更资料。

10 会议纪要。

11 来往函件。

12 监理通知单与工作联系单。

13 监理日志。

14 监理月报。

15 质量事故处理文件。

16 索赔文件。

17 设备验收文件。

18 设备交接文件。

19 支付证书和设备制造结算审核文件。

20 设备监造工作总结。

【条文说明】 设备监造工作完成后，由总监理工程师按要求负责整理汇总设备监造资料，并提交建设单位和本单位归档。

9 相 关 服 务

9.1 一 般 规 定

9.1.1 工程监理单位应根据建设工程监理合同约定的相关服务范围，开展相关服务工作，编制相关服务工作计划。

【条文说明】 相关服务范围可包括工程勘察、设计和保修阶段的工程管理服务工作。建设单位可委托其中一项、多项或全部服务，并支付相应的服务费用。

相关服务工作计划应包括相关服务工作的内容、程序、措施、制度等。

9.1.2 工程监理单位应按规定汇总整理、分类归档相关服务工作的文件资料。

9.2 工程勘察设计阶段服务

9.2.1 工程监理单位应协助建设单位编制工程勘察设计任务书和选择工程勘察设计单位，并应协助签订工程勘察设计合同。

【条文说明】 工程监理单位协助建设单位选择工程勘察设计单位时，应审查工程勘察设计单位的资质等级、勘察设计人员的资格以及工程勘察设计质量保证体系。

9.2.2 工程监理单位应审查勘察单位提交的勘察方案，提出审查意见，并应报建设单位。变更勘察方案时，应按原程序重新审查。

勘察方案报审表可按本规范表 B.0.1 的要求填写。

9.2.3 工程监理单位应检查勘察现场及室内试验主要岗位操作人员的资格，及所使用设备、仪器计量的检定情况。

【条文说明】 现场及室内试验主要岗位操作人员是指钻探设备操作人员、记录人员和室内实验的数据签字和审核人员。

9.2.4 工程监理单位应检查勘察进度计划执行情况、督促勘察单位完成勘察合同约定的工作内容、审核勘察单位提交的勘察费用支付申请表，以及签发勘察费用支付证书，并应报建设单位。

工程勘察阶段的监理通知单可按本规范表 A.0.3 的要求填写；监理通知回复单可应按本规范表 B.0.9 的要求填写；勘察费用支付申请表可按本规范表 B.0.11 的要求填写；勘察费用支付证书可按本规范表 A.0.8 的要求填写。

9.2.5 工程监理单位应检查勘察单位执行勘察方案的情况，对重要点位的勘探与测试应进行现场检查。

【条文说明】 重要点位是指勘察方案中工程勘察所需要的控制点、作为持力层的关键层和一些重要层的变化处。对重要点位的勘探与测试可实施旁站。

9.2.6 工程监理单位应审查勘察单位提交的勘察成果报告，并应向建设单位提交勘察成果评估报告，同时应参与勘察成果验收。

勘察成果评估报告应包括下列内容：

1 勘察工作概况。

2 勘察报告编制深度与勘察标准的符合情况。

3 勘察任务书的完成情况。

4 存在问题及建议。

5 评估结论。

9.2.7 勘察成果报审表可按本规范表 B.0.7 的要求填写。

9.2.8 工程监理单位应依据设计合同及项目总体计划要求审查各专业、各阶段设计进度计划。

9.2.9 工程监理单位应检查设计进度计划执行情况、督促设计单位完成设计合同约定的工作内容、审核设计单位提交的设计费用支付申请表，以及签认设计费用支付证书，并应报建设单位。

工程设计阶段的监理通知单可按本规范表 A.0.3 的要求填写；监理通知回复单可按本规范表 B.0.9 的要求填写；设计费用支付申请表可按本规范表 B.0.11 的要求填写；设计费用支付

证书可按本规范表 A.0.8 的要求填写。

9.2.10　工程监理单位应审查设计单位提交的设计成果，并应提出评估报告。评估报告应包括下列主要内容：

1　设计工作概况。

2　设计深度、与设计标准的符合情况。

3　设计任务书的完成情况。

4　有关部门审查意见的落实情况。

5　存在的问题及建议。

【条文说明】　审查设计成果主要审查方案设计是否符合规划设计要点，初步设计是否符合方案设计要求，施工图设计是否符合初步设计要求。

根据工程规模和复杂程度，在取得建设单位同意后，对设计工作成果的评估可不区分方案设计、初步设计和施工图设计，只出具一份报告即可。

9.2.11　设计阶段成果报审表可按本规范表 B.0.7 的要求填写。

9.2.12　工程监理单位应审查设计单位提出的新材料、新工艺、新技术、新设备在相关部门的备案情况。必要时应协助建设单位组织专家评审。

【条文说明】　审查工作主要针对目前尚未经过国家、地方、行业组织评审、鉴定的新材料、新工艺、新技术、新设备。

9.2.13　工程监理单位应审查设计单位提出的设计概算、施工图预算，提出审查意见，并应报建设单位。

9.2.14　工程监理单位应分析可能发生索赔的原因，并应制定防范对策。

9.2.15　工程监理单位应协助建设单位组织专家对设计成果进行评审。

9.2.16　工程监理单位可协助建设单位向政府有关部门报审有关工程设计文件，并应根据审批意见，督促设计单位予以完善。

9.2.17　工程监理单位应根据勘察设计合同，协调处理勘察设计延期、费用索赔等事宜。

勘察设计延期报审表可按本规范表 B. 0. 14 的要求填写；勘察设计费用索赔报审表可按本规范表 B. 0. 13 的要求填写。

9.3 工程保修阶段服务

9. 3. 1 承担工程保修阶段的服务工作时，工程监理单位应定期回访。

【条文说明】 由于工作的可延续性，工程保修阶段服务工作一般委托工程监理单位承担。工程保修期限按国家有关法律法规确定。工程保修阶段服务工作期限，应在建设工程监理合同中明确。

9. 3. 2 对建设单位或使用单位提出的工程质量缺陷，工程监理单位应安排监理人员进行检查和记录，并应要求施工单位予以修复，同时应监督实施，合格后应予以签认。

【条文说明】 工程监理单位宜在施工阶段监理人员中保留必要的专业监理工程师，对施工单位修复的工程进行验收和签认。

9. 3. 3 工程监理单位应对工程质量缺陷原因进行调查，并应与建设单位、施工单位协商确定责任归属。对非施工单位原因造成的工程质量缺陷，应核实施工单位申报的修复工程费用，并应签认工程款支付证书，同时应报建设单位。

【条文说明】 对非施工单位原因造成的工程质量缺陷，修复费用的核实及支付证明签发，宜由总监理工程师或其授权人签认。

附录 A 工程监理单位用表

A. 0. 1 总监理工程师任命书应按本规范表 A. 0. 1 的要求填写。

表 A. 0. 1 总监理工程师任命书

工程名称：   编号：

致：_____（建设单位）

　　兹任命 _____（注册监理工程师注册号：_____）为我单位_____

_____项目总监理工程师。负责履行建设工程监理合同、

主持项目监理机构工作。

工程监理单位（盖章）

法定代表人（签字）

年　　月　　日

注：本表一式三份，项目监理机构、建设单位、施工单位各一份。

A.0.2　工程开工令应按本规范表 A.0.2 的要求填写。

表 A.0.2　工程开工令

工程名称：　　　　　　　　　　　　　　　　　　　　　　编号：

致：_____（施工单位）

　　经审查，本工程已具备施工合同约定的开工条件，现同意你方开始施工，开工日期为：____年____月____日。

　　附件：工程开工报审表

项目监理机构（盖章）

总监理工程师（签字、加盖执业印章）

　　　　　　　　　　年　　　月　　　日

　　注：本表一式三份，项目监理机构、建设单位、施工单位各一份。

A.0.3 监理通知单应按本规范表 A.0.3 的要求填写。

表 A.0.3 监理通知单

工程名称： 　　　　　　　　　　　　　　　　　　　编号：

致： ＿＿＿＿＿＿＿＿＿＿＿＿＿＿（施工项目经理部）

事由： ＿＿＿＿＿＿＿＿＿＿＿＿＿＿＿＿＿＿＿＿＿＿＿＿＿＿

＿＿＿＿＿＿＿＿＿＿＿＿＿＿＿＿＿＿＿＿＿＿＿＿＿＿＿＿＿

＿＿＿＿＿＿＿＿＿＿＿＿＿＿＿＿＿＿＿＿＿＿＿＿＿＿＿＿＿

＿＿＿＿＿＿＿＿＿＿＿＿＿＿＿＿＿＿＿＿＿＿＿＿＿＿＿＿＿

内容： ＿＿＿＿＿＿＿＿＿＿＿＿＿＿＿＿＿＿＿＿＿＿＿＿＿＿

＿＿＿＿＿＿＿＿＿＿＿＿＿＿＿＿＿＿＿＿＿＿＿＿＿＿＿＿＿

＿＿＿＿＿＿＿＿＿＿＿＿＿＿＿＿＿＿＿＿＿＿＿＿＿＿＿＿＿

＿＿＿＿＿＿＿＿＿＿＿＿＿＿＿＿＿＿＿＿＿＿＿＿＿＿＿＿＿

项目监理机构（盖章）

总/专业监理工程师（签字）

年　　 月　　 日

注：本表一式三份，项目监理机构、建设单位、施工单位各一份。

A. 0. 4 监理报告应按本规范表 A.0.4 的要求填写。

表 A.0.4 监 理 报 告

工程名称： 编号：

致：＿＿＿＿＿＿＿＿＿＿＿＿＿＿＿＿（主管部门）

由＿＿＿＿＿＿＿＿＿＿＿＿＿＿＿（施工单位）施工的＿＿＿＿＿＿＿＿＿

＿＿＿＿（工程部位），存在安全事故隐患。我方已于＿＿年＿＿月＿＿日发出编号

为＿＿＿＿的《监理通知单》/《工程暂停令》，但施工单位未整改/停工。

特此报告。

附件：□ 监理通知单

□ 工程暂停令

□ 其他

项目监理机构（盖章）

总监理工程师（签字）

年 月 日

注：本表一式四份，主管部门、建设单位、工程监理单位、项目监理机构各一份。

A.0.5 工程暂停令应按本规范表 A.0.5 的要求填写。

表 A.0.5 工程暂停令

工程名称： 编号：

致：＿＿＿＿＿＿＿＿＿＿＿＿＿＿＿（施工项目经理部）

　　由于＿＿＿＿＿＿＿＿＿＿＿＿＿＿＿＿＿＿＿＿＿＿＿＿＿

＿＿＿＿＿＿＿＿＿＿＿＿＿＿＿＿＿＿＿＿＿＿＿原因，现通知你方于

＿＿＿＿＿年＿＿月＿＿日＿＿时起，暂停＿＿部位（工序）施工，并按下述要求

做好后续工作。

　　要求：

项目监理机构（盖章）

总监理工程师（签字、加盖执业印章）

年　　月　　日

注：本表一式三份，项目监理机构、建设单位、施工单位各一份。

A.0.6 旁站记录应按本规范表 A.0.6 的要求填写。

表 A.0.6 旁站记录

工程名称：　　　　　　　　　　　　　　　　　　　　　　编号：

旁站的关键部位、关键工序		施工单位	
旁站开始时间	年 月 日 时 分	旁站结束时间	年 月 日 时 分
旁站的关键部位、关键工序施工情况：			
发现的问题及处理情况：			

旁站监理人员（签字）

年　　月　　日

注：本表一式一份，项目监理机构留存。

A.0.7 工程复工令应按本规范表 A.0.7 的要求填写。

表 A.0.7 工程复工令

工程名称： 编号：

致：_____（施工项目经理部）

我方发出的编号为 _____《工程暂停令》，要求暂停施工的_____部位（工序），经查已具备复工条件。经建设单位同意，现通知你方于_____年___月___日___时起恢复施工。

附件：工程复工报审表

项目监理机构（盖章）

总监理工程师（签字、加盖执业印章）

年 月 日

注：本表一式三份，项目监理机构、建设单位、施工单位各一份。

A.0.8 工程款或竣工结算款支付证书应按本规范表 A.0.8 的要求填写。

表 A.0.8 工程款支付证书

工程名称：　　　　　　　　　　　　　　　　　　　　　编号：

致：_____（施工单位）

　　根据施工合同约定，经审核编号为____工程款支付报审表，扣除有关款项后，同意支付工程款共计（大写）

_____（小写：

_____）。

其中：

1. 施工单位申报款为：

2. 经审核施工单位应得款为：

3. 本期应扣款为：

4. 本期应付款为：

附件：工程款支付报审表及附件

项目监理机构（盖章）

总监理工程师（签字、加盖执业印章）

　　　　　　　　　年　　月　　日

注：本表一式三份，项目监理机构、建设单位、施工单位各一份。

【条文说明】 附录 A 工程监理单位用表

A.0.1 工程监理单位法定代表人应根据建设工程监理合同约定，任命有类似工程管理经验的注册监理工程师担任项目总监理工程师，并在表 A.0.1 中明确总监理工程师的授权范围。

A.0.2 建设单位对《工程开工报审表》签署同意意见后，总监理工程师可签发《工程开工令》。《工程开工令》中的开工日期作为施工单位计算工期的起始日期。

A.0.3 施工单位收到《监理通知单》并整改合格后，应使用《监理通知回复单》回复，并附相关资料。

A.0.4 项目监理机构发现工程存在安全事故隐患，发出《监理通知单》或《工程暂停令》后，施工单位拒不整改或者不停工的，应当采用表 A.0.4 及时向政府有关主管部门报告，同时应附相应《监理通知单》或《工程暂停令》等证明监理人员所履行安全生产管理职责的相关文件资料。

A.0.5 总监理工程师应根据暂停工程的影响范围和程度，按合同约定签发暂停令。签发工程暂停令时，应注明停工部位及范围。

A.0.6 施工情况包括施工单位质检人员到岗情况、特殊工种人员持证情况以及施工机械、材料准备及关键部位、关键工序的施工是否按（专项）施工方案及工程建设强制性标准执行等情况。

附录 B 施工单位报审、报验用表

B. 0. 1 施工组织设计、（专项）施工方案报审表应按本规范表 B. 0. 1 的要求填写。

表 B. 0. 1 施工组织设计/（专项）施工方案报审表

工程名称：   编号：

致： _____ （项目监理机构）
 	
  我方已完成_____工程施工组织设计/（专项）施工方案的编制和审批，请予以审查。
  附件：□施工组织设计
  　　　□专项施工方案
  　　　□施工方案
 	
　　　　　　　　　　施工项目经理部（盖章）
　　　　　　　　　　项目经理（签字）
　　　　　　　　　　　　年　　月　　日

审查意见：   　　　　　　　　　　专业监理工程师（签字） 　　　　　　　　　　　　年　　月　　日
审核意见：   　　　　　　　　　　项目监理机构（盖章） 　　　　　　　　　　总监理工程师（签字、加盖执业印章） 　　　　　　　　　　　　年　　月　　日
审批意见（仅对超过一定规模的危险性较大的分部分项工程专项施工方案）：   　　　　　　　　　　建设单位（盖章） 　　　　　　　　　　建设单位代表（签字） 　　　　　　　　　　　　年　　月　　日

注：本表一式三份，项目监理机构、建设单位、施工单位各一份。

B.0.2 工程开工报审表应按本规范表 B.0.2 的要求填写。

表 B.0.2 工程开工报审表

工程名称： 编号：

致：＿＿＿＿＿＿＿＿＿＿＿＿（建设单位） 　＿＿＿＿＿＿＿＿＿＿＿＿（项目监理机构） 　　我方承担的＿＿＿＿＿＿工程，已完成相关准备工作，具备开工条件，申请于＿＿＿＿年＿＿月＿＿日开工，请予以审批。 　　附件：证明文件资料   　　　　　　　　　　　　　　　　施工单位（盖章） 　　　　　　　　　　　　　　　　项目经理（签字） 　　　　　　　　　　　　　　　　　　年　　月　　日
审核意见：   　　　　　　　　　　项目监理机构（盖章） 　　　　　　　　　　总监理工程师（签字、加盖执业印章） 　　　　　　　　　　　　　年　　月　　日
审批意见：   　　　　　　　　　　建设单位（盖章） 　　　　　　　　　　建设单位代表（签字） 　　　　　　　　　　　　　年　　月　　日

注：本表一式三份，项目监理机构、建设单位、施工单位各一份。

B.0.3 工程复工报审表应按本规范表 B.0.3 的要求填写。

表 B.0.3 工程复工报审表

工程名称：　　　　　　　　　　　　　　　　　编号：

致：＿＿＿＿＿＿＿＿＿＿＿＿＿＿＿（项目监理机构） 　　编号为＿＿＿＿＿＿＿＿《工程暂停令》所停工的＿＿＿＿＿＿＿＿部位（工序） 已满足复工条件，我方申请于＿＿＿＿＿年＿＿月＿＿日复工，请予以审批。 　　　　附件：证明文件资料   　　　　　　　　　　　　　　　　施工项目经理部（盖章） 　　　　　　　　　　　　　　　　项目经理（签字） 　　　　　　　　　　　　　　　　　　　　年　月　日
审核意见：   　　　　　　　　　　　　　　　　项目监理机构（盖章） 　　　　　　　　　　　　　　　　总监理工程师（签字） 　　　　　　　　　　　　　　　　　　　　年　　月　　日
审批意见：   　　　　　　　　　　　　　　　　建设单位（盖章） 　　　　　　　　　　　　　　　　建设单位代表（签字） 　　　　　　　　　　　　　　　　　　　　年　　月　　日

　　注：本表一式三份，项目监理机构、建设单位、施工单位各一份。

B.0.4 分包单位资格报审表应按本规范表 B.0.4 的要求填写。

表 B.0.4 分包单位资格报审表

工程名称： 编号：

致：_____（项目监理机构） 经考察，我方认为拟选择的 ＿＿＿＿＿＿＿＿＿＿＿＿＿＿＿＿＿＿＿＿＿＿＿（分包单位）具有承担下列工程的施工或安装资质和能力，可以保证本工程按施工合同第＿＿＿＿＿＿条款的约定进行施工或安装。请予以审查。		
分包工程名称（部位）	分包工程量	分包工程合同额
合计		
附件：1. 分包单位资质材料 2. 分包单位业绩材料 3. 分包单位专职管理人员和特种作业人员的资格证书 4. 施工单位对分包单位的管理制度 施工项目经理部（盖章） 项目经理（签字） 年 月 日		
审查意见： 专业监理工程师（签字） 年 月 日		
审核意见： 项目监理机构（盖章） 总监理工程师（签字） 年 月 日		

注：本表一式三份，项目监理机构、建设单位、施工单位各一份。

B.0.5 施工控制测量成果报验表应按本规范表 B.0.5 的要求填写。

表 B.0.5　施工控制测量成果报验表

工程名称：　　　　　　　　　　　　　　　　　　　编号：

致：＿＿＿＿＿＿＿＿＿＿＿＿＿＿（项目监理机构） 　我方已完成 ＿＿＿＿＿＿＿＿＿＿ 的施工控制测量，经自检合格，请予以查验。 　附件：1. 施工控制测量依据资料 　　　　2. 施工控制测量成果表   <div style="text-align:center">施工项目经理部（盖章） 项目技术负责人（签字） 年　　月　　日</div>
审查意见：   <div style="text-align:center">项目监理机构（盖章） 专业监理工程师（签字） 年　　月　　日</div>

注：本表一式三份，项目监理机构、建设单位、施工单位各一份。

B.0.6 工程材料、构配件、设备报审表应按本规范表 B.0.6 的
要求填写。

表 B.0.6 工程材料、构配件、设备报审表

工程名称： 　　　　　　　　　　　　　　　　　　　编号：

致：＿＿＿＿＿＿＿＿＿＿＿＿＿＿＿＿（项目监理机构） 　于＿＿＿＿年＿＿＿＿月＿＿＿＿日进场的拟用于工程＿＿＿＿＿＿部位 的＿＿＿＿＿＿＿＿，经我方检验合格，现将相关资料报上，请予以审查。 　附件：1. 工程材料、构配件或设备清单 　　　　2. 质量证明文件 　　　　3. 自检结果   <div align="right">施工项目经理部（盖章） 项目经理（签字） 年　　月　　日</div>
审查意见：   <div align="right">项目监理机构（盖章） 专业监理工程师（签字） 年　　月　　日</div>

注：本表一式二份，项目监理机构、施工单位各一份。

B.0.7 隐蔽工程、检验批、分项工程报验表及施工试验室报审表应按本规范表 B.0.7 的要求填写。

表 B.0.7 _____ 报审、报验表

工程名称： 　　　　　　　　　　　　　　　　　　　　编号：

致：_____（项目监理机构） 我方已完成_____工作，经自检合格，请予以审查或验收。 附件：□隐蔽工程质量检验资料 　　　□检验批质量检验资料 　　　□分项工程质量检验资料 　　　□施工试验室证明资料 　　　□其他   　　　　　　　　　　施工项目经理部（盖章） 　　　　　　　　　　项目经理或项目技术负责人（签字） 　　　　　　　　　　　　　　　年　　月　　日
审查或验收意见：   　　　　　　　　　　项目监理机构（盖章） 　　　　　　　　　　专业监理工程师（签字） 　　　　　　　　　　　　　　　年　　月　　日

注：本表一式二份，项目监理机构、施工单位各一份。

B.0.8 分部工程报验表应按本规范表B.0.8的要求填写。

表 B.0.8 分部工程报验表

工程名称： 编号：

致：＿＿＿＿＿＿＿＿＿＿＿＿＿＿＿＿＿（项目监理机构）
我方已完成＿＿＿＿＿＿＿＿＿＿＿（分部工程），经自检合格，请予以验收。
附件：分部工程质量资料
施工项目经理部（盖章）
项目技术负责人（签字）
年　月　日
验收意见：
专业监理工程师（签字）
年　月　日
验收意见：
项目监理机构（盖章）
总监理工程师（签字）
年　月　日

注：本表一式三份，项目监理机构、建设单位、施工单位各一份。

B. 0. 9 监理通知回复单应按本规范表 B. 0. 9 的要求填写。

表 B. 0. 9 监理通知回复单

工程名称： 编号：

致：＿＿＿＿＿＿＿＿＿＿＿（项目监理机构）
我方接到编号为＿＿＿＿＿＿＿＿＿的监理通知单后，已按要求完成相关工作，请予以复查。 附件：需要说明的情况   　　　　　　　　　　施工项目经理部（盖章） 　　　　　　　　　　项目经理（签字） 　　　　　　　　　　　　　　年　　月　　日
复查意见：   　　　　　　　　　　项目监理机构（盖章） 　　　　　　　　　　总监理工程师/专业监理工程师（签字） 　　　　　　　　　　　　　　年　　月　　日

注：本表一式三份，项目监理机构、建设单位、施工单位各一份。

B.0.10 单位工程竣工验收报审表应按本规范表 B.0.10 的要求填写。

表 B.0.10 单位工程竣工验收报审表

工程名称：   编号：

致：
————————————————（项目监理机构）
我方已按施工合同要求完成_____工程，经自检合格，现将有关资料报上，请予以验收。
附件：1. 工程质量验收报告
2. 工程功能检验资料
    施工单位（盖章） 项目经理（签字） 　　　　　年　　月　　日
预验收意见：
经预验收，该工程合格/不合格，可以/不可以组织正式验收。
    项目监理机构（盖章） 总监理工程师（签字、加盖执业印章） 　　　　　年　　月　　日

注：本表一式三份，项目监理机构、建设单位、施工单位各一份。

339

B.0.11 工程款和竣工结算款支付报审表应按本规范表 B.0.11 的要求填写。

表 B.0.11　工程款支付报审表

工程名称：　　　　　　　　　　　　　　　　　　　编号：

致：＿＿＿＿＿＿＿＿＿＿＿＿＿＿＿＿＿（项目监理机构） 　　根据施工合同约定，我方已完成＿＿＿＿＿＿＿＿＿＿工作，建设单位应在 ＿＿年＿＿月＿＿日 前支付工程款共计（大写）＿＿＿＿＿＿＿＿＿＿（小写： ＿＿＿＿＿＿＿＿＿），请予以审核。 　　附件： 　　　　□ 已完成工程量报表 　　　　□ 工程竣工结算证明材料 　　　　□ 相应支持性证明文件 　　　　　　　　　　　　施工项目经理部（盖章） 　　　　　　　　　　　　项目经理（签字） 　　　　　　　　　　　　　　年　　月　　日
审查意见： 　1. 施工单位应得款为： 　2. 本期应扣款为： 　3. 本期应付款为： 　附件：相应支持性材料 　　　　　　　　　　　　专业监理工程师（签字） 　　　　　　　　　　　　　　年　　月　　日
审核意见： 　　　　　　　　　　　项目监理机构（盖章） 　　　　　　　　　　　总监理工程师（签字、加盖执业印章） 　　　　　　　　　　　　　年　　月　　日
审批意见： 　　　　　　　　　　　建设单位（盖章） 　　　　　　　　　　　建设单位代表（签字） 　　　　　　　　　　　　　年　　月　　日

　注：本表一式三份，项目监理机构、建设单位、施工单位各一份；工程竣工结算报
　　　审时本表一式四份，项目监理机构、建设单位各一份、施工单位二份。

附录一 《建设工程监理规范》GB/T 50319—2013

B. 0. 12 施工进度计划报审表应按本规范表 B. 0. 12 的要求填写。

表 B. 0. 12 施工进度计划报审表

工程名称： 编号：

致：＿＿＿＿＿＿＿＿＿＿＿＿＿＿＿＿＿（项目监理机构）
根据施工合同约定，我方已完成＿＿＿＿＿＿＿＿＿＿工程施工进度计划的编制和批准，请予以审查。 附件：□施工总进度计划 □阶段性进度计划 施工项目经理部（盖章） 项目经理（签字） 年 月 日
审查意见： 专业监理工程师（签字） 年 月 日
审核意见： 项目监理机构（盖章） 总监理工程师（签字） 年 月 日

注：本表一式三份，项目监理机构、建设单位、施工单位各一份。

341

B. 0. 13 费用索赔报审表应按本规范表 B. 0. 13 的要求填写。

表 B. 0. 13　费用索赔报审表

工程名称：　　　　　　　　　　　　　　　　　　　　　　编号：

致：＿＿＿＿＿＿＿＿＿＿＿＿＿＿（项目监理机构） 　根据施工合同＿＿＿＿＿＿＿条款，由于＿＿＿＿＿＿＿＿＿＿＿＿ 的原因，我方申请索赔金额（大写）＿＿＿＿＿＿＿＿＿＿＿＿＿＿＿， 请予批准。 　索赔理由：＿＿＿＿＿＿＿＿＿＿＿＿＿＿＿＿＿＿＿＿＿＿＿＿＿ 　＿＿＿＿＿＿＿＿＿＿＿＿＿＿＿＿＿＿＿＿＿＿＿＿＿＿＿＿＿＿ 　＿＿＿＿＿＿＿＿＿＿＿＿＿＿＿＿＿＿＿＿＿＿＿＿＿＿＿＿＿＿ 　＿＿＿＿＿＿＿＿＿＿＿＿＿＿＿＿＿＿＿＿＿＿＿＿＿＿＿＿＿＿ 　附件：□ 索赔金额计算 　　　　□ 证明材料   　　　　　　　　　　　　施工项目经理部（盖章） 　　　　　　　　　　　　项目经理（签字） 　　　　　　　　　　　　　　　年　　　月　　　日
审核意见： 　　□ 不同意此项索赔。 　　□ 同意此项索赔，索赔金额为（大写）＿＿＿＿＿＿＿＿＿＿。 　　同意/不同意索赔的理由：＿＿＿＿＿＿＿＿＿＿＿＿＿＿＿＿＿＿ 　＿＿＿＿＿＿＿＿＿＿＿＿＿＿＿＿＿＿＿＿＿＿＿＿＿＿＿＿＿＿ 　＿＿＿＿＿＿＿＿＿＿＿＿＿＿＿＿＿＿＿＿＿＿＿＿＿＿＿＿＿＿ 　＿＿＿＿＿＿＿＿＿＿＿＿＿＿＿＿＿＿＿＿＿＿＿＿＿＿＿＿＿＿ 　附件：□ 索赔审查报告   　　　　　　　　　　　　项目监理机构（盖章） 　　　　　　　　　　　　总监理工程师（签字、加盖执业印章） 　　　　　　　　　　　　　　　年　　　月　　　日
审批意见：   　　　　　　　　　　　　建设单位（盖章） 　　　　　　　　　　　　建设单位代表（签字） 　　　　　　　　　　　　　　　年　　　月　　　日

注：本表一式三份，项目监理机构、建设单位、施工单位各一份。

B.0.14 工程临时延期报审表和工程最终延期报审表应按本规范表 B.0.14 的要求填写。

表 B.0.14 工程临时/最终延期报审表

工程名称： 　　　　　　　　　　　　　　　　　　　　　　　　编号：

致：＿＿＿＿＿＿＿＿＿＿＿＿＿＿＿＿＿＿＿＿＿（项目监理机构） 　　根据施工合同＿＿＿＿＿＿＿＿＿＿＿＿＿（条款），由于＿＿＿＿＿＿＿＿＿＿＿＿＿ 原因，我方申请工程临时/最终延期 ＿＿＿＿＿＿＿（日历天），请予批准。 　　附件：1. 工程延期依据及工期计算 　　　　　2. 证明材料   　　　　　　　　　　　　　施工项目经理部（盖章） 　　　　　　　　　　　　　项目经理（签字） 　　　　　　　　　　　　　　　　年　　　月　　　日
审核意见： 　　□ 同意工程临时/最终延期＿＿＿＿＿＿＿＿＿＿＿（日历天）。工程竣工日期从 施工合同约定的＿＿＿＿年＿＿＿＿月＿＿＿＿日延迟到＿＿＿＿年＿＿＿＿月＿＿＿＿日。 　　□ 不同意延期，请按约定竣工日期组织施工。   　　　　　　　　　　　　　项目监理机构（盖章） 　　　　　　　　　　　　　总监理工程师（签字、加盖执业印章） 　　　　　　　　　　　　　　　　年　　　月　　　日
审批意见：   　　　　　　　　　　　　　建设单位（盖章） 　　　　　　　　　　　　　建设单位代表（签字） 　　　　　　　　　　　　　　　　年　　　月　　　日

注：本表一式三份，项目监理机构、建设单位、施工单位各一份。

【条文说明】 附录 B 施工单位报审、报验用表

B.0.1 施工单位编制的施工组织设计应由施工单位技术负责人审核签字并加盖施工单位公章。有分包单位的，分包单位编制的施工组织设计或（专项）施工方案均应由施工单位按规定完成相关审批手续后，报送项目监理机构审核。

B.0.2 施工合同中同时开工的单位工程可填报一次。

总监理工程师审核开工条件并经建设单位同意后签发工程开工令。

B.0.3 工程复工报审时，应附有能够证明已具备复工条件的相关文件资料，包括相关检查记录、有针对性的整改措施及其落实情况、会议纪要、影像资料等。

B.0.4 分包单位的名称应按《企业法人营业执照》全称填写；分包单位资质材料包括：营业执照、企业资质等级证书、安全生产许可文件、专职管理人员和特种作业人员的资格证书等；分包单位业绩材料是指分包单位近三年完成的与分包工程内容类似的工程业绩材料。

B.0.5 测量放线的专业测量人员资格（测量人员的资格证书）及测量设备资料（施工测量放线使用测量仪器的名称、型号、编号、校验资料等）应经项目监理机构确认。

测量依据资料及测量成果包括下列内容：

1 平面、高程控制测量：需报送控制测量依据资料、控制测量成果表（包含平差计算表）及附图。

2 定位放样：报送放样依据、放样成果表及附图。

B.0.6 质量证明文件是指：生产单位提供的合格证、质量证明书、性能检测报告等证明资料。进口材料、构配件、设备应有商检的证明文件；新产品、新材料、新设备应有相应资质机构的鉴定文件。如无证明文件原件，需提供复印件，并应在复印件上加盖证明文件提供单位的公章。

自检结果是指：施工单位对所购工程材料、构配件、设备的清单和质量证明资料后，对工程材料、构配件、设备实物及外部

观感质量进行验收核实的结果。

由建设单位采购的主要设备则由建设单位、施工单位、项目监理机构进行开箱检查,并由三方在开箱检查记录上签字。

进口材料、构配件和设备应按照合同约定,由建设单位、施工单位、供货单位、项目监理机构及其他有关单位进行联合检查,检查情况及结果应形成记录,并由各方代表签字认可。

B.0.7 主要用于隐蔽工程、检验批、分项工程的报验,也可用于施工单位试验室等的报审。

有分包单位的,分包单位的报验资料应由施工单位验收合格后向项目监理机构报验。

隐蔽工程、检验批、分项工程需经施工单位自检合格后并附有相应工序和部位的工程质量检查记录,报送项目监理机构验收。

B.0.8 分部工程质量控制资料包括:《分部(子分部)工程质量验收记录表》及工程质量验收规范要求的质量控制资料、安全及功能检验(检测)报告等。

B.0.9 回复意见应根据《监理通知单》的要求,简要说明落实整改的过程、结果及自检情况,必要时应附整改相关证明资料,包括检查记录、对应部位的影像资料等。

B.0.10 每个单位工程应单独填报。质量验收资料是指:能够证明工程按合同约定完成并符合竣工验收要求的全部资料,包括单位工程质量控制资料,有关安全和使用功能的检测资料,主要使用功能项目的抽查结果等。对需要进行功能试验的工程(包括单机试车、无负荷试车和联动调试),应包括试验报告。

B.0.11 附件是指与付款申请有关的资料,如已完成合格工程的工程量清单、价款计算及其他与付款有关的证明文件和资料。

B.0.13 证明材料应包括:索赔意向书、索赔事项的相关证明材料。

附录 C 通 用 表

C. 0. 1 工作联系单应按本规范表 C. 0. 1 的要求填写。

表 C. 0. 1 工作联系单

工程名称：   编号：

致：＿＿＿＿＿＿＿＿＿＿＿＿＿＿＿＿＿＿＿＿＿＿＿＿＿＿＿＿＿＿＿＿＿＿＿＿＿

发文单位

负责人（签字）

年   月   日

C.0.2　工程变更单应按本规范表 C.0.2 的要求填写。

表 C.0.2　工程变更单

工程名称：　　　　　　　　　　　　　　　　　　　　　　　编号：

致： _____	
由于 _____ 原因， 兹提出 _____工程变更，请予以审批。 附件： 　□ 变更内容 　□ 变更设计图 　□ 相关会议纪要 　□ 其他 　　　　　　　　　　　　　　　　变更提出单位： 　　　　　　　　　　　　　　　　负责人： 　　　　　　　　　　　　　　　　年　　月　　日	
工程量增/减	
费用增/减	
工期变化	
施工项目经理部（盖章） 项目经理（签字）	设计单位（盖章） 设计负责人（签字）
项目监理机构（盖章） 总监理工程师（签字）	建设单位（盖章） 负责人（签字）

注：本表一式四份，建设单位、项目监理机构、设计单位、施工单位各一份。

C.0.3 索赔意向通知书应按本规范表 C.0.3 的要求填写。

表 C.0.3　索赔意向通知书

工程名称：　　　　　　　　　　　　　　　　　　　编号：

致：＿＿＿＿＿＿＿＿＿＿＿＿＿＿＿＿＿＿＿＿＿

　　根据施工合同 ＿＿＿＿＿＿＿＿＿＿＿＿＿＿＿＿＿＿＿（条款）约定，由于发生了
＿＿＿＿＿＿＿＿＿＿＿事件，且该事件的发生非我方原因所致。为此，我方向
＿＿＿＿＿＿＿＿＿＿（单位）提出索赔要求。

　　附件：索赔事件资料

　　　　　　　　　　　　　　　　　提出单位（盖章）

　　　　　　　　　　　　　　　　　负责人（签字）

　　　　　　　　　　　　　　　　　　　年　　月　　日

【条文说明】　附录 C 通用表

C.0.1　工程建设有关方相互之间的日常书面工作联系，包括：告知、督促、建议等事项。

附录二 《建设工程监理合同（示范文本）》

GF－2012－0202

（摘录）

建设工程监理合同

（示范文本）

住房和城乡建设部
国家工商行政管理总局

第二部分　通用条件

1. 定义与解释

1.1　定义

除根据上下文另有其意义外，组成本合同的全部文件中的下列名词和用语应具有本款所赋予的含义：

1.1.1　"工程"是指按照本合同约定实施监理与相关服务的建设工程。

1.1.2　"委托人"是指本合同中委托监理与相关服务的一方，及其合法的继承人或受让人。

1.1.3　"监理人"是指本合同中提供监理与相关服务的一方，及其合法的继承人。

1.1.4　"承包人"是指在工程范围内与委托人签订勘察、设计、施工等有关合同的当事人，及其合法的继承人。

1.1.5　"监理"是指监理人受委托人的委托，依照法律法规、工程建设标准、勘察设计文件及合同，在施工阶段对建设工程质量、进度、造价进行控制，对合同、信息进行管理，对工程建设相关方的关系进行协调，并履行建设工程安全生产管理法定职责的服务活动。

1.1.6　"相关服务"是指监理人受委托人的委托，按照本合同约定，在勘察、设计、保修等阶段提供的服务活动。

1.1.7　"正常工作"指本合同订立时通用条件和专用条件中约定的监理人的工作。

1.1.8　"附加工作"是指本合同约定的正常工作以外监理人的工作。

1.1.9　"项目监理机构"是指监理人派驻工程负责履行本合同

的组织机构。

1.1.10　"总监理工程师"是指由监理人的法定代表人书面授权，全面负责履行本合同、主持项目监理机构工作的注册监理工程师。

1.1.11　"酬金"是指监理人履行本合同义务，委托人按照本合同约定给付监理人的金额。

1.1.12　"正常工作酬金"是指监理人完成正常工作，委托人应给付监理人并在协议书中载明的签约酬金额。

1.1.13　"附加工作酬金"是指监理人完成附加工作，委托人应给付监理人的金额。

1.1.14　"一方"是指委托人或监理人；"双方"是指委托人和监理人；"第三方"是指除委托人和监理人以外的有关方。

1.1.15　"书面形式"是指合同书、信件和数据电文（包括电报、电传、传真、电子数据交换和电子邮件）等可以有形地表现所载内容的形式。

1.1.16　"天"是指第一天零时至第二天零时的时间。

1.1.17　"月"是指按公历从一个月中任何一天开始的一个公历月时间。

1.1.18　"不可抗力"是指委托人和监理人在订立本合同时不可预见，在工程施工过程中不可避免发生并不能克服的自然灾害和社会性突发事件，如地震、海啸、瘟疫、水灾、骚乱、暴动、战争和专用条件约定的其他情形。

1.2　解释

1.2.1　本合同使用中文书写、解释和说明。如专用条件约定使用两种及以上语言文字时，应以中文为准。

1.2.2　组成本合同的下列文件彼此应能相互解释、互为说明。除专用条件另有约定外，本合同文件的解释顺序如下：

（1）协议书。

（2）中标通知书（适用于招标工程）或委托书（适用于非招

标工程)。

(3) 专用条件及附录 A、附录 B。

(4) 通用条件。

(5) 投标文件(适用于招标工程)或监理与相关服务建议书(适用于非招标工程)。

双方签订的补充协议与其他文件发生矛盾或歧义时,属于同一类内容的文件,应以最新签署的为准。

2. 监理人的义务

2.1 监理的范围和工作内容

2.1.1 监理范围在专用条件中约定。

2.1.2 除专用条件另有约定外,监理工作内容包括:

(1) 收到工程设计文件后编制监理规划,并在第一次工地会议 7 天前报委托人。根据有关规定和监理工作需要,编制监理实施细则。

(2) 熟悉工程设计文件,并参加由委托人主持的图纸会审和设计交底会议。

(3) 参加由委托人主持的第一次工地会议;主持监理例会并根据工程需要主持或参加专题会议。

(4) 审查施工承包人提交的施工组织设计,重点审查其中的质量安全技术措施、专项施工方案与工程建设强制性标准的符合性。

(5) 检查施工承包人工程质量、安全生产管理制度及组织机构和人员资格。

(6) 检查施工承包人专职安全生产管理人员的配备情况。

(7) 审查施工承包人提交的施工进度计划,核查承包人对施工进度计划的调整。

(8) 检查施工承包人的试验室。

(9) 审核施工分包人资质条件。

（10）查验施工承包人的施工测量放线成果。

（11）审查工程开工条件，对条件具备的签发开工令。

（12）审查施工承包人报送的工程材料、构配件、设备质量证明文件的有效性和符合性，并按规定对用于工程的材料采取平行检验或见证取样方式进行抽检。

（13）审核施工承包人提交的工程款支付申请，签发或出具工程款支付证书，并报委托人审核、批准。

（14）在巡视、旁站和检验过程中，发现工程质量、施工安全存在事故隐患的，要求施工承包人整改并报委托人。

（15）经委托人同意，签发工程暂停令和复工令。

（16）审查施工承包人提交的采用新材料、新工艺、新技术、新设备的论证材料及相关验收标准。

（17）验收隐蔽工程、分部分项工程。

（18）审查施工承包人提交的工程变更申请，协调处理施工进度调整、费用索赔、合同争议等事项。

（19）审查施工承包人提交的竣工验收申请，编写工程质量评估报告。

（20）参加工程竣工验收，签署竣工验收意见。

（21）审查施工承包人提交的竣工结算申请并报委托人。

（22）编制、整理工程监理归档文件并报委托人。

2.1.3 相关服务的范围和内容在附录 A 中约定。

2.2 监理与相关服务依据

2.2.1 监理依据包括：

（1）适用的法律、行政法规及部门规章。

（2）与工程有关的标准。

（3）工程设计及有关文件。

（4）本合同及委托人与第三方签订的与实施工程有关的其他合同。

双方根据工程的行业和地域特点，在专用条件中具体约定监理依据。

2.2.2 相关服务依据在专用条件中约定。

2.3 项目监理机构和人员

2.3.1 监理人应组建满足工作需要的项目监理机构，配备必要的检测设备。项目监理机构的主要人员应具有相应的资格条件。

2.3.2 本合同履行过程中，总监理工程师及重要岗位监理人员应保持相对稳定，以保证监理工作正常进行。

2.3.3 监理人可根据工程进展和工作需要调整项目监理机构人员。监理人更换总监理工程师时，应提前 7 天向委托人书面报告，经委托人同意后方可更换；监理人更换项目监理机构其他监理人员，应以相当资格与能力的人员替换，并通知委托人。

2.3.4 监理人应及时更换有下列情形之一的监理人员：

（1）严重过失行为的。

（2）有违法行为不能履行职责的。

（3）涉嫌犯罪的。

（4）不能胜任岗位职责的。

（5）严重违反职业道德的。

（6）专用条件约定的其他情形。

2.3.5 委托人可要求监理人更换不能胜任本职工作的项目监理机构人员。

2.4 履行职责

监理人应遵循职业道德准则和行为规范，严格按照法律法规、工程建设有关标准及本合同履行职责。

2.4.1 在监理与相关服务范围内，委托人和承包人提出的意见和要求，监理人应及时提出处置意见。当委托人与承包人之间发生合同争议时，监理人应协助委托人、承包人协商解决。

2.4.2 当委托人与承包人之间的合同争议提交仲裁机构仲裁或人民法院审理时，监理人应提供必要的证明资料。

2.4.3 监理人应在专用条件约定的授权范围内,处理委托人与承包人所签订合同的变更事宜。如果变更超过授权范围,应以书面形式报委托人批准。

在紧急情况下,为了保护财产和人身安全,监理人所发出的指令未能事先报委托人批准时,应在发出指令后的 24 小时内以书面形式报委托人。

2.4.4 除专用条件另有约定外,监理人发现承包人的人员不能胜任本职工作的,有权要求承包人予以调换。

2.5 提交报告

监理人应按专用条件约定的种类、时间和份数向委托人提交监理与相关服务的报告。

2.6 文件资料

在本合同履行期内,监理人应在现场保留工作所用的图纸、报告及记录监理工作的相关文件。工程竣工后,应当按照档案管理规定将监理有关文件归档。

2.7 使用委托人的财产

监理人无偿使用附录 B 中由委托人派遣的人员和提供的房屋、资料、设备。除专用条件另有约定外,委托人提供的房屋、设备属于委托人的财产,监理人应妥善使用和保管,在本合同终止时将这些房屋、设备的清单提交委托人,并按专用条件约定的时间和方式移交。

3. 委托人的义务

3.1 告知

委托人应在委托人与承包人签订的合同中明确监理人、总监理工程师和授予项目监理机构的权限。如有变更,应及时通知承包人。

3.2 提供资料

委托人应按照附录 B 约定，无偿向监理人提供工程有关的资料。在本合同履行过程中，委托人应及时向监理人提供最新的与工程有关的资料。

3.3 提供工作条件

委托人应为监理人完成监理与相关服务提供必要的条件。

3.3.1 委托人应按照附录 B 约定，派遣相应的人员，提供房屋、设备，供监理人无偿使用。

3.3.2 委托人应负责协调工程建设中所有外部关系，为监理人履行本合同提供必要的外部条件。

3.4 委托人代表

委托人应授权一名熟悉工程情况的代表，负责与监理人联系。委托人应在双方签订本合同后 7 天内，将委托人代表的姓名和职责书面告知监理人。当委托人更换委托人代表时，应提前 7 天通知监理人。

3.5 委托人意见或要求

在本合同约定的监理与相关服务工作范围内，委托人对承包人的任何意见或要求应通知监理人，由监理人向承包人发出相应指令。

3.6 答复

委托人应在专用条件约定的时间内，对监理人以书面形式提交并要求作出决定的事宜，给予书面答复。逾期未答复的，视为委托人认可。

3.7 支付

委托人应按本合同约定,向监理人支付酬金。

4. 违约责任

4.1 监理人的违约责任

监理人未履行本合同义务的,应承担相应的责任。

4.1.1 因监理人违反本合同约定给委托人造成损失的,监理人应当赔偿委托人损失。赔偿金额的确定方法在专用条件中约定。监理人承担部分赔偿责任的,其承担赔偿金额由双方协商确定。

4.1.2 监理人向委托人的索赔不成立时,监理人应赔偿委托人由此发生的费用。

4.2 委托人的违约责任

委托人未履行本合同义务的,应承担相应的责任。

4.2.1 委托人违反本合同约定造成监理人损失的,委托人应予以赔偿。

4.2.2 委托人向监理人的索赔不成立时,应赔偿监理人由此引起的费用。

4.2.3 委托人未能按期支付酬金超过 28 天,应按专用条件约定支付逾期付款利息。

4.3 除外责任

因非监理人的原因,且监理人无过错,发生工程质量事故、安全事故、工期延误等造成的损失,监理人不承担赔偿责任。

因不可抗力导致本合同全部或部分不能履行时,双方各自承担其因此而造成的损失、损害。

5. 支付

5.1 支付货币

除专用条件另有约定外，酬金均以人民币支付。涉及外币支付的，所采用的货币种类、比例和汇率在专用条件中约定。

5.2 支付申请

监理人应在本合同约定的每次应付款时间的 7 天前，向委托人提交支付申请书。支付申请书应当说明当期应付款总额，并列出当期应支付的款项及其金额。

5.3 支付酬金

支付的酬金包括正常工作酬金、附加工作酬金、合理化建议奖励金额及费用。

5.4 有争议部分的付款

委托人对监理人提交的支付申请书有异议时，应当在收到监理人提交的支付申请书后 7 天内，以书面形式向监理人发出异议通知。无异议部分的款项应按期支付，有异议部分的款项按第 7 条约定办理。

6. 合同生效、变更、暂停、解除与终止

6.1 生效

除法律另有规定或者专用条件另有约定外，委托人和监理人的法定代表人或其授权代理人在协议书上签字并盖单位章后本合同生效。

6.2 变更

6.2.1 任何一方提出变更请求时,双方经协商一致后可进行变更。

6.2.2 除不可抗力外,因非监理人原因导致监理人履行合同期限延长、内容增加时,监理人应当将此情况与可能产生的影响及时通知委托人。增加的监理工作时间、工作内容应视为附加工作。附加工作酬金的确定方法在专用条件中约定。

6.2.3 合同生效后,如果实际情况发生变化使得监理人不能完成全部或部分工作时,监理人应立即通知委托人。除不可抗力外,其善后工作以及恢复服务的准备工作应为附加工作,附加工作酬金的确定方法在专用条件中约定。监理人用于恢复服务的准备时间不应超过 28 天。

6.2.4 合同签订后,遇有与工程相关的法律法规、标准颁布或修订的,双方应遵照执行。由此引起监理与相关服务的范围、时间、酬金变化的,双方应通过协商进行相应调整。

6.2.5 因非监理人原因造成工程概算投资额或建筑安装工程费增加时,正常工作酬金应作相应调整。调整方法在专用条件中约定。

6.2.6 因工程规模、监理范围的变化导致监理人的正常工作量减少时,正常工作酬金应作相应调整。调整方法在专用条件中约定。

6.3 暂停与解除

除双方协商一致可以解除本合同外,当一方无正当理由未履行本合同约定的义务时,另一方可以根据本合同约定暂停履行本合同直至解除本合同。

6.3.1 在本合同有效期内,由于双方无法预见和控制的原因导致本合同全部或部分无法继续履行或继续履行已无意义,经双方协商一致,可以解除本合同或监理人的部分义务。在解除之前,监理人应作出合理安排，使开支减至最小。

因解除本合同或解除监理人的部分义务导致监理人遭受的损失，除依法可以免除责任的情况外，应由委托人予以补偿，补偿金额由双方协商确定。

解除本合同的协议必须采取书面形式，协议未达成之前，本合同仍然有效。

6.3.2 在本合同有效期内，因非监理人的原因导致工程施工全部或部分暂停，委托人可通知监理人要求暂停全部或部分工作。监理人应立即安排停止工作，并将开支减至最小。除不可抗力外，由此导致监理人遭受的损失应由委托人予以补偿。

暂停部分监理与相关服务时间超过 182 天，监理人可发出解除本合同约定的该部分义务的通知；暂停全部工作时间超过 182 天，监理人可发出解除本合同的通知，本合同自通知到达委托人时解除。委托人应将监理与相关服务的酬金支付至本合同解除日，且应承担第 4.2 款约定的责任。

6.3.3 当监理人无正当理由未履行本合同约定的义务时，委托人应通知监理人限期改正。若委托人在监理人接到通知后的 7 天内未收到监理人书面形式的合理解释，则可在 7 天内发出解除本合同的通知，自通知到达监理人时本合同解除。委托人应将监理与相关服务的酬金支付至限期改正通知到达监理人之日，但监理人应承担第 4.1 款约定的责任。

6.3.4 监理人在专用条件 5.3 中约定的支付之日起 28 天后仍未收到委托人按本合同约定应付的款项，可向委托人发出催付通知。委托人接到通知 14 天后仍未支付或未提出监理人可以接受的延期支付安排，监理人可向委托人发出暂停工作的通知并可自行暂停全部或部分工作。暂停工作后 14 天内监理人仍未获得委托人应付酬金或委托人的合理答复，监理人可向委托人发出解除本合同的通知，自通知到达委托人时本合同解除。委托人应承担第 4.2.3 款约定的责任。

6.3.5 因不可抗力致使本合同部分或全部不能履行时，一方应立即通知另一方,可暂停或解除本合同。

6.3.6 本合同解除后,本合同约定的有关结算、清理、争议解决方式的条件仍然有效。

6.4 终止

以下条件全部满足时,本合同即告终止:

(1)监理人完成本合同约定的全部工作。

(2)委托人与监理人结清并支付全部酬金。

7. 争议解决

7.1 协商

双方应本着诚信原则协商解决彼此间的争议。

7.2 调解

如果双方不能在14天内或双方商定的其他时间内解决本合同争议,可以将其提交给专用条件约定的或事后达成协议的调解人进行调解。

7.3 仲裁或诉讼

双方均有权不经调解直接向专用条件约定的仲裁机构申请仲裁或向有管辖权的人民法院提起诉讼。

8. 其他

8.1 外出考察费用

经委托人同意,监理人员外出考察发生的费用由委托人审核后支付。

8.2　检测费用

委托人要求监理人进行的材料和设备检测所发生的费用，由委托人支付，支付时间在专用条件中约定。

8.3　咨询费用

经委托人同意，根据工程需要由监理人组织的相关咨询论证会以及聘请相关专家等发生的费用由委托人支付，支付时间在专用条件中约定。

8.4　奖励

监理人在服务过程中提出的合理化建议，使委托人获得经济效益的，双方在专用条件中约定奖励金额的确定方法。奖励金额在合理化建议被采纳后，与最近一期的正常工作酬金同期支付。

8.5　守法诚信

监理人及其工作人员不得从与实施工程有关的第三方处获得任何经济利益。

8.6　保密

双方不得泄露对方申明的保密资料，亦不得泄露与实施工程有关的第三方所提供的保密资料，保密事项在专用条件中约定。

8.7　通知

本合同涉及的通知均应当采用书面形式，并在送达对方时生效，收件人应书面签收。

8.8　著作权

监理人对其编制的文件拥有著作权。

　　监理人可单独或与他人联合出版有关监理与相关服务的资料。除专用条件另有约定外，如果监理人在本合同履行期间及本合同终止后两年内出版涉及本工程的有关监理与相关服务的资料，应当征得委托人的同意。

参 考 文 献

序号	标准编号	标 准 名 称
1	2011 年修订稿	《中华人民共和国建筑法》
2	国务院令第 279 号	《建设工程质量管理条例》
3	国务院令第 393 号	《建设工程安全生产管理条例》
4	国务院令第 397 号	《安全生产许可证条例》
5	国务院第 493 号	《生产安全事故报告和调查处理条例》
6	建设部令第 86 号	《建设工程监理范围和规模标准规定》
7	建设部令第 147 号	《注册监理工程师管理规定》
8	发改价格【2007】670 号	《建设工程监理与相关服务收费管理规定》
9	建质【2009】87 号	《危险性较大的分部分项工程安全管理办法》
10	建质【2008】75 号	《建筑施工特种作业人员管理规定》
11	建质【2008】91 号	《建筑施工企业安全生产管理机构设置及专职安全生产管理人员配备办法》
12	建质【2013】171 号	《房屋建筑和市政基础设施工程竣工验收规定》
13	2007 年版	《中华人民共和国标准招标文件》
14	GF—2012—0202	《建设工程监理合同（示范文本）》
15	GF—2013—0201	《建设工程施工合同（示范文本）》
16	GB/T 50319—2013	《建设工程监理规范》
17	GB 50300—2013	《建筑工程施工质量验收统一标准》
18	GB 50202—2002	《建筑地基基础工程施工质量验收规范》
19	GB 50204—2002 （2010 年版）	《混凝土结构工程施工质量验收规范》
20	GB 50203—2011	《砌体结构工程施工质量验收规范》

续表

序号	标准编号	标 准 名 称
21	GB 50205—2001	《钢结构工程施工质量验收规范》
22	GB 50208—2011	《地下防水工程质量验收规范》
23	GB 50207—2012	《屋面工程质量验收规范》
24	GB 50209—2010	《建筑地面工程施工质量验收规范》
25	GB 50210—2001	《建筑装饰装修工程质量验收规范》
26	GB 50339—2013	《智能建筑工程质量验收规范》
27	GB 50411—2007	《建筑节能工程施工质量验收规范》
28	GB 50243—2002	《通风与空调工程施工质量验收规范》
29	GB 50242—2002	《建筑给水排水与采暖工程施工质量验收规范》
30	GB 50303—2002	《建筑电气工程施工质量验收规范》
31	GB 50310—2002	《电梯工程施工质量验收规范》
32	GB/T 50375—2006	《建筑工程施工质量评优标准》
33	JGJ 190—2010	《建设工程检测试验技术管理规范》
34	JGJ 79—2012	《建筑地基处理技术规范》
35	JGJ 94—2008	《建筑桩基技术规范》
36	JGJ 106—2003	《建筑基桩检测技术规范》
37	JGJ 120—2012	《建筑基坑支护技术规程》
38	GB 50497—2009	《建筑基坑工程监测技术规范》
39	JGJ/T 219—2010	《混凝土结构用钢筋间隔件应用技术规程》
40	GB/T 50107—2010	《混凝土强度检验评定标准》
41	JGJ/T 23—2011	《回弹法检测混凝土抗压强度技术规程》
42	GB 50164—2011	《混凝土质量控制标准》
43	GB 50496—2009	《大体积混凝土施工规范》
44	GB 50666—2011	《混凝土结构工程施工规范》
45	JGJ 107—2010	《钢筋机械连接技术规程》
46	GB 50113—2005	《滑动模板工程技术规范》
47	GB 50119—2013	《混凝土外加剂应用技术规范》

序号	标准编号	标 准 名 称
48	JGJ/T 14—2011	《混凝土小型空心砌块建筑技术规程》
49	GB 50661—2011	《钢结构焊接规范》
50	JGJ 82—2011	《钢结构高强度螺栓连接技术规程》
51	GB 50755—2012	《钢结构工程施工规范》
52	GB 50108—2008	《地下工程防水技术规范》
53	GB 50345—2012	《屋面工程技术规范》
54	GB 50325—2010	《民用建筑工程室内环境污染控制规范》
55	GB 50354—2005	《建筑内部装修防火施工及验收规范》
56	JGJ/T 29—2003	《建筑涂饰工程施工及验收规范》
57	JGJ 126—2000	《外墙面砖工程施工及验收规范》
58	JGJ 11—2008	《建筑工程饰面砖粘结强度检验标准》
59	JGJ 102—2003	《玻璃幕墙工程技术规范》
60	JGJ 133—2001	《金属与石材幕墙工程技术规范》
61	GB 50628—2010	《钢管混凝土工程施工质量验收规范》
62	GB 50550—2010	《建筑结构加固工程施工质量验收规范》
63	GB 50494—2009	《城镇燃气技术规范》
64	CJJ 1—2008	《城镇道路施工与质量验收规范》
65	CJJ 2—2008	《城市桥梁工程施工与质量验收规范》
66	GB 50141—2008	《给水排水构筑物施工及验收规范》
67	CJJ 28—2004	《城镇管网工程施工及验收规范》
68	CJJ 94—2009	《城镇燃气室内工程施工及质量验收规范》
69	CJJ 33—2005	《城镇燃气输配工程施工及验收规范》
70	CJJ 11—2011	《城市桥梁设计规范》
71	GB 50446—2008	《盾构法隧道施工与验收规范》
72	CJJ 89—2012	《城市道路照明工程施工及验收规范》
73	GB 50268—2008	《建筑给水排水管道工程施工及验收规范》
74	GB 50275—2010	《风机、压缩机、泵安装工程施工及验收规范》

序号	标准编号	标 准 名 称
75	GB 50261—2005	《自动喷水灭火系统施工及验收规范》
76	GB 50488—2009	《固定消防炮灭火系统施工及验收规范》
77	GB 50263—2007	《气体灭火系统施工及验收规范》
78	GB 50134—2004	《人民防空工程施工及验收规范》
79	GB 50495—2009	《太阳能供热采暖工程技术规范》
80	GB 50273—2009	《锅炉安装工程施工及验收规范》
81	GB 50131—2007	《自动化仪表安装工程质量验收规范》
82	GB 50417—2011	《建筑电气照明装置施工与验收规范》
83	GB 50166—2007	《火灾自动报警系统施工及验收规范》
84	GB 50149—2010	《电气装置安装工程母线装置施工及验收规范》
85	GB 50168—2006	《电气装置电缆线路施工及验收规范》
86	GB 50169—2006	《电气装置接地装置施工及验收规范》
87	GB/T 50538—2010	《埋地钢质管道防腐保温层技术标准》
88	GB 50682—2011	《预制组合立管技术规范》
89	GB 50274—2010	《制冷设备、空气分离设备安装工程施工及验收规范》
90	GB 50184—2011	《工业金属管道工程施工质量验收规范》
91	JGJ/T 260—2011	《采暖通风与空气调节工程检测技术规程》
92	GB 50601—2010	《建筑物防雷工程施工与验收规范》
93	GB 50462—2008	《电子信息系统机房施工及验收规范》
94	GB 50366—2005（2009 版）	《地源热泵系统工程技术规范》
95	CJJ/T 154—2011	《建筑给水金属管道工程技术规程》
96	CJJ 127—2009	《建筑排水金属管道工程技术规程》
97	CJJ/T 29—2010	《建筑排水塑料管道技术规程》
98	CJJ 101—2004	《埋地聚乙烯给水管道工程技术规程》
99	CJJ 94—2009	《城镇燃气室内工程施工与质量验收规范》

续表

序号	标准编号	标　准　名　称
100	CJJ 28—2004	《城镇供热管网工程施工及验收规范》
101	GB/T 50538—2010	《埋地钢质管道防腐保温技术标准》
102	JGJ/T 260—2011	《采暖通风与空气调节工程监测技术规程》
103	JGJ 26—2010	《严寒和寒冷地区居住建筑节能设计标准》
104	JGJ 132—2009	《居住建筑节能检测标准》
105	JGJ/T 177—2009	《公共建筑节能检测标准》
106	JGJ 176—2009	《公共建筑节能改造技术规范》
107	JGJ 144—2004	《外墙外保温工程技术规程》
108	JGJ 59—2011	《建筑施工安全检查标准》
109	JGJ 46—2005	《施工现场临时用电安全技术规范》
110	JGJ 130—2011	《建筑施工扣件式钢管脚手架安全技术规范》
111	JGJ/T 128—2010	《建筑施工门式钢管脚手架安全技术规范》
112	JGJ 166—2008	《建筑施工碗扣式钢管脚手架安全技术规范》
113	JGJ 202—2010	《建筑施工工具式脚手架安全技术规范》
114	JGJ 183—2009	《液压升降整体式脚手架安全技术规程》
115	JGJ 162—2008	《建筑施工模板安全技术规范》
116	JGJ 88—2010	《龙门架及井架物料提升机安全技术规范》
117	GB 50055—2007	《施工升降机安全规程》
118	JGJ 160—2008	《施工现场机械设备检查技术规程》
119	JGJ 196—2010	《建筑施工塔式起重机安装、使用、拆除安全技术规程》
120	JGJ 215—2010	《建筑施升降机安装、使用、拆除安全技术规程》
121	JGJ 184—2009	《建筑施工作业劳动保护用品配备及使用标准》
122	GB 50585—2010	《岩土工程勘察安全规范》
123	JGJ 167—2009	《湿陷性黄土地区基坑工程安全技术规程》
124	JGJ 180—2009	《建筑施工土石方工程安全技术规范》

续表

序号	标准编号	标 准 名 称
125	JGJ/T 77—2010	《建筑施工企业安全生产评价标准》
126	CJJ 6—2009	《城镇给排水管道维护安全技术规程》
127	GB 50484—2008	《石油化工建设工程施工安全技术规范》
128	GB 50720—2011	《建设工程施工现场消防安全技术规范》
129	GB 50870—2013	《建筑施工安全技术统一规范》
130	JGJ/T 185—2009	《建筑工程资料管理规程》
131	GB/T 50328—2001	《建设工程文件归档整理规范》